中国轻工业"十三五"规划教材

包装生产线设备安装与维护

刘安静　编著

周文玲　吴任和　李湘伟　陈泽恒　参编

何雪明　潘永刚　主审

中国轻工业出版社

图书在版编目（CIP）数据

包装生产线设备安装与维护/刘安静编著. —北京：
中国轻工业出版社，2020.2
ISBN 978-7-5184-2731-4

Ⅰ.①包… Ⅱ.①刘… Ⅲ.①包装-自动生产线-设
备安装②包装-自动生产线-维修 Ⅳ.①TP278

中国版本图书馆 CIP 数据核字（2019）第 253011 号

内 容 提 要

全书以包装生产线为载体，以生产线设备制造与使用企业为依托，以生产线工作过程为主线，以实际应用为宗旨，选取硬包装、软包装和干包装线中的重点设备如冲洗瓶机、灌装压盖机、封罐机、杀菌机、贴标机、装箱机、软包装机、气调包装机、热成型包装机、裹包机和打包机 11 种典型设备，从"生产线认知"导入，至生产线输送装置，共编写 13 章。每章作为一个独立的项目，按照"设备认知与结构分析→零部件安装与调试→机器操作与运行→常见故障分析与排除"为主线，由简单到复杂，由单一到综合。每章后有思考题。

通过学习包装线典型设备的工作原理、工艺过程、组成结构等知识，培养掌握自动化包装生产线设备有关技术，通过相应的实践，具备对同类设备的制造安装、调试、故障判断、维修等岗位技术能力。

本书可作为高等职业院校机电设备类、包装工程类、食品工程类等专业的教学用书，也可为包装生产线设备制造业、使用行业技术人员培训和自主学习参考用。

责任编辑：杜宇芳

策划编辑：杜宇芳　　责任终审：孟寿萱　　封面设计：锋尚设计
版式设计：霸　州　　责任校对：吴大鹏　　责任监印：张　可

出版发行：中国轻工业出版社（北京东长安街 6 号，邮编：100740）
印　　刷：河北鑫兆源印刷有限公司
经　　销：各地新华书店
版　　次：2020 年 2 月第 1 版第 1 次印刷
开　　本：787×1092　1/16　印张：16.75
字　　数：370 千字
书　　号：ISBN 978-7-5184-2731-4　定价：49.80 元
邮购电话：010-65241695
发行电话：010-85119835　　传真：85113293
网　　址：http://www.chlip.com.cn
Email：club@chlip.com.cn
如发现图书残缺请与我社邮购联系调换
190297J2X101ZBW

前　言

　　《包装生产线设备安装与维护》根据高等职业教育培养生产、建设、管理和服务第一线的高等技术应用型专门人才的目标，参考机电一体化行业、包装技术行业及高职高专包装设备技术专业教学指导委员会制定的《高职高专教育包装设备课程教学基本要求》编写而成，入选中国轻工业"十三五"规划教材。总结了多年从事包装设备设计、工艺与设备研究及教学的实践经验，充分汲取了高职高专院校在探索培养技术应用性专门人才方面取得的成功经验和教学改革成果，以应用为目的，精选教学内容，加强与生产实践的联系，突出了应用性。

　　全书力求简明易懂、深入浅出提出与分析问题，具有启发性，充分体现高职高专的教育特点。本书适用于 50～70 学时的高职高专院校机电一体化技术工程、包装技术工程、食品工程类各专业方向教学教材，教学中应具有一定包装线设备实操条件。

　　教材共 13 章，主要内容有：冲洗瓶设备、灌装压盖设备、封罐设备、杀菌设备、贴标设备，装卸箱设备，软包装设备，气调包装设备、热成型包装设备、裹包设备、打包设备和包装线输送设备。每章都可作为一个独立的项目，侧重设备工艺流程、组成结构、安装调试与使用维护。每章后有思考题，可根据专业要求和学时情况取舍。另备有各章节的教学课件基础版，课件中附有各种常用包装设备的彩色图片和安装应用视频，供教学中参考选用。

　　在借鉴相关包装技术文献和专业教材的基础上，对一些内容进行了改革。例如，在各设备的原理设计中将比较抽象的概念和专业学术名词通俗化，将复杂的公式从定性的角度予以介绍，以适应高职高专层次的读者理解，希望有助于读者更方便地掌握工作实际中遇到的设备技术和选用方法。

　　每章课后思考题的基础上，适当介绍了生活实际中常见的产品和生活用品的包装方法，列入一些新生物品的包装工艺难点和现代环保包装的要求，供教学讨论，以引导学生通过学习，建立解决现实专业问题的能力。

　　本书由广东轻工职业技术学院刘安静负责统稿，并编著第 1、4、7、9、11 章；广东轻工职业技术学院周文玲编著第 2、3、5、12 章，吴任和编著第 6、8 章；李湘伟编著第 13 章；广州机械设计研究所陈泽恒编写第 10 章。由刘安静和周文玲负责全书的图表绘制以及电子课件制作。

江南大学何雪明教授、广州机械设计研究所潘永刚正高工担任主审。广东省食品和包装机械行业协会多家会员单位包装工程技术人员参与审稿。专家精心审阅，提出了许多宝贵意见，在此表示衷心的感谢！

本书从选题到立项，得到中国轻工出版社的大力支持。在编写过程中参考了许多文献或书籍的内容，未能全部列举，谨向各位作者表示深切谢意！

限于编者水平，书中难免有不妥之处，敬请广大读者给予批评指正。

编者

2019 年 07 月

目　录

1 包装生产线概论

2 洗瓶设备的安装与维护

3 灌装封盖设备的安装与维护

4   封口设备的安装与维护

5   杀菌设备的安装与维护

6   贴标设备的安装与维护

7　装卸箱设备的安装与维护

8　软包装设备的安装与维护

9　气调包装设备的安装与维护

1 包装生产线概论

【认知目标】

&認识自动生产线及设备
&了解自动生产线的组成方式及分类
&理解生产线设备的安装与维护管理制
&培养对包装生产线的认知能力
&掌握包装生产线的设备组成
&掌握生产线设备故障分类知识
&树立对设备安装与维护的思想意识

【内容导入】

从认识工业生产线及设备导入，论述工业自动生产线的组成及分类、生产线设备的安装与维护管理制度，讲授包装生产线设备组成、设备安装与维护内容，由整体到具体。

1.1 生产线组成及基本设备

工业生产中把能够实现自动供料、加工、成品输出的这类机器称作自动机械。把按一定的工艺路线排列成的若干自动机械，用自动输送装置联成一套整体，用自动控制系统按一定要求控制，具有自动操作产品的输送、加工、检测等综合能力的生产线称为自动生产线，简称自动线或生产线。

工业自动线的组成设备集机械技术、电子电气技术、计算机控制技术等为一体，是典型的机电一体化设备，也是机电一体化技术的具体应用。随着自动控制技术、电子技术的迅速发展，机电一体化技术在自动包装生产线中发挥着更加重要的作用，推动国民经济各行业的自动化程度发展更为迅速。

1.1.1 机电一体化技术及其应用

机电一体化（mechatronics）一词最早是在 20 世纪 70 年代由日本提出的，是机械学（mechanics）和电子学（electronics）的合成。机械工程学科和电子工程学科是支撑机电一体化的两大主要学科，同时它也是计算机控制工程和信息工程等多学科技术的综合应用。也就是说，机电一体化主要技术可以归纳为：机械工程技术、电子电气技术、检测传感技术、计算机及信息处理技术、伺服传动技术、系统总体技术等几个方面，其发展趋势可以概括为三个方面：

① 性能上，向高精度、高效益、智能化方向发展。
② 功能上，向小型化、轻型化、多功能方向发展。
③ 层次上，向系统化、复合集成化方向发展。

1.1.2　自动生产线的组成及分类

1.1.2.1　自动机械的组成要素

自动机械按其功能要求，由五个基本要素组成，分别是：

(1) 机械本体（机架或机身）　整个机械的刚性框架，所有机械零部件均安装在机架上，同时机架也构成了机械的基本外形。对机械本体的基本要求是要有足够的强度、刚度和稳定性，设计时要求整体重心尽量降低，各支柱受力均匀，布局合理、造型美观、色泽宜人、使用操作方便简单等。

(2) 动力部分　按照一定的要求为设备的正常运行提供能量和动力，通常有电力、气动、液压等，要求安全可靠、低能耗、低噪声等。

(3) 传动部分　将动力部分的动力转化成各执行机构所需要的形式，主要包括改变运动形式和速度大小，改变执行力的形式和大小，要求运行准确平稳。现代机械常将动力和传动部分有机结合为一体，实现标准化生产。

(4) 执行机构　将输入的各种形式的能量转换为机械能，根据控制信息和指令完成所要求的动作，是运动部件。

(5) 控制系统　机电一体化设备的核心部分，根据系统的状态信息和目标，把系统运行过程中所需要的本身和外界环境的各种参数及状态进行检测，转换成可以识别的信号，进行信息处理，并按照一定的程序发出相应的控制信号，通过输出接口送往执行机构，控制自动机械按照预定的程序运行。

1.1.2.2　自动生产线组成方式

自动生产线是由各自动机械按一定的工艺先后顺序用输送系统联系起来，图1-1用框图的形式表现出几种常用组成方式。

(1) 刚性生产线　也叫同步生产线。这种自动线中各台自动机用运输系统和检测系统联系起来，以一定的生产节拍工作。当自动线中某一台单机或个别机构发生故障时，整条线将停止工作，如图1-1 (a) 所示。

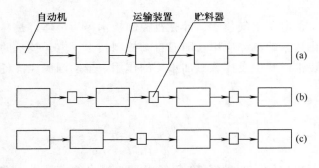

图1-1　生产线的组成方式框图

(a) 刚性生产线　(b) 柔性生产线　(c) 刚、柔结合性生产线

(2) 柔性生产线　也叫非同步

生产线。这种自动线中各台自动机之间增设了贮料器装置。当后一工序的自动机出现故障临时停机时，前一工序的自动机照样工作，待加工物料被送到贮料器中储存起来；若前一工序的自动机出现故障临时停机时，则由贮料器供给需要的待加工物料，这样，后一工序的自动机可照常工作。但是，增设贮料器，将使生产线设备投资增加，占有场地多，同时也增加了贮料器本身出现故障的机会，如图 1-1（b）所示。

（3）刚、柔结合性生产线　这种自动线中一部分自动机利用刚性（同步）联系，另一部分用柔性（非同步）联系，通常把出现故障几率低的自动机刚性布局联接，或按照产品的加工工艺要求设计布局，如含汽液体灌装机与压盖机直接设计成灌装压盖机，而在容易出现故障的自动机前后增加储料器装置，如图 1-1（c）所示。

1.1.2.3　自动生产线的分类

（1）按其自动化程度分为全自动生产线和半自动生产线。生产线中各台自动机经安装调试好后，无须人工直接参与装卸料，便能自动、连续地完成产品的加工、输送，这样的生产线称为全自动生产线。生产线中的某些设备必须由人工参与装、卸料，才能完成产品的加工及运输，这样的生产线称为半自动生产线。

（2）按行业和主要功能来分类是多种多样的，有加工生产线、包装生产线等。如汽车生产线、轴承生产线。在轻工业自动化生产线中，有方便面、饼干、冰淇淋、卷烟生产线；瓦楞纸、纸板、纸箱和纸盒生产线；电池、陶瓷、钢笔、灯管（灯泡）生产线；还有如洗衣粉、香皂（肥皂、药皂）生产线。专门用于液体包装的生产线称为液体灌装生产线；专门用于手机包装的生产线称为手机包装生产线等，它们都和人民生产、生活息息相关，是人类社会向前发展的标志之一。

1.1.3　包装机械的功能和组成

1.1.3.1　包装机械的功能

国标 GB 4122 对包装的定义是：为了在流通过程中保护产品、方便贮运、促进销售，按一定技术方法而采用的容器、材料及辅助物等的总体名称，也指为了达到上述目的而采用容器、材料和辅助物的过程中施加一定技术方法等的操作活动。对包装机械的定义是：完成全部或部分包装过程的机器。

包装过程包括成型、充填、裹包、封口等主要工序，以及与其相关的前后工序，如清洗、干燥、杀菌、贴标、装箱、堆码和拆卸等。此外，包装还包括计量或在包装件上盖印等辅助工序。使用机械包装产品可以保证产品质量，提高生产率，减轻劳动强度。

1.1.3.2　包装机械的组成

包装机械是典型的自动机械，种类繁多，结构复杂。但从整体功能和结构性能来分析，它们都具有较明显的共性特点，如图 1-2 所示，通常可以将一部包装机分为 8 个组成部分：①机身（机架）；②动力和传动系统；③被包装物品的计量和供送系统；④包装材料的整理和供送系统；⑤包装执行机构；⑥主传送系统；⑦成品输出机构；⑧检测与控制系统。

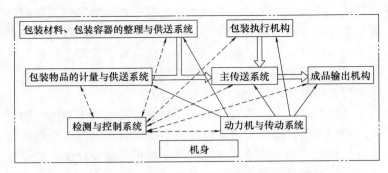

图 1-2　包装机械的组成和相互关系图

1.2　生产线设备的安装与维护

自动生产线设备的安装与维护管理，是一项技术性和管理性相互融合的工作，其目的是满足生产组织需求，保证设备处于良好的技术状态，最大限度地提高设备生产率。

1.2.1　设备预防维修制

设备的维修方式有事后维修、定期维修和预防维修。预防维修是通过对设备状态进行检测，获得设备的相关状态信息，再根据这些信息判断出设备可能发生的故障及故障可能发生的时间、部位和形式，从而在故障发生前对设备进行维修的一种方式。

在了解和掌握设备的工作原理、组成结构、零部件磨损和损坏规律的基础上，遵循防患于未然的原则，有计划地对设备进行维修，防止和减少故障发生，延长设备寿命，有利于提高经济效益。在设备维修过程中，根据维修内容及工作量的大小，分为大修、中修、小修和更新改造几种层次。

（1）大修　全面或基本恢复设备的功能，一般由企业的专业维修组人员或在工业设备比较集中的地方设置维修中心。大修时，将设备进行大解体，重点修复基础件，更换和维修丧失功能或即将丧失功能的零部件，且对外观进行修整，经过大修调整后的设备精度基本达到原出厂的技术标准，如每年第四季度，啤酒企业对啤酒灌装生产线轮换进行一次大修，有些啤酒厂会请啤酒设备制造企业的专业技术人员进行维修。

（2）中修　中修是一种平衡性的维修，介于大修和小修之间的维修。

（3）小修　以更换或修复在维修间隔期间内磨损严重或即将失效的零部件为目的，不涉及对基础件的维修，是一种故障排除的维修。

（4）更新改造　用新技术、新材料、新结构、新工艺，在原设备的基础上进行局部改造，以提高其性能、精度、功能、生产效率、可靠性，属于改善性的维修，工作量水平取决于原设备的结构对实施改造的适应程度，也取决于人们需要将原设备的功能改善到什么样的水平。改造也称之为现代化的改装。

大修、中修、小修三种层次客观上反映了机电设备的时间进程，因而，适宜于以时间为基准的计划预防维修，是比较广泛采用的维修层次。

1.2.2 设备操作与维护制

设备操作与维护制是针对人员行为的一种规范化要求，是设备管理中一项软件工程，主要有五项纪律、四项要求。

（1）五项纪律

①实行人员定机的操作；②保证设备的整洁，做好润滑维护；③遵守安全操作规程及交接班工作；④管理好工具和随机附件；⑤发现故障立即停机检查。

（2）四项要求

①整齐；②清洁；③润滑；④安全。

日常维护主要由设备操作者进行，班前检查、班后清扫，保证设备处于良好的技术状态。

定期维护称一级维护，由维修操作人员完成，不同的设备维护周期不同，如洗瓶机、啤酒灌装压盖机、杀菌机、贴标机等维护有所区别。

1.2.3 自动线设备故障及其分类

设备故障是指设备或系统在运行过程中出现异常，不能达到预期的性能要求，或者工作性能参数超过规定界限，设备部分或完全丧失其功能的现象。如运动副间隙增大，凸轮轮廓磨损，导致从动件运动失真，执行机构工作不准确；齿轮失效就会使传动系统发生故障，从而导致机器运动不平稳、噪声大、性能降低等。

自动生产线呈多样化，故障形式也有所不同，故障的分类可以归结为表 1-1。

表 1-1　　　　　　　　　　　自动生产线设备故障分类

故障分类	故障形式	故障特点
按照故障存在的程度分类	暂时性故障	在一定条件下,系统所产生的功能性故障,它带有间断性,通过调整系统参数或运行参数,不需要更换零部件就可以恢复系统的正常功能
	永久性故障	由于某些零部件的损坏引起的,必须经过更换或修复才能消除的故障。它分为完全丧失所有功能的完全性故障、导致某些局部功能丧失的局部性故障
按照故障发生发展的进程分类	突发性故障	出现故障前无明显征兆,难以靠早期预测来判断,发生时间短,带有破坏性。多数是由于操作不当引起的
	渐发性故障	设备在使用过程中由于疲劳、腐蚀、磨损等状况使性能逐渐下降,最终导致超出其允许范围出现故障。这类故障占比例较多,具有一定的规律性,可以通过早期状态监测和故障预报来判断并预防
按照故障严重的程度分类	破坏性故障	既有突发性的,又有永久性的。此类故障容易危及人身生命及设备安全
	非破坏性故障	一般是渐发性的又是局部性的,故障发生后暂时不会伤及设备和人员安全
按照故障发生的原因分类	外因故障	因操作不当或环境条件恶劣而造成的故障
	内因故障	设备在运行过程中,因设计或生产方面存在潜在隐患而造成的故障。如设计刚度、强度上存在薄弱环节、制造存在应力集中、变形等因素

续表

故障分类	故障形式	故障特点
按照故障相关性分类	相关故障	也叫间接故障，由设备其他部件引起的。如轴承断油而引起轴瓦烧结现象就是由于润滑油路系统故障引起的
	非相关故障	也叫直接故障，由于零部件本身损坏的因素而引起的。对设备诊断时应该首先诊断这类故障
按照故障方式时期分类	早期故障	可能是由于设计加工或材料上的缺陷，一般在设备使用初期就会暴露出来，有些零部件如齿轮副及其他摩擦副需要经过一段时间的"磨合"，工作状况会逐渐改善。早期暴露，故障率会呈下降趋势
	使用期故障	在设备有效寿命期内发生的故障，因载荷和系统特性无法预知的偶然因素引起。由于设备大部分时间处于工作状态，这个时期的故障率基本恒定
	后期故障	设备长期运行，甚至于超过使用寿命，零部件老化、疲劳等使系统功能退化，最后可能导致突发性、破坏性、危险性、全局性的故障。一般发生在设备使用寿命的后期，这时期设备故障率高，必须严密监测并适时报废，以免事故发生

　　设备故障诊断一般分为操作或日常维护人员的简易诊断和由专业人员进行的精密诊断两个层次。

　　简易诊断技术是使用简单的仪器和方法，对设备技术状态快速做出概括性评价的技术。一般包括使用各种比较简单并易于携带的诊断仪器及检测仪表，由设备维护检修人员在生产现场进行检测分析，仅对设备有无故障、严重程度及其发展趋势做出定性的初步判断。精密诊断技术是使用精密的仪器和方法，对简易诊断难以确诊的设备做出详细评价的技术。一般包括使用各种比较复杂的诊断分析仪器或专用诊断设备，有一定经验的工程技术人员及专家在生产现场和诊断中心进行，对设备故障的存在部位、发生原因及故障类型进行识别和作出定量的诊断，涉及较专业的技术知识和要求有丰富的工作经验，需要较多的学科配合，进行信号处理，根据需要预测设备寿命。具体诊断过程归纳为以下四个方面。

　　（1）信号采集　一般用不同的传感器来采集。设备在运行过程中必然会有热、力、振动及能量等各种量的变化，由此会产生不同的信息。根据不同的诊断需要，选择能表征设备工作状态的不同信号，如振动、压力、温度等参数。

　　（2）信号处理　将采集来的信号分类处理、加工、获得能表征机器特征的过程。

　　（3）状态识别　将经过信号处理后获得的设备特征参数与规定的允许参数或判别参数进行对比，以确定设备所处的状态，是否存在故障及故障的类型和性质等。

　　（4）诊断决策　根据对设备状态的判断，决定应该采取的措施和策略，同时根据当前信号预测设备状态可能发展的趋势进行分析。

1.2.4　设备维护管理的重要性

　　自动生产线中任何一台设备出现安装调试不达标，操作不当、发生故障，都会影响到整个生产线的正常生产运行，因此，对自动生产线正确安装、操作、维护管理是确保生产线能快速、高效运行的关键，这就是设备的管理问题。

　　设备的管理和其他方面的管理一样，要求管理者既要有一定的专业知识，又要有一定的实践操作能力。例如，一条生产能力为 20000 瓶/h 的饮料生产线，管理得好，可以使其按设计生产能力运行，如果管理技术水平跟不上，生产线效率仅能达 50%～60% 或更低。

　　随着我国改革开放的进一步深入，引进国外先进技术越来越多，工业自动生产线中新产品、新工艺、新材料不断涌现，要求设备维护与保养人员不再是仅仅按一下按钮，而必须扎扎实实地掌握一定的专业知识，做一个工业设备的专职"医生"。这样，才能推动我国工业进一步发展，真正实现工业机械化和自动化。

　　从事机电设备生产和应用的技术人员，应该在掌握自动机与自动线基本知识、基本技能的基础上，提高分析问题、解决问题的能力，应认真学习自动生产线设备安装调试、维修管理的基本知识和技能，为走向工作岗位能很快适应工作要求奠定坚实的基础。

1.3　包装生产线设备分类与维护

1.3.1　包装生产线的设备分类

1.3.1.1　按包装设备的功能分类

　　包装机械按其功能不同可分为：包装材料或包装容器理送机，清洗机，检验机，充填机，灌装机，封口机，裹包机，贴标机，杀菌机，干燥机，捆扎机，集装码垛机，多功能包装机等，还包括包装材料、容器制造机械以及完成其他包装作业的辅助机械等。

　　图 1-3 为国际标准化组织（ISO）给出的包装机械分类图。

1.3.1.2　按包装设备的通用性能分类

　　（1）专用包装机　专门用于包装某一种产品的机器，如纯生啤酒灌装机。

　　（2）多用包装机　通过调整或更换相关部件，可包装两种及以上产品的机器，如等压灌装机可以灌装普通啤酒和汽水，卧式软包装机可包装块面和糕点等。

　　（3）通用包装机　通常在一定范围内可用于多种不同类型产品的包装机械，如各类瓶子的装箱机，裹包机和收缩包装机等。

1.3.1.3　按包装设备的自动化程度分类

　　（1）全自动包装机和智能化包装机　全自动包装机是自动供送包装材料和内装物，并能自动完成其他包装工序的机器，人工只需参与批量原材料装入和批量成品的输出。智能化包装机是在一定范围内可通过改变控制参数来实现不同规格、不同式样的包装产品。

　　（2）半自动包装机　完成产品的工序中有部分工艺必须由人工完成，其他大部分工序由机械自动完成，如箱式气调包装机必须由操作人员将未封口的塑料包装袋放入工作箱中指定工位，合箱后自动完成气体定量置换和封口。

1.3.1.4　液体包装生产线工艺和设备实例

　　产品的构成中，液体或半液体的产品占有一定的数量，它们有一个共同的特性，就是有一定的流动性或有很好的流动性。这类产品常用的包装就是将其灌入各种容器并加以密封，完成其自动灌装入容器的机器称为自动灌装机。液体灌装是包装的重要组成部分，主要包括啤酒、饮料、乳品、白酒、葡萄酒、植物油和调味品的包装，还包括洗涤类日化、

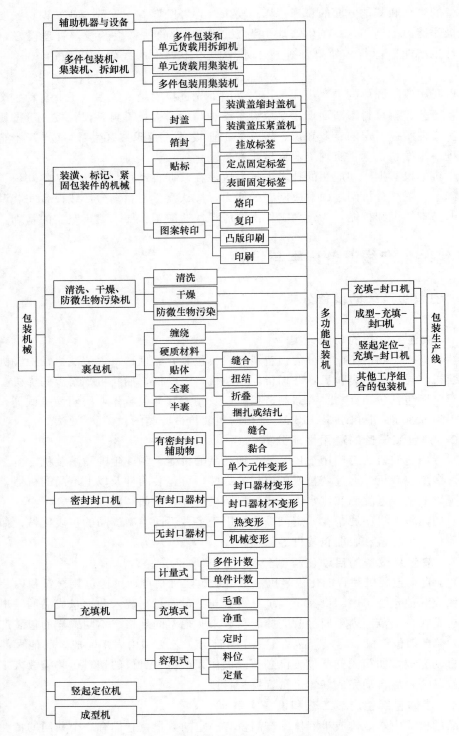

图 1-3　包装设备分类图（ISO/DP5988）

矿物油和农药等化工类液体产品的包装。日常生活中，需要商品化包装的液体涉及很多领域，范围很广，液体灌装机械有相当大一部分用于食品、化工行业，尤其是饮品制造业。

　　用于灌装机械的容器也各式各样，包装容量从几十毫升到上百升。表1-2仅仅对食品行业（包括部分化工行业）常见的、灌装容量在150～2000ml的灌装设备进行简单分类。

表 1-2　　　　　　　　　　　　　　　　　液体灌装机械的分类

分类方法	灌装机机型	主要特点
按灌装阀的灌装原理分类	等压灌装机	用于啤酒、碳酸饮料及其他含气饮料的包装，也可以灌装不含气饮料
	负压灌装机	用于不含气饮料、酒类的灌装，灌装阀很少有滴漏现象
	常压灌装机	容积定量、重力灌装。用于酒类、乳品、调味品、矿物油、药品、保健品等化工类产品的灌装，液损小
	压力灌装机	用于不含气饮料（如水饮料），灌装速度较快，无液损
	容积式压力灌装机	柱塞式灌装，定量准确并可调。用于植物油、洗涤品等低黏稠液体的灌装
	称重式定量灌装机	用于饮料原浆、酒类、药品和植物油等要求定量准确液体的灌装，称重方法有电子秤和机械秤两种
按灌装阀的排列型式分类	直线式灌装机	间歇式步进输送，适用于特殊形状包装容器、大容积的液体包装，生产效率低
	回转式灌装机	由直线式灌装机发展而成的普遍形式，高速连续工作，设备的生产效率高
按包装容器分类	玻璃瓶灌装机	包装含气或不含气液体的等压、负压、常压压力灌装机
	聚酯瓶灌装机	包装含气或不含气饮料、乳品、植物油、调味品、洗涤类日化品等液体的等压、负压、常压压力灌装机
	金属二片易拉罐灌装机	包装啤酒、碳酸饮料等含气液体的等压灌装机
	金属三片易拉罐灌装机	包装果汁、蔬菜汁、植物蛋白饮料等不含气液体的常压灌装机
	复合纸包装灌装机	无菌包装，灌装乳品、果汁、蔬菜汁等不含气饮料
按包装容器的封口形式分类	皇冠盖压封灌装机	包装含气或不含气饮料，冠形瓶口玻璃瓶封口
	塑料盖压封灌装机	包装不含气饮料，瓶盖为撕开式塑料防盗盖
	塑料盖拧封灌装机	包装含气或不含气饮料，塑料防盗盖为抓盖拧封
	铝质扭断盖压纹封口灌装机	玻璃瓶或塑料瓶螺旋口的铝质盖压纹封口，包装含气或不含气液体
	易拉罐二重卷边封口灌装机	包装啤酒、含气饮料或果汁、植物蛋白饮料的易拉罐等压、常压灌装机
	三(四)旋盖旋封灌装机	广口玻璃瓶封口，包装果汁、果酱类产品
	锡箔热封灌装机	容积式灌装，乳制品塑料包装的封口
	软木塞压封灌装机	干葡萄酒软木塞封口，负压或常压灌装
	压塞—塑料盖拧封灌装机	洗涤类日化产品包装，复合封口方式
	锡箔热封—塑料盖拧封灌装机	乳制品类饮料包装，复合封口方式

　　以自动灌装机为主要设备，完成对液态产品灌入容器并进行包装的成套设备，就是灌装生产线，它是轻工行业特别在啤酒、饮料行业自动化程度较高的机电一体化设备。

图 1-4 是常见的普通啤酒玻璃瓶装生产线工艺流程示意图。

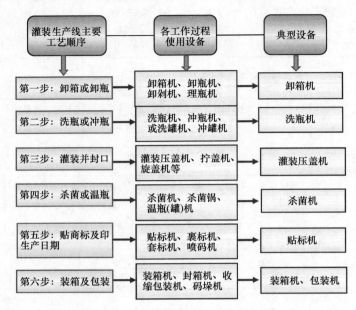

图 1-4　玻璃瓶装生产线工艺流程图

图 1-5 是某企业生产能力为 2 万瓶/h 普通啤酒灌装生产线的设备平面布置图。其主要组成单机有卸箱机、洗瓶机、灌装压盖机、杀菌机、贴标机、装箱机等，属于混联型半刚半柔性生产线。

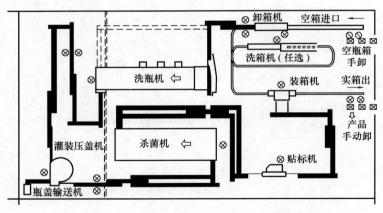

图 1-5　某 2 万瓶/h 普通啤酒生产线的设备布置图

1.3.2　包装生产线的安装与维修内容

包装生产线是目前轻工行业机电一体化程度较高的自动生产线，应用范围非常广泛，欲使这些设备高效率、高质量地运行，必须正确掌握设备的安装、调试、维修、操作、维护与管理的基本知识与技能。

各种包装线设备有其特殊性，具体的安装与维修内容各有个性，但其基本内容具有一致性，啤酒灌装生产线较具有典型代表性，这里以啤酒灌装生产为例说明，灌装生产线安装与维修工作的主要内容包括：

① 洗瓶设备的安装与维修各项工作，如洗瓶机、冲瓶机等设备。

② 灌装封口设备的安装与维修各项工作，如灌装压盖机、旋盖机等设备。

③ 杀菌设备的安装与维修各项工作，如巴氏杀菌机、杀菌锅等设备。

④ 贴标设备的安装与维修各项工作，如贴标机、套标机等设备。

⑤ 集装机械的安装与维修各项工作，如卸垛机、码垛机、装卸箱机、收缩包装机、纸箱包装机等设备。

⑥ 自动生产线输送装置的安装与维修各项工作，如输瓶、输箱链道、检测设备等。

⑦ 塑纸成型包装机械的安装与维修各项工作，如各种塑料袋软包装机、复合材料盒装机等设备。

⑧ 其他必要的生产线辅助装置，如就地清洗系统（CIP）等。

1.4　包装机械的产生及发展

包装机械产生于 20 世纪 40 年代，英国的巧克力包装和美国的饼干包装机械化是包装机械化的先驱，经过数十年的发展，其技术和装备已形成了独立完整的工业体系，成为机械和电子制造工业的一个重要分支，在国民经济中占有重要地位。

1.4.1　国外包装机械情况

从发展经历和技术水平来看，欧美国家处于领先，美国、德国、英国和其他欧洲国家较强，亚洲的日本和韩国是后起之秀，不同国家有其关键服务门类。

美国包装机械发展历史最为悠久，其好多方面的包装技术成为国际标准，包装机械的品种、数量和生产总值占世界第一位，除了生活日用品包装机械化，工业产品和军事产品的包装机械化也是世界首位，这得益于美国国家包装制造协会组织的全国包装业务与技术交流服务工作。美国有多所大学设置有包装工程的科系和课程，有完善正规的包装学术领域。

许多工业企业和军事部门附设有包装研究机构，利用其强大的实验分析装置和技术，积极从事包装机械设备的新技术、新产品开发和应用。美国的成型、充填、封口、裹包、膜包、纸盒包装机械发展较早，还有包装材料、容器加工机械，包装性能试验检测机等。计算机在美国最先用于包装机械控制，是包装设备实现机电一体化向高速度、高效率、高质量方向发展。包装中一个重要工艺是计量，利用电脑计量选别机可实现净重、毛重精准计量，或对装置计量不准的产品进行剔除，对未贴标、未加盖封口的瓶装产品进行剔除，电脑计量选别机的推广使用实现了产品质量控制的机械化、自动化和科学化。利用机电一体化技术将产品包装材料、包装工艺参数中的温度、湿度、强度、压力、电量和数量等都编成程序输入电脑，进行自动在线控制，可以提高包装机的精密度和准确度，可以提高包装机的使用效率，更重要的是大大减轻操作人员的劳动强度。

欧洲多个国家的包装机械工业化非常发达，拥有多家世界最大的包装机械制造厂，进入世界 500 强企业。以德国最多，其次有英国、意大利、法国、瑞典和瑞士等，他们的最大特征是结合本国具体条件实行按机种的专业化生产，做精做强，以利于充分发挥各自优势研制新工艺、高效能的包装机来加强竞争实力。如德国的优势在酒类（特别是啤酒）、药品、日化用品包装机；英国是卷烟、饼干包装机；意大利的糖果、茶叶和胶囊包装机；法国的乳制品包装机；瑞士的巧克力包装机；瑞典的火柴、饮料包装机，还有荷兰、丹麦等国。另外他们的包装材料、容器成型、纸箱盒包装机等都在国际上处于先进水平，享誉国际市场。

日本的包装工业是二战后才开始发展，利用引进模仿，研制创新，精于经营，用十多年时间就奠定了初步基础。进入 21 世纪后，日本已建立起独立的包装工业体系，包装工业总产值约为美国的一半，处于世界第二位。日本的特点是包装机械制造厂家规模不大，侧重于研制开发中小型、半自动的包装机和配套设备，其技术水平好多已进入国际先进行列。

另外韩国、中国的台湾地区包装机械技术水平和产销量也较高。

1.4.2　我国包装机械设备的发展

中国有着悠久的包装历史，过去我国劳动人民对包装的发展曾做出许多杰出贡献。特别是防腐包装、防振包装和礼品包装更带有民族的传统特色，延续至今。但中国的现代包装技术较国外有较大差距，我国包装机械制造业起步较晚，20 世纪 60 年代以前基本上是空白，当时国内啤酒厂、汽水厂大都使用美国、日本 20 世纪 30～40 年代的设备。之后我国才开始研究和生产用于液体灌装的包装设备。20 世纪 70 年代后，先后引进了一些国外的灌装生产线，促进我国包装行业进入一个新的发展时期，在消化和吸收国外技术的基础上研制各种中、小型灌装机械。

20 世纪 80 年代后，中国进行改革开放，随着国民经济的迅速发展，人民生活水平的明显提高，对产品的包装要求越来越高，迫切要求包装工艺实现机械自动化，从需求上大大促进了我国包装机械工业的发展。特别是 1980 年中国包装技术协会成立，1981 年成立包装机械委员会，到 1989 年成立中国食品和包装机械协会，可以说有了专门的工业体系，建立了相应的包装技术标准和规范。为了提高我国的包装机械工业水平，全国成立和改制了一批科研队伍，有一批科研院所从事包装机械的研发工作。同时，国内大多数工程高校开设包装工程专业，为促进包装机械工业化，尽快赶上世界先进水平提供有力的技术和人才保证。

经过近四十年的发展，我国包装机械已从引进转化到中小规模包装设备实现国产化，并且在一些重点技术领域有所突破，先后产生了有一定规模的包装设备研发制造企业。目前，包装机械产能已进入世界前五强，年增长速度高于其他机械制造行业，产品远销世界各地。

我国包装机械发展的主要成就体现为发展速度高，产值增长快，品种不断增多，创新有进步。但从整体水平上，与国外先进水平还有一定差距。如企业规模小，专业化程度低；技术含量不高，高附加值产品少；研发创新能力薄弱，模仿设计占比较大。

我国包装机械的研发方向应加强以下几个方面：①创新设计技术研究；②安全设计技

术研究；③食品卫生设计技术研究；④设备选型技术研究；⑤产品质量评价技术研究；⑥产品集成技术研究；⑦人机工程技术研究；⑧绿色环保设计技术研究。

思　考　题

1. 机电一体化包装设备的组成要素有哪些？
2. 以某一条包装生产线为例，回答其主要组成设备有哪些？绘出其工艺流程。
3. 选择设备的维护方式时应该考虑哪些问题？设备的维护制度是什么？
4. 设备故障通常分为哪几类？
5. 包装生产线的安装与维修内容有哪些？

2 洗瓶设备的安装与维护

【认知目标】

  ⁪了解洗瓶设备的类型及应用
  ⁪理解履带式洗瓶机的原理及工艺过程
  ⁪掌握履带式洗瓶机的组成结构及特点
  ⁪会对洗瓶机关键零部件的结构进行分析与改进
  ⁪会对洗瓶机易损件进行判断与更换
  ⁪能对履带式洗瓶机进行正确装配与调试
  ⁪能对履带式洗瓶机常见故障做出正确判断与处理
  ⁪能对履带式洗瓶机进行正确操作与运行管理
  ⁪了解冲瓶设备的应用与分类
  ⁪理解冲洗介质的特点、冲瓶原理与工艺过程
  ⁪掌握回转型冲瓶机的组成结构
  ⁪能对冲瓶机正确装配与调试
  ⁪会判断冲瓶机易损件并会进行更换
  ⁪能对冲瓶机常见故障做出正确判断与处理
  ⁪能对冲瓶机进行正确操作与运行管理
  ⁪通过洗瓶设备的操作实践，培养细心观察的良好习惯
  ⁪通过洗瓶机装配实践，培养团结协作精神

【内容导入】

  本单元作为一个独立的项目，按照常见洗瓶机工作过程认知→组成结构分析→零部件安装与调试→机器操作与维护→常见故障分析与排除为主线，由简单到复杂，由单一到综合。

  通过学习履带式洗瓶机和回转式冲瓶机的工作原理、工艺过程、组成结构等知识，培养掌握洗瓶设备有关技术，通过相应的实践，具备对此类设备的制造安装、调试、故障判断、维修等岗位技术能力。

2.1　洗瓶设备的类型及应用

  洗瓶是瓶装生产线中的重要工序，洗瓶的质量直接影响到液体产品的卫生质量。洗瓶设备是指对包装容器（瓶和罐）进行内外表面清洗，以达到预期洁净度的机器，包括对灌装前的空瓶罐和灌装封口后的容器表面清洗。

目前我国瓶装生产线上常用的洗瓶设备包括两大类，一类是用来清洗回收的旧瓶，把空瓶子内、外清洗干净，使瓶子达到洁净卫生标准，通常称作洗瓶机；另一类是用来将经过洗瓶机预清洗后的瓶子或新瓶进行表面喷冲清洗，为下一工序提供符合使用要求的瓶子，这类设备通常被称为冲瓶机，另外金属罐的清洗也是采用这类喷冲形式。

洗瓶设备具体分类如下。

2.1.1　按洗瓶方式分

（1）喷冲式冲洗机　也叫冲瓶机，多用于冲洗一次性使用的非回收聚酯瓶容器，如饮料、矿泉水等所使用的瓶子，广口的玻璃瓶和金属瓶罐。

（2）浸泡喷冲组合式洗瓶机　多用于清洗可重复使用的回收玻璃瓶容器，是目前使用比较多的一种洗瓶机，如啤酒、果酱、酱油瓶的清洗。

（3）刷-冲组合洗瓶机　主要用于小型回收瓶的预清洗，产量较小的包装瓶清洗等。

（4）特种方式清洗机　如洁净气流式、电解电离式、超声波式洗瓶机等。

2.1.2　按运动方式分

（1）间歇式洗瓶机　瓶子被间歇地送进和送出，洗瓶时瓶子处于静止状态式洗瓶机。

（2）连续式洗瓶机　瓶子被连续地送入和送出，洗瓶时瓶子处于运动状态式洗瓶机。

（3）直线式洗瓶机　瓶子在清洗时处于直线运动状态。

（4）回转式洗瓶机　瓶子清洗时作曲线运动。

2.1.3　按进出瓶方式分

自动化生产线中常用的是浸泡喷冲组合式洗瓶机，其进出瓶有两种方式。

（1）单端式洗瓶机　进出瓶装置布置在洗瓶机的同一端。

（2）双端式洗瓶机　进瓶装置和出瓶装置分别布置在洗瓶机的两端。

洗瓶机中，以浸泡喷冲组合式洗瓶机和回转式冲瓶机最常用。本章主要以 XP-30 浸泡喷冲式洗瓶机为例，学习其有关知识，同时对回转式冲瓶机做出必要的介绍，通过相应的训练，掌握洗瓶设备的安装与维修相关技能。

2.2　洗瓶机的工作过程

2.2.1　XP-30 洗瓶机主要技术参数

XP-30 洗瓶机的主要技术参数见表 2-1。

表 2-1　　　　　　　　　　　　　　　　**XP-30 洗瓶机主要技术参数**

主要技术参数	参数值	主要技术参数	参数值
公称生产能力/瓶/h	22000	满载时机内载瓶数/个	6450
链条节距/mm	155	瓶子在机内停留时间/有效洗涤时间/min	17.6/12.6
瓶盒间距/mm	93	电机总容量/kW	42
适应瓶子直径范围/mm	50～82	设备净重/t	35
适应瓶子高度范围/mm	170～290	机器外形尺寸/mm	11700×5200×3100
每排瓶盒数/个	30	电源参数/V,Hz	220/380,50
瓶盒总排数/载瓶排数/个	222/215	自来水压力/MPa	0.15～0.2
进出瓶循环节拍/s	4.9	最高蒸汽压力/MPa	1.0

2.2.2　洗瓶机的工艺流程

　　图 2-1 是 XP-30 洗瓶机工艺流程简图。待清洗的瓶子经生产线的输送带传送给进瓶装置的进瓶台，进瓶隔板将瓶子分隔成 30 排并送到旋转进瓶推杆处，由进瓶推杆将瓶子推入瓶盒架的瓶盒内，瓶子随着瓶盒架的运动进入箱体，然后进入预浸泡槽及各浸泡槽，脏瓶子在合适温度的洗涤液中得到充分浸泡和喷淋冲洗，附着在瓶内外的污物疏松，标纸脱落，瓶子随瓶盒架的运动由颠簸导轨将松软的标纸抖落，随即由瓶盒带动进行瓶内喷射、瓶外喷淋，再经热水槽浸泡，使瓶盒架内瓶子的碱液得到稀释，最后再依次经热水、温水、清水的固定瓶外喷淋和瓶内喷射后空干，经空干的瓶子被送至出瓶装置上，出瓶装置将瓶盒内的瓶子卸到出瓶链道上，完成整个洗瓶工作过程。

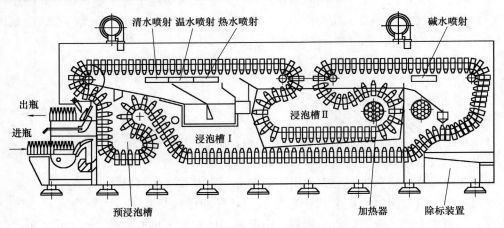

图 2-1　XP-30 洗瓶机工艺流程简图

　　洗瓶过程中，设置在浸泡槽Ⅰ、浸泡槽Ⅱ外侧的除标装置分别将槽中的标纸和杂物清除至机外，并通过横向除标网带集中收回。

　　由此，洗瓶的工艺过程可以归纳为下列 4 步：

　　(1) 预浸泡　浸泡或喷淋，主要是润湿瓶子，提高瓶子温度，倒掉瓶内残留液体，去除瓶子表面易脱的附着物。

　　(2) 碱液浸泡　进一步提高瓶子温度，利用洗涤液对有机物的溶解能力，使得附着在瓶子表面的污垢及商标纸松软脱落。

（3）喷淋脱标　对已经松软脱落但仍附着在瓶子上的商标纸等喷淋洗涤液，使其与瓶子分离。

（4）喷冲　包括碱液喷冲、热水喷冲、温水喷冲及清水喷冲。碱液喷冲是利用洗涤液的压力去污，热水温水喷冲的作用是除去碱液并给瓶子降温，清水喷冲是进一步除去残留在瓶子上的碱液并继续使瓶子温度达到常温状态，保证瓶子洁净。

综上所述，要达到洗涤效果，洗瓶机一般最少设置三个浸泡槽，即预浸泡槽、浸泡槽Ⅰ、浸泡槽Ⅱ，且各洗涤槽的洗涤液温度不同。

图 2-2 表示洗涤液温度变化。预浸泡槽的洗涤液温度为 35～45℃，经过预洗，大大减少了进入浸泡槽Ⅰ内的脏物，从而延长了洗涤液Ⅰ的使用时间，另外，瓶子经预洗后预热，避免瓶子骤热而引起破瓶。浸泡槽Ⅰ的温度为 70～75℃，经过浸泡后大部分标纸松软脱落，脱落的标纸用除标网带Ⅰ运出机外。浸泡槽Ⅱ中的洗涤液温度是 65～70℃，在这里瓶子又经历一段时间浸泡，其上较难洗的脏物、标纸也会脱落，标纸由除标网带Ⅱ间歇送出机外。对瓶内、瓶外喷淋采用同步跟踪喷冲，这样可以保证洗涤效果，瓶子在洗涤液中的浸泡时间与洗瓶速度有关。

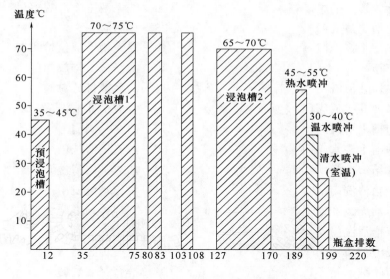

图 2-2　洗涤液温度变化图

2.3　洗瓶机的组成结构

图 2-3 是 XP-30 洗瓶机外形图，从机头观察，图 2-3（a）是机右侧外形，图 2-3（b）是机左侧外形，图 2-3（c）是机前后外形。

为了方便看图，了解洗瓶机的结构，将该机外观所显示的主要零部件做出说明。

图 2-3（a）机右侧的部分零部件说明：

1—驱动轴Ⅰ蜗轮减速器　　　　　　　　2—驱动轴Ⅰ扭矩安全保护装置

3—瓶底喷吹装置（同图 2-3b 中件 111）　4—清水喷冲压力监测器

5—观察窗口

6—清水压力调节阀

7—瓶底清水喷吹装置

8—观察窗口

9—锥齿轮减速箱

10—喷射架驱动槽轮

11—喷射架驱动轴

12—温热水槽视镜

13—温热水槽注水阀门

14—液面控制注水阀门

15—预浸泡槽注水阀门

16—浸泡槽Ⅱ视镜

17—洗涤液Ⅱ的循环喷冲管

18—浸泡槽注水阀

19—除标装置Ⅱ网带驱动装置

20—除标装置Ⅱ的吹风装置

21—除标装置Ⅱ的主动箱

22—驱动轴Ⅱ蜗轮减速器

23—驱动轴Ⅱ扭矩安全保护装置

24—浸泡槽Ⅱ溢流箱

25—浸泡槽Ⅱ流向浸泡槽Ⅰ的溢流管

26—瓶底喷吹装置（同图 2-3b 中件 87）

27—观察窗口

28—锥齿轮减速箱

29—喷射架驱动轴

30—微调螺栓

31—喷射架的槽轮驱动装置

32—链轮轴轴承

33—除标装置Ⅰ的吹风装置

34—除标装置Ⅰ网带驱动装置

35—除标装置Ⅰ的主动箱

36—洗涤液Ⅰ喷淋观察口

37—浸泡槽Ⅰ清洗门

38—止回阀

39—浸泡槽Ⅰ清洗门

40—浸泡槽Ⅰ液位检测器

41—溢流箱

42—洗涤液Ⅰ排放阀门

43—加热器Ⅱ清洗门

44—洗涤液排放总阀门

45—洗涤液Ⅱ排放阀门

46—浸泡槽Ⅱ清洗门

47—浸泡槽Ⅰ清洗门

48—清水总阀门

49—浸泡槽Ⅰ注水阀门

50—溢流槽清洗门

51—热水箱清洗门

52—加热夹层清洗孔

53—温水箱清洗门

54—主传动电机

55—主传动无级变速器

56—三列传动链装紧器

57—溢流槽清洗门

58—电磁先导阀

59—预浸泡槽清洁门

60—速度传感器

61—伞齿轮减速箱

62—链盒张紧装置

63—预浸泡槽出入口

64—分配电器箱

65—进瓶驱动安全离合器

66—出瓶驱动安全离合器

67—出瓶传动链张紧器

68—进瓶滑动轨道装置的驱动链轮

69—进瓶传动链张紧器

70—进瓶推进传动轴

71—进瓶推进杆

72—进瓶台驱动装置

73—进瓶输送带

74—出瓶玻璃碎片通道

75—接通/断开开关

76—出瓶活动栏杆

77—出瓶输送带

78—右出瓶限位栏杆

79—滴水槽清洁门

80—清水喷冲压力表

81—链盒观察口

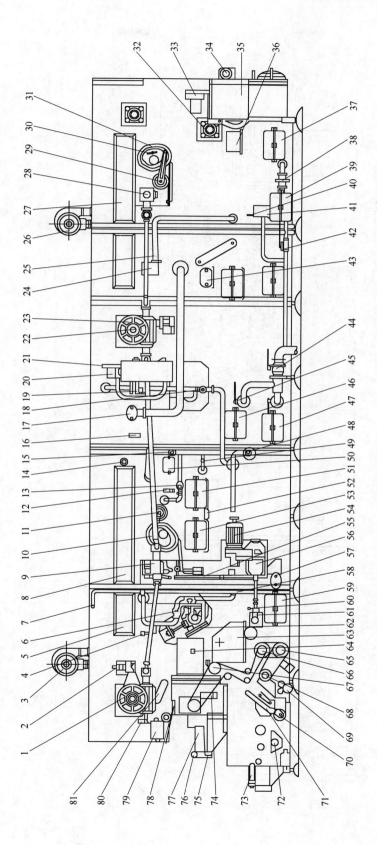

图 2-3 （a）　XP-30 洗瓶机外形图（机右侧）

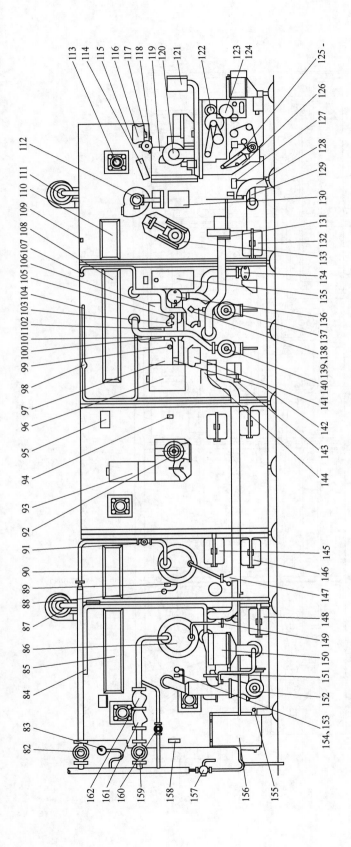

图 2-3 （b） XP-30 洗瓶机外形图（机左侧）

图 2-3（b）机左侧部分零部件说明：

82—加热器Ⅱ蒸汽阀　　　　　　　　　83—蒸汽压力表
84—碱液瓶底喷射管　　　　　　　　　85—观察窗
86—加热器Ⅰ　　　　　　　　　　　　87—瓶底喷吹装置
88—加热器Ⅰ壳程压力表　　　　　　　89—加热器Ⅰ壳程压力表检测器
90—加热器Ⅰ　　　　　　　　　　　　91—控制阀
92—洗涤液Ⅱ循环水泵　　　　　　　　93—除标装置Ⅱ的被动箱
94—洗涤液Ⅱ取样旋塞　　　　　　　　95—配电箱
96—热水溢流箱　　　　　　　　　　　97—热水箱可拆卸过滤网
98—热水瓶底喷射管　　　　　　　　　99—热水水泵出口压力表
100—热水水泵出口压力监测器　　　　　101—热水取样旋塞
102—温水取样旋塞　　　　　　　　　　103—温水水泵出口压力表
104—热水瓶底喷淋管　　　　　　　　　105—温水水泵出口压力监测器
106—温水箱可拆卸过滤网　　　　　　　107—温水瓶底喷淋管
108—观察窗　　　　　　　　　　　　　109—瓶底清水喷吹装置
110—观察窗口　　　　　　　　　　　　111—瓶底喷吹装置
112—排汽抽风机　　　　　　　　　　　113—驱动轴Ⅰ轴承
114—主链观察口　　　　　　　　　　　115—降瓶器调节联结杆
116—滴水槽清洁门　　　　　　　　　　117—降瓶器传动轴
118—左处瓶限位开关（出瓶故障保护开关）
119—降瓶器开度调节手柄（适应不同直径瓶子）
120—降瓶器运动控制槽
121—操作控制柜
122—进出瓶自动回程装置　　　　　　　123—进瓶回程电磁离合器
124—出瓶回程电磁离合器　　　　　　　125—进瓶推进杆
126—清除玻璃碎片口及残余水出口　　　127—预浸泡槽排液球阀
128—废液排出口　　　　　　　　　　　129—预浸泡洗涤液温度检测器
130—配电箱　　　　　　　　　　　　　131—温热水箱排水快开阀门
132—预浸泡槽清洁门　　　　　　　　　133—链盒张紧装置
134—热水溢流到预浸泡槽的通道　　　　135—浸泡槽Ⅰ出入口
136—洗涤液Ⅰ的循环喷冲管　　　　　　137—温水水泵
138—温水温度传感器　　　　　　　　　139—温水箱清洗门
140—热水水泵　　　　　　　　　　　　141—热水箱清洗门
142—热水温度传感器　　　　　　　　　143—洗涤液Ⅰ温度传感器
144—热水箱夹层加热开关阀门　　　　　145—浸泡槽Ⅱ清洗门
146—浸泡槽Ⅰ清洗门　　　　　　　　　147—加热器Ⅱ疏水阀
148—浸泡槽Ⅰ清洗门　　　　　　　　　149—加热器Ⅰ疏水器
150—投料箱　　　　　　　　　　　　　151—投料箱喷冲管开关阀门
152—洗涤液Ⅰ循环水泵　　　　　　　　153—水泵出口压力表

154—水泵出口压力表监测器   155—洗涤液Ⅰ温度监测器

156—除标装置Ⅰ的被动箱   157—蒸汽管道疏水阀

158—通断开关   159—加热器Ⅰ蒸汽阀

160—加热器Ⅰ旁路蒸汽阀   161—污物收集器

162—电动阀

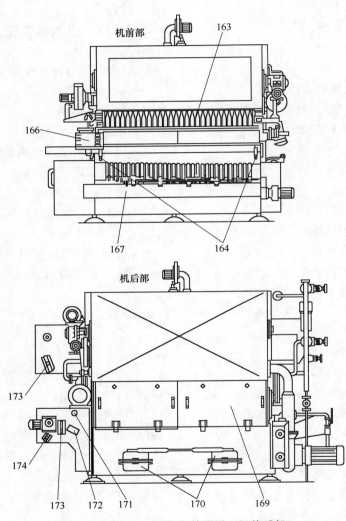

图 2-3（c）　XP-30 洗瓶机外形图（机前后部）

图 2-3（c）部分零部件说明：

163—出瓶导板   164—出瓶导板摇杆

165—进瓶输送带   166—操作箱

167—后盖   168—浸泡槽Ⅰ清洗门

169—除标装置Ⅰ的上吹风管   170—毛刷清洁口

171—导板清洁口   172—除标装置Ⅰ的下吹风管（吹除废标纸）

173—除标装置Ⅱ的下吹风管

　　XP-30 洗瓶机主要由主传动装置、进瓶装置、出瓶装置、回程装置、除标装置、管路系统、喷淋系统、加热系统、链盒装置及人行道、防护罩等结构组成。

2.3.1　主传动装置

　　图 2-4 是 XP-30 洗瓶机传动系统简图。主电机 16 经调速减速机 18 输出，分别通过链条及万向联轴器同时为瓶盒架、喷射架、进瓶、出瓶装置等提供动力，并保证喷射架和进瓶、出瓶装置与瓶盒架运动同步。

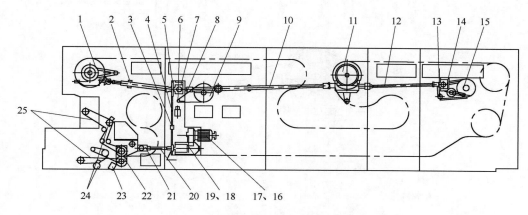

图 2-4　传动系统简图

　1—蜗轮减速器 I　2,10,12,20—万向联轴器　3,6,13,23—链条张紧器　4—三列套筒滚子链　5—链轮　7,14,21—锥齿减速箱　8—滚子链　9,15—槽轮装置　11—蜗轮减速器 II　16—主电机　17—电动机手轮　18—调速减速机　19—电动调速装置　22—进出瓶安全离合器　24—可调链条张紧器　25—套筒滚子链

　　从图中可以看出以下三部分运动，这三部分运动必须按照一定的同步关系运动。
　　① 主电机→三列套筒滚子链→万向联轴器→蜗轮减速箱→驱动瓶盒运动。
　　② 主电机→三列套筒滚子链→锥齿轮箱→驱动喷射装置运动。
　　③ 主电机→万向联轴节→锥齿轮减速器→进出瓶安全离合器→驱动进、出瓶装置运动。
　　(1) 驱动瓶盒运动　图 2-5 是驱动瓶盒运动装置简图，它属于传动系统的一部分，主要由蜗轮减速器、传动轴、大链轮过载安全保护装置组成。从主电机及减速机输出动力的一部分通过图 2-4 中的万向联轴器（件 2，10），传递给蜗轮减速器（件 1，11），驱动图 2-5 中的两对大链轮 3，从而带动装有 222 排瓶盒的瓶盒装置在机内做循环运动。
　　图 2-6 是蜗轮减速器扭矩臂上装的扭矩保护装置。当故障引起轴转矩增大时，扭矩臂 5 会扭转偏移，接近开关 1 断开。或者机器启动期间，大链轮轴转矩超过了传动机构传动的扭矩，接近开关也会断开，引起主传动系统的主电机电源断开，对大链轮轴起到保护作用。
　　(2) 驱动喷射架运动　图 2-7 是喷射架传动简图。两喷射架分别通过图 2-4 中的槽形凸轮装置（件 9，15）驱动图 2-7 中拨臂轴 3 做往复运动，槽形凸轮的设计保证了在一个

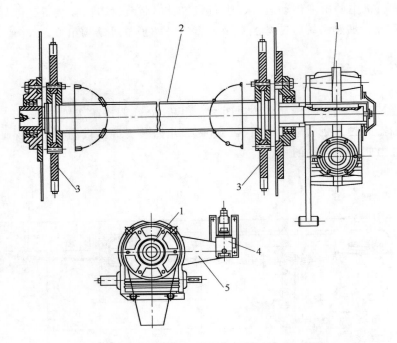

图 2-5　驱动瓶盒运动装置

1—蜗轮减速器　2—主传动轴　3—大链轮　4—过载安全保护装置　5—扭矩臂

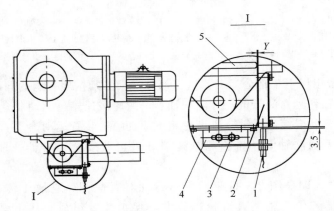

图 2-6　扭矩保护装置

1—接近开关　2—连接板　3—螺栓　4—开关安装板　5—扭矩臂

循环周期内，喷射架有 2/3 时间跟踪瓶盒同步运动，喷嘴正对瓶口进行喷射，1/3 时间快速退回。

（3）驱动进、出瓶装置运动　图 2-4 中主传动还有一部分动力依次经过联轴器（件 20）、齿轮减速器（件 21）和套筒滚子链传递到图 2-8 所示的进出瓶安全离合器，由该离合器分别通过滚子链驱动进、出瓶装置。

这两个离合器均是钢球式离合器，当出现故障（如卡瓶）引起传动扭矩增大时，钢球会跳出打滑，压板轴向外移，触动限位开关，主机停机，同时启动回程装置电机。

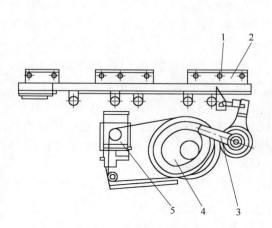

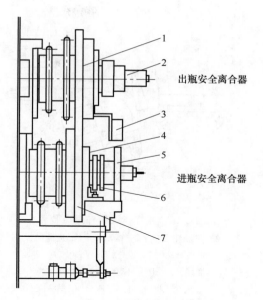

图 2-7　喷射架传动简图
1—喷射管　2—喷射架　3—拨臂轴
4—槽形凸轮装置　5—齿轮减速器

图 2-8　进出瓶安全离合器
1—出瓶安全离合器　2—圆螺母　3—行
程开关　4—压盘　5—进瓶台传动控制盘
6—碟形弹簧　7—进瓶安全离合器

2.3.2　进瓶装置

　　常见的进瓶装置有托瓶架式进瓶、旋转杆式进瓶、连杆指式推杆进瓶等多种，图 2-9 所示是旋转杆式和连杆机构两种进瓶装置。进瓶装置的功能是将待洗的瓶子由生产线输送带上送入瓶盒，主要由进瓶输送带、进瓶台、推瓶机构、进瓶导轨等几部分组成。

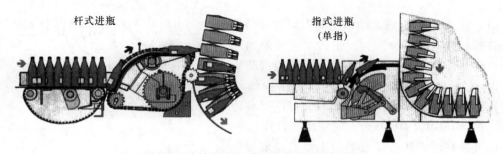

图 2-9　旋转杆式和连杆指式推杆进瓶装置

　　图 2-10 为指式推杆进瓶机构简图，工作时，待洗瓶子由进瓶台经进瓶输送带 1 送进后被排列成一定的排数（30 排），进瓶推杆 7 推动整排瓶子沿进瓶导轨 4 送进瓶盒。进瓶推杆由四杆机构驱动，驱动轴 8 两边装有电磁制动器，由行程限位开关 9 控制，在进瓶推杆回程阶段制动，防止因其自重而引起冲击。

　　对进瓶装置的要求是动作平稳，能满足慢起快进的进瓶要求，瓶子被推进瓶盒的同

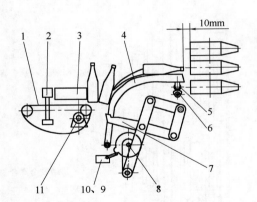

图 2-10　连杆指式推杆进瓶装置

1—进瓶输送带　2—摆动块　3—进瓶隔板

4—进瓶导轨　5—滚轮　6—凸轮　7—进瓶

推杆　8—进瓶驱动轴　9—限位开关

10—控制盘　11—进瓶台驱动电机

时，瓶子能与瓶盒同步向下运动一段距离，保证瓶子能顺利进入瓶盒。凸轮轴 5 的作用使得进瓶导轨随着凸轮运动上下移动，使瓶子进入瓶盒时，有一个配合瓶盒下降运动而下移的动作，摆动块 2 用于疏导瓶子顺利排列。

在进出瓶安全离合器控制盘的控制下，图 2-10 中的进瓶台驱动电机 11，每个进瓶运动周期中有 1/2 时间停止，1/2 时间启动，以配合进瓶推杆的动作。当进瓶推杆开始接触瓶底将要推起瓶子时，进瓶台输送带停止，避免瓶流的挤压。

2.3.3　出瓶装置

瓶子洗干净后，通过出瓶装置将其送出机外，再利用输送带输送到下一工序。

图 2-11 是出瓶运动简图，当机身内的瓶盒 1 运动到合适位置时，瓶盒内的瓶子顺着导瓶板 3 从瓶盒滑出，由降瓶器 2 接应并托着下降；瓶底继续由降瓶器托着，瓶子顺着导瓶板下滑，落入出瓶拨轮 4 的楔形口平面上；降瓶器摆动到下始点，瓶底接触到出瓶输送带 5 的固定托板上；降瓶器摆回到上始点位置，出瓶拨轮利用其渐进曲线将瓶子压出送到出瓶输送带上。整个出瓶过程要求运动平稳无冲击，无出瓶噪声和瓶损。

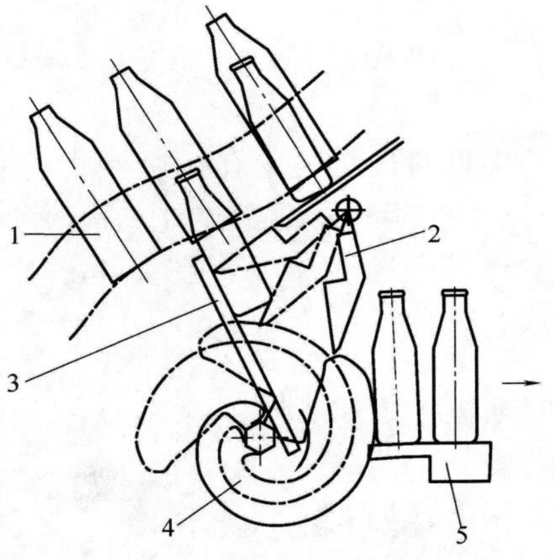

图 2-12 是出瓶装置驱动结构简图，它是凸轮机构和四杆机构的组合机构。主传动装置经出瓶安全离合器传至传动链轮 4，传动链轮和槽凸轮 6 同轴，带动槽凸轮和出瓶拨轮（图 2-11 中件 4）回转，槽凸轮驱动摆臂 5 和调整拉杆 1，带动降瓶器（图 2-11 中件 2）开合，完成出瓶过程。

调整拉杆用来调整降瓶器的上始点位置和摆

图 2-11　出瓶运动简图

1—瓶盒　2—降瓶器　3—导瓶板

4—出瓶拨轮　5—出瓶输送带

角范围，以适应不同直径的瓶子要求。导瓶板两侧由弹簧固定，发生出瓶故障时，会引起导板后仰位移，释放限位开关 3 的压轮，使机器停机。

2.3.4　回程装置

回程装置主要由驱动电机、电磁离合器、减速器、齿轮及链轮等组成。其功能是当进

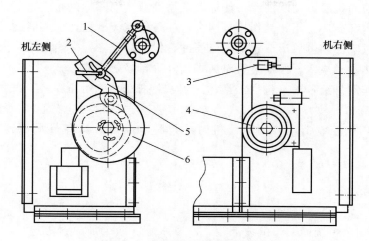

图 2-12　出瓶装置驱动结构简图

1—调整拉杆　2—调整手柄　3—限位开关　4—传动链轮　5—摆臂　6—槽凸轮

瓶或出瓶出现故障（如卡瓶）时，进出瓶装置处安全离合器动作，通过行程开关作用使主机停机，回程装置的电磁离合器吸合便启动回程电机，带动进瓶或出瓶机构反方向行进一段距离，排除故障后，使安全离合器复位，主机进入正常运行。

2.3.5　除标装置

图 2-13 所示是除标原理示意图。除标装置采用网带链回转式机构，由驱动电机、环形网带、链条及鼓风机等组成。工作时，驱动电机带动网带做循环运动，当大量的洗涤液通过网带时，脱落在洗涤液中的商标及脏物被阻隔在网带上，随网带运动被带出机外，鼓风机给两条风管送风，风管分为上风管和下风管，上风管吹掉网带上的洗涤液，下风管吹掉附着在网带上的商标及脏物，脏物由收集框或收集车盛装，定期清理。

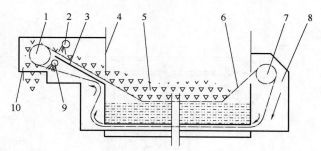

图 2-13　除标原理示意图

1—主动链轮　2—上风管　3—挡水板　4—箱体　5—废渣
6—网带　7—从动链轮　8—从动箱　9—下风管　10—主动箱

2.3.6　管路系统

从图 2-3 中可以看出，管路系统包括洗涤液输送及清水输送，洗涤液（碱水、热水、温水）由水泵输送，循环使用。

1 号碱泵将浸泡槽Ⅰ内的碱液一部分送至除标喷冲及碱液喷射管；另一部分经过加热器加热后送至浸泡槽Ⅰ前端。这样，一方面可以保持浸泡槽Ⅰ的温度，另一方面，使碱液形成一股由机前向机后流动的液流，使标纸杂物等漂流到除标网带上进行除标。2 号碱泵用在浸泡槽Ⅱ内部循环使用，其作用有两个，一是把碱液输送到加热器循环加热，二是碱液进入泵前经过除标网带后形成定向液流喷冲，保证有效除标。热水泵、温水泵的主要作用是分别输送热水、温水，经喷淋管对瓶子内外进行喷射清洗。

清水管的作用是给各槽（包括浸泡槽Ⅰ、浸泡槽Ⅱ、热水槽、温水槽）提供必要的水源，给清水喷射提供压力水源。在清水管上装有薄膜阀与电磁阀，薄膜阀用来调节水压，电磁阀用来控制清水喷射，停机时进行间歇喷射，具有节水和调节温热水槽温度的功能。

2.3.7　加热系统

图 2-14 是加热系统简图。由蒸汽管、冷凝水管、两个加热器等组成。其中一个加热器的蒸汽管路上安装有电动控制阀，根据浸泡槽Ⅰ的碱液温度来控制蒸汽进气量，从而控制碱液温度。

2.3.8　链盒装置

如图 2-15 所示，链盒装置是由特制的节距为 155mm 的带耳套筒滚子链及瓶盒组件组成。每排瓶盒的个数根据洗瓶机的生产能力而不同。XP-30 洗瓶机每排瓶盒数为 30 个，瓶盒属半塑型，盒身材料为低碳钢冲制，瓶盒嘴材料为聚丙烯塑料注成。

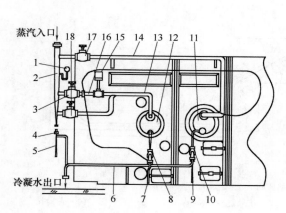

图 2-14　蒸汽加热系统图

1—压力表　2—蒸汽总管　3—蒸汽阀（加热器Ⅰ）
4—蒸汽管疏水器　5—蒸汽管冷凝水旁路管　6—冷凝水排出管　7，9—冷凝水旁路管　8，10—疏水器
11—加热器Ⅱ　12—加热器Ⅰ　13—蒸汽管（供加热器Ⅰ）　14—蒸汽管（供加热器Ⅱ）　15—蒸汽电动阀
16—污物收集器　17—蒸汽阀（加热器Ⅱ）
18—蒸汽阀（加热器Ⅰ旁路）

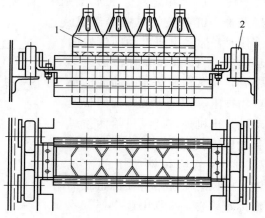

图 2-15　链盒装置

1—瓶盒　2—大链条

2.4　洗瓶机的安装与调试

2.4.1　洗瓶机的安装

2.4.1.1　箱体就位

首先将一号箱体（机头）按总装图安放在合适的位置上，用支脚支撑，把进、出瓶装置、进出瓶输送带与一号箱体安装在一起，使用水平尺和连通管测量，重点测量进出瓶输送带的标高要求，驱动轴Ⅰ的水平度、箱体各边的垂直度，通过各支脚螺杆调节。然后将其他箱体按顺序就位，各箱体之间间隔2mm，这样可保证焊缝要求。

检查所有的导轨连接处是否平滑过渡，有凹凸不平处必须修磨光滑，以保证链条滚子能顺利通过，检查各槽体是否能连接上，校正箱体时可选取箱体上的主驱动轴和上导轨为测量点，使整机纵向（前后），横向（左右）处于同一水平面上。

2.4.1.2　箱体的焊接

按照总装图上所要求的焊缝全焊各箱体侧板上的焊缝，全焊各水槽之间连接板的接缝，焊牢各箱体之间的加强板等。

盛水试验检查各水槽之间焊缝是否有泄漏，如有泄漏应及时补焊，直到合格为止。

2.4.1.3　进出瓶装置及进出瓶链道的安装

各箱体安装完毕后，按照进出瓶链道的标高，将进瓶装置及进瓶链道与一号箱体连接起来，用支脚调整其高度，直到合适为止。将出瓶装置按照装配图的位置焊接于箱体上，再将出瓶输送带用螺钉紧固，要使用起吊环吊装进瓶装置。

2.4.1.4　安装各喷淋架

将喷淋架按照技术要求安装在相应箱体内左右两侧的安装架上，按总装图所标尺寸调整好喷淋架的位置，固紧螺母。

2.4.1.5　安装链条

安装链条和瓶盒前，对整机的安装进行认真地检查，要求导轨平稳，连接过渡处无错位，影响瓶子顺利滑动的焊缝应打磨光滑，以减少机械破瓶率。安装时应注意：

① 可利用主传动慢速带动链条运动，但要注意安全，细心观察，因为链条有可能滑出导轨，特别是链条导轨的交合处要有专人看管，以免卡住。

② 将链条分为左右各222节，拧紧各弹簧垫片和螺栓。

③ 松开5号箱体处的左右两个活动导轨，使活动导轨放置在最左边，即链条处于最松弛状态。

④ 用绳子将链条从后面向上依次通过链轮及各圆弧导轨，直到1号箱体，在5号箱体的长槽孔处用活动铰链接把链条首尾相接。

⑤ 当链条接入每个驱动轴的链轮时，一定要收紧链条。

⑥ 要使左右两侧链条的内外链板相对应，每隔约28链节装入一条定距杆。

2.4.1.6　安装瓶盒架

瓶盒架可在机尾处装入，开始时要求安装2排瓶盒架空隔10排左右，如此一圈后，再将222排瓶盒架全部装上，安装时可利用机后左侧按钮点动配合安装。

2.4.1.7　安装附件并检查

其他因运输拆卸下来的零部件，如输瓶带、管路、人行道、防护罩、清洗门等最后全部装上，清点检查有无缺漏。

2.4.2　洗瓶机的调校

2.4.2.1　扭矩保护装置的安装调整

① 调整图 2-6 的接近开关 1 和连接板 2 的距离为 3.5mm。

② 松开螺栓 3，直至接近开关安装板 4 可以移动。

③ 调整接近开关 1 至所需的 Y 值，$Y=1\sim2mm$。

2.4.2.2　进瓶台的开启调整

进瓶台驱动电机（图 2-10 中件 11）周期性的开启和停止动作由设在进瓶安全离合器上（图 2-8）的限位开关和控制盘控制。

控制盘调校：当进瓶推杆位于最低位置时，限位开关（图 2-10 中件 9）恰好被压下。

2.4.2.3　进瓶同步调整

如图 2-10 所示，转动凸轮轴使滚轮 5 处于凸轮 6 的最高点，即凸轮下降的起始点。将瓶子放在进瓶导轨上，移动瓶盒使瓶子底部与瓶盒内表面对齐。当瓶口与瓶盒之间的距离为 10mm 时，进瓶推杆 7 的指尖前缘应与瓶子底部接触，将此位置固定并张紧链条。松开进瓶安全离合器外端两颗紧固螺栓，用扳手扳动六角轴端，可移动进瓶推杆。

2.4.2.4　电磁制动器调整

如图 2-10 所示，进瓶驱动轴左右两侧各装一电磁制动器，以防止进瓶推杆在回程过程中偏重冲击。调整时，将进瓶推杆的指尖前缘置于距离瓶盒前端位置约 70mm 处，使凸轮控制盘突起点调至与限位开关接触，此时限位开关刚好压下，电磁制动器制动，紧固控制盘。电磁制动器的制动力通过电器箱内的电位器调定。

2.4.2.5　出瓶同步的调整

将出瓶时的瓶盒位置定好，把出瓶凸轮转到零位。松开出瓶安全离合器外端两颗紧固螺栓，用扳手扳动六角轴端，可转动凸轮轴，凸轮位置调好后，重新锁紧螺栓。

在图 2-12 中，通过调整拉杆 1 调整降瓶器（图 2-11 中件 2）的上始点位置，使其与出瓶滑板平齐。松开调整手柄 2，改变拉杆在摆臂上的连接点位置，可调整降瓶器的摆开角度以适应不同直径的瓶子。

2.4.2.6　喷射架的调整

喷射架要与瓶盒同步运动，瓶盒与喷嘴对齐，出现左右偏差时，由喷射架两侧的偏心销轴调整；出现前后偏差时，通过传动链或调整螺钉来调整。

2.4.2.7　大链条调整

大链条的松紧程度对整机的运行影响很大，机器试运行前和使用一段时间后都应对大链条调校，链条的松紧通过 1 号箱体两侧上的张紧装置调整。

在浸泡槽Ⅱ处（图 2-16），大链轮的链条从接触上导轨到接触下导轨至少应有 3 节链条的过渡。

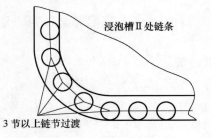

浸泡槽Ⅱ处链条

3 节以上链节过渡

图 2-16　大链条的调整

2.4.3　洗瓶机的试运行

洗瓶机在投入正常生产前，要进行试运行，以检查机器的各种性能及运行情况，试运行要点及调整方法见表 2-2。

表 2-2　　　　　　　　　　　　　　洗瓶机的试运行调整

试运行要点	试运行调整方法
开机前准备	检查机器是否有漏装的地方 检查电器接线 检查各个安全保护装置是否处在工作状态 清除机旁杂物 盖好保护罩 对机器加油
开机前检查	检查抽气机，喷吹鼓风机、水泵、除标等工作是否正常
试运行	每隔 10～20 排瓶盒进入 3 排瓶子试运行 调校进瓶输送带运行速度 调校进瓶台输送带运行速度 检查进瓶同步动作是否平稳、准确 检查瓶子在机内运行情况 检查各喷淋架在同步运行时，喷嘴和瓶口有没有对正 检查瓶盒运行时有没有擦内旁板现象 检查进出瓶机构动作是否协调 调校出瓶输送带运行速度
注水	把箱体上所有的人孔盖、手孔盖、管盖、门、封盖和各阀门都关上，打开清水阀门，向各水槽注水，使它们达到要求的水位
启动碱槽循环泵	启动碱Ⅰ槽、碱Ⅱ槽循环水泵，检查各水泵运行情况
启动除标装置	启动除标装置，检查各电机运行情况
启动喷淋泵	启动预热喷淋水泵、热水泵和温水泵，检查各水泵运行情况
调校压力开关	调校各压力开关，使其达到各喷淋压力要求
水位自动控制的调节	调节液位显示检测器(图 2-3a,件 40)，使洗涤液水位低于下限时，能打开电磁阀(图 2-3a,件 14)自动给浸泡槽Ⅱ加水，再溢流到浸泡槽Ⅰ，直到其水位恢复正常为止
调节压力检测器	调节各水泵的压力检测器，使水泵正常运转时，操作箱上相应的指示灯呈绿色。水泵因故压力下降或水泵关闭时，操作箱上相应的指示灯亮红灯
调整及检查温度调节系统	将碱Ⅰ槽、碱Ⅱ槽和热水槽、温水槽的温度调整到合适值
按要求加碱	按照操作要求加碱，使碱浓度达到要求(洗涤液 1 浓度 2%，洗涤液 2 浓度 1.5%)
满负荷运转	有条件的可进行满负荷运转 按正常生产要求，检查洗出的瓶子是否符合要求，瓶内残水≤3 滴
试机及检查完毕,喷洗机内	试机及检查完毕，通过排水阀排清各槽溶液，打开各清洗门，用高压清水将机内喷洗干净，排干残水

2.5   洗瓶机的使用与维护

2.5.1   操作控制箱说明

洗瓶机的控制箱上设置的按钮分别控制下列部件的启停：

机器电源、机器照明、故障指示（红色）、除标装置Ⅰ和Ⅱ、碱泵Ⅰ和Ⅱ、蒸汽电动阀（自动打开、关闭）、热水泵、温水泵、排气抽气机、进瓶台功能选择（连续、间歇）、急停开关。另外，一般还设置几个备用按钮。如图 2-17 所示的控制箱上设置有下列开关及按钮：主传动速度调节开关（"＋"表示速度加快、"－"表示速度减慢）、停机按钮（红色）、开机按钮（绿色）、出瓶输送带旋钮、进瓶输送带旋钮、急停开关、进瓶台驱动旋钮（正、反向）、进瓶后运行指示（黄色）、回程装置工作指示（黄色）、出瓶输送带运行指示（黄色）、进瓶输送带运行指示、瓶底喷吹风机故障指示（红色）、进瓶故障指示（红色）、出瓶故障指示（红色）、出瓶过载指示（红色）、出瓶栏杆推开指示（红色）、驱动轴

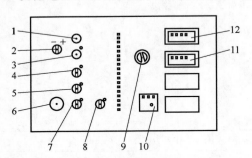

图 2-17   操作箱面板示意图

1—停机按钮 2—主传动速度调节（＋加快、－减慢） 3—开机按钮（绿色） 4—出瓶带旋钮（开、停） 5—进瓶带旋钮（开、停） 6—急停按钮
7—进瓶台驱动（开、停） 8—自动回程（正向、反向） 9—温度选择开关 10—机器运行计时器 11—产量计时 12—温度指示器 "o"表示机器常见故障指示

Ⅰ、Ⅱ过载指示（红色）、清水压力信号、温水压力信号、热水泵压力信号、碱Ⅰ、碱Ⅱ泵压力信号、温度测量开关选择、产品计数器、温度指示器、机器运行计时器。

凡故障指示都用红色信号，正常运行一般用绿色信号。

2.5.2   洗瓶机的操作运行

2.5.2.1   开机前的准备工作

① 机器的机械检查。检查机器零部件有无漏装。

② 检查机器的运行条件。电气、电源、蒸汽及清水等。

③ 检查各人孔盖、手孔盖、顶盖、后盖、观察口门和阀门、防护罩是否关好。

④ 检查进、出瓶处有无杂物。

2.5.2.2   给各水槽注水

如图 2-3（a）所示，打开清水总阀 48 和其他各支路的阀门给各槽注水；打开阀 49 往浸泡槽Ⅰ注水；打开阀 18 往浸泡槽Ⅱ注水；打开阀 13 往温、热水槽注水；打开阀 15 给预浸泡槽注水。

浸泡槽Ⅰ液位从溢流箱 41 处观察，当液位接近溢流时即可，避免加碱后和进瓶后引起溢流浪费。

浸泡槽Ⅱ液位要求达到视镜 16 的中间位置。

温、热水槽的水位要求达到视镜 12 的中间位置。

预浸泡槽注水到排出管［图 2-3（b）中件 128］有溢流即可。

2.5.2.3　合闸、通电

通电时从电器柜总电源开始开启，观察操作箱上的指示灯是否亮。操作箱、控制柜上分别设有急停—断开按钮，用于出现故障时停机。

注意，各企业所使用的洗瓶机的操作箱面板有所不同，具体操作时应详细阅读机器的使用说明书，切莫乱开合电源闸刀。

2.5.2.4　加热

如图 2-14 所示蒸汽加热系统，打开蒸汽旁路阀 18 和蒸汽阀 17 对洗涤液Ⅰ和洗涤液Ⅱ加热，同时启动碱泵Ⅰ、碱泵Ⅱ，稍后，启动主传动电机，让链盒慢速运动。

注意蒸汽阀门要缓慢开启，以防产生水击现象。

打开球阀（图 2-3b 中件 144）对温、热水槽加热，同时启动温水泵、热水泵。

加热过程中，要通过图 2-17 操作箱上的选择开关和温度指示器观察各水槽加热升温情况。洗涤液Ⅰ达到工作温度时关闭旁路阀，开启图 2-14 中主阀 3 和电动阀 15。洗涤液Ⅱ达到工作温度时，关闭蒸汽阀 17。改变图 2-3（b）中球阀 144 的开度可以调节温热水温度。电动阀 15 的工作状态可由控制箱上的按钮来控制，按钮打向自动位置，温度自控系统工作。

升温阶段，加热系统会产生大量的冷凝水，打开各疏水器的旁路排水管协助排除冷凝水，以加快升温速度。

2.5.2.5　加洗涤剂

每次换水或每班后，都要向浸泡槽Ⅰ、浸泡槽Ⅱ中加入烧碱和添加剂，使两槽洗涤液保持配方要求的浓度。

待水温加热到 30～40℃时加入烧碱。固体烧碱或添加剂的浓缩物从图 2-3（b）的件 150 中加入浸泡槽Ⅰ。每次加料后合上箱门，开启图 2-3（b）中阀 151 将料冲入浸泡槽内，重复多次，直到加料完毕。

2.5.2.6　洗瓶

待各水槽温度、洗涤液浓度均符合要求后，启动进瓶输送带和进瓶台，开始进瓶，稍后开启除标装置Ⅰ、除标装置Ⅱ，排汽抽气机。

当瓶子快接近出瓶区域时，启动出瓶输送带并通知下一道工序做好准备。

2.5.2.7　停机

① 停止进瓶输送带和进瓶台输送带。

② 当机器进入空运转时关闭温水泵和热水泵，关闭清水阀门［图 2-3（a）中件 48］。

③ 打开预浸泡槽的排放阀将其内部的水排清。

④ 关闭蒸汽阀（图 2-14 中件 3）。

⑤ 关闭除标装置Ⅱ，和循环水泵［图 2-3（b）中件 92］。

⑥ 停止出瓶输送带。

⑦ 出瓶输送带停止 5min 后，关闭除标装置Ⅰ和循环水泵［图 2-3（b）中件 152］。

⑧ 停止抽风机［图 2-3（b）中件 112］。

⑨ 大链条继续运行 8～10min 后关闭主电机。

⑩ 断开电源。

2.5.2.8　急停

遇到非常事故停机时，可在下列任意位置停机：

① 操作箱的停机按钮或急停钮。

② 控制箱上的急停钮。

③ 一号箱右侧接线箱上的停机按钮。

④ 机器左侧中部处的停机按钮。

⑤ 机器尾部处的停机按钮［图 2-3（b）中件 158］。

⑥ 拉下出瓶栏杆［图 2-3（a）中件 76］。

⑦ 抬动摇杆［图 2-3（c）中件 166］。

⑧ 关闭机器总电源。

以上②、③、④、⑤所指位置处的按钮，专供安装或检修时使用。

2.5.2.9　注意观察

① 机器各运动部件是否协调同步。

② 运行中有无异常响声。

③ 各处紧固件有无松动。

④ 水压、气压、洗涤液温度是否正常。

⑤ 喷嘴、过滤网有无堵塞。

⑥ 各齿轮箱、轴承温度是否正常。

⑦ 进瓶台平板输送链道上的碱水是否需添加。

2.5.3　洗瓶机的维护与保养

洗瓶机投入使用后，应结合具体情况对机器进行维护保养，保证机器正常运行，延长设备使用寿命，一般按表 2-3 所列内容实施保养，具体操作时，须按照设备使用说明书要求维护保养机器。

表 2-3　　　　　　　　　　　　　　　洗瓶机的维护与保养

维护与保养规程	维护与保养内容
每日或每运行 8h 后的维护保养	① 根据润滑操作规程润滑机器 ② 清洗和检查所有的平板链 ③ 排出预喷淋槽水,待水排完后,用高压喷管清洗,清洗过滤箱中的滤网并重新放好 ④ 根据实际情况,排掉浸泡槽、热水槽、温水槽中的水 ⑤ 检查除标网带有无损坏,检查网带上链的松紧度。清除网带上污物 ⑥ 检查出瓶输送带下面的碎玻璃接盘 ⑦ 清扫机器周围的碎玻璃、废标纸和杂物
每周或每工作 40h 后的维护保养	除按照每日的维护要求保养外,还需进行以下保养: ① 检查瓶盒架的运行状况,拆掉弯曲的瓶盒架并校正;查找造成瓶盒架弯曲的原因,并加以排除 ② 打开各喷淋架的端盖,用高压喷枪冲洗管道,保证喷嘴畅通

续表

维护与保养规程	维护与保养内容
每月或每工作 170h 后的维护保养	除按照每周、每日的要求维护保养外,还需进行以下保养: ① 检查各齿轮箱、蜗轮蜗杆箱的润滑液面。如果有必要,进行加油 ② 检查除标水泵处的三角皮带的松紧度,并加以张紧
每三个月或每工作 500h 的维护保养	除按照每月、每周、每日的要求维护保养外,还需进行以下保养: ① 对旋转喷淋系统进行全面的检查 ② 检查瓶盒架传动的大链条的松紧程度 ③ 检查三碱液槽中加热器,清除污物 ④ 检查预喷淋槽的进水有无堵塞,并加以清除 ⑤ 检查热水浸泡槽中加热 U 形管有无堵塞,并加以清除
每年或每工作 2000h 之后的维护保养	须由熟悉洗瓶机的技术人员对机器进行全面的检查
电器设备的维护保养	① 确保电器控制柜内循环空气干燥,充分冷却 ② 每天启动操作前都要擦洗透镜和反光镜 ③ 每天检查汽水分离器、油雾器 ④ 每周检查各软管的连接是否牢固,有无损坏

2.6 洗瓶机故障分析与排除

XP-30 洗瓶机的主电机采用带制动装置并有调节手轮的三相异步电动机,其功率为 7.5kW,可通过变频器对电机进行无级调速。

机器设有五个温区,六个测温点,每个测温点有一支温度传感器检测温度。其中五个温区如碱Ⅰ、碱Ⅱ、冷水、热水、预浸泡槽的温度信号送入操作箱上的显示仪表,通过转换按钮可选择某一温区的温度显示,但不作温度控制。

另一支温度传感器的测温信号则送到电气柜的温度控制仪表上,再由这个仪表控制气动薄膜阀,控制蒸汽进气量的大小。

机器在前后两个驱动轴上设有行程开关做驱动轴过载检测,并设有进瓶离合检测和出瓶离合检测。发生出瓶过载时,离合器动作,立即停机,待故障排除后,才可启动主机。

此外,还设有出瓶栏杆,过滤网盖,出瓶故障保护,这些故障发生时,主机立即停机。

上述故障均在操作箱上有红色指示灯作指示,当其中一个指示灯亮时,表示故障存在,不能开主机,故障排除后,红灯熄灭,主机才可以启动。

由于洗瓶机比较复杂,在运行过程中又受到温度、压力、环境等因素的影响。因此,对其发生的故障应认真分析,下面列出几种最常见的故障进行分析。

2.6.1 进瓶装置

进瓶装置故障现象和排除方法见表 2-4。

表 2-4   **进瓶装置故障排除**

故障现象及原因	故障排除方法
瓶子推不进瓶盒。图 2-8 中进瓶安全离合器 7 动作，触动限位开关导致停机，进瓶故障指示灯亮。原因： ① 瓶盒内残留破碎玻璃片； ② 离合器碟形弹簧过松	① 清除碎玻璃片，在回程装置作用下使图 2-10 中的进瓶推杆向后退，若退回距离不够，可旋动操作箱上的旋钮使其进一步后退，清除碎片，拧动旋钮至进瓶安全离合器复位，故障指示红灯灭，重新开机 ② 旋图 2-8 中的圆螺母 2 压紧碟形弹簧

2.6.2　出瓶过载

出瓶过载故障现象及排除方法见表 2-5。

表 2-5   **出瓶过载排除**

故障现象及原因	故障排除方法
在降瓶器与导瓶板（图 2-11 中件 2，3）之间发生瓶子卡死现象，导瓶板后仰，离开限位开关［图 2-3（a）中件 78，图 2-3（b）中件 118］导致停机，出瓶过载指示灯亮。原因： 存在破碎玻璃片或出瓶不顺，瓶子阻卡	摇动机头两侧弯管形把手［图 2-3（c）中件 166］，把破碎玻璃片清除，如果瓶子卡住下不来，则击碎瓶子，清除碎片，红灯灭，重新开机

2.6.3　出瓶故障

出瓶故障现象及排除方法见表 2-6。

表 2-6   **出瓶故障排除**

故障现象及原因	故障排除方法
出瓶拨轮（图 2-11 中件 4）被破碎玻璃片卡住，出瓶安全离合器（图 2-8 中件 1）打开，触动限位开关停机，出瓶故障指示灯亮。 原因：破碎玻璃片卡住出瓶拨轮或出瓶不顺，降瓶器（图 2-11 中件 2）上升时被锁住，引起超载	清除玻璃碎片或卡住的瓶子，拧动图 2-17 中旋钮 8，使出瓶安全离合器（图 2-8 中件 1）复位，红灯灭后重新开机

2.6.4　出瓶活动栏杆故障

出瓶活动栏杆故障现象及排除方法见表 2-7。

表 2-7   **出瓶活动栏杆故障排除**

故障现象及原因	故障排除方法
图 2-18 中挡瓶活动栏杆 1 被瓶子推开到 Ⅰ 位置，导致停机。原因： 出瓶输送带受阻，积聚瓶子过多或瓶子倒立引起	由操作者输送走瓶子或扶起倒瓶，推回活动栏杆到 Ⅱ 位置（正常工作位置），红灯灭，重新开机

2.6.5　驱动轴Ⅰ或Ⅱ超载

驱动轴Ⅰ或Ⅱ超载故障现象及排除方法见表2-8。

2.6.6　瓶底喷吹故障

瓶底喷吹故障现象及排除方法见表2-9。

2.6.7　破瓶过多

破瓶过多故障现象及排除方法见表2-10。

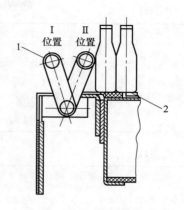

图2-18　出瓶栏杆
1—活动栏杆　2—平板链

表2-8　　　　　　　　　　　　　　　　**驱动轴超载排除**

故障现象及原因	故障排除方法
图2-5中力臂5位移触动限位开关,导致停机,驱动轴Ⅰ或Ⅱ过载指示灯亮。 原因: ① 大链盒运行时突然出现不正常阻力,引起超载; ② 大链条过松或过紧	① 用手转动图2-3(a)中主电机的手轮,使安全保护装置复位,红灯灭,可重新开机 ② 采取上面的措施,重复多次无效,可考虑适当压紧碟形弹簧 ③ 调整大链条的松紧程度至适当,图2-3(a)中件62 以上措施均无法消除超载现象时,就必须找出链盒卡紧原因,如各导轨的过渡处,链条转弯处及链条的连接处等,待消除阻卡后才能开机

表2-9　　　　　　　　　　　　　　　　**瓶底喷吹故障排除**

故障现象及原因	故障排除方法
瓶底喷吹鼓风机出现故障,风机故障指示灯亮。原因:鼓风机[图2-3(a)中件3,26]的过流继电器打开断电	由电气人员检查后排除

表2-10　　　　　　　　　　　　　　　　**破瓶故障排除**

故障现象及原因	故障排除方法
破碎玻璃片增多。原因: ① 进瓶时瓶子温度过低,各槽洗液温差太大 ② 瓶子质量差 ③ 机械方面原因造成	① 提高进瓶前的瓶子温度 ② 调整各浸泡槽洗涤液的温度,减少温差 ③ 保证瓶子的质量,不使用劣质瓶子 ④ 检查机械上可能引起卡瓶的地方,排除之

2.6.8　升温困难

升温困难故障现象及排除方法见表2-11。

2.6.9　出瓶不清洁

出瓶不清洁故障现象及排除方法见表2-12。

表 2-11   升温故障处理

故障现象及原因	故障排除方法
蒸汽压力符合要求,但洗涤液温度上升困难。原因: ① 加热器[图 2-3(b)中件 86,90]的冷凝水排除不畅 ② 供汽管道过长,保温差,使冷凝水产生过多难以排除 ③ 加热器结垢太厚,影响传热	① 打开疏水器(图 2-14 中件 8,10)的旁路阀排除冷凝水 ② 改善蒸汽管的保温层 ③ 定期清除加热器中的水垢

表 2-12   出瓶不清洁

故障现象及原因	故障排除方法
经洗涤出的瓶子中,洗不干净的瓶子增多。原因: ① 洗涤液温度过低 ② 洗涤液碱浓度太低 ③ 洗涤液泡沫太多 ④ 喷射处喷嘴堵塞 ⑤ 瓶子本身装有难洗物质	① 检查洗涤液温度是否合适并调整 ② 检查烧碱浓度并补充之 ③ 改善洗涤液配方,使用合理工艺 ④ 检查喷嘴并疏通 ⑤ 筛选回收的瓶子,使其不存在难洗物质

2.6.10 喷射压力下降

喷射压力下降故障原因及排除方法见表 2-13。

表 2-13   冲瓶喷射压力下降

故障现象及原因	故障排除方法
喷射压力下降,操作箱上相应的压力指示灯由绿转变为红色。原因: ① 水泵运转不正常 ②水槽中液位下降 ③过滤器阻力增大	检查有关的水泵、水槽液位,清洗过滤器

2.7   冲瓶机及其使用

冲瓶机主要用于玻璃瓶和聚酯瓶在灌装前的清洗和杀菌,适用于对带有浮尘的一次性聚酯瓶、经洗瓶机清洗的玻璃瓶进行冲洗。

冲瓶机除了用水来冲洗瓶子内外的浮尘以外,还可以用压缩空气吹掉瓶子内的浮尘或残留水,用消毒水或蒸汽对瓶子进行灭菌。因此,扩展功能后的冲瓶机也可以作为杀菌机来使用。由于冲瓶机跟洗瓶机比较而言具有能耗低、效率高、占地面积少等特点,所以,冲瓶机在液体灌装生产线中得到了广泛的应用。

2.7.1   冲瓶机的分类

冲瓶机通常按照下列方法来分类:

2.7.1.1　按照喷管运动的结构形式分

（1）无插入式喷冲装置的冲瓶机　冲瓶喷管无上升插入到瓶子、冲瓶完成后下降退出瓶口的过程。此类冲瓶机的喷管结构简单，易于维护，一般用在只冲洗一种介质的情况下，并且瓶子的形状要易于清洗，还可以用在对残留水要求不是很高的场合。

（2）有插入式升降喷冲装置的冲瓶机　冲瓶喷管有上升插入到瓶子里冲瓶，完成后下降退出瓶口的过程。此类冲瓶机的喷管结构较复杂，主要针对几种介质冲洗瓶子的情况。由于可以使用双通道的喷管，几种介质不会混合，并且通过喷冲压缩空气，可减少瓶子里的残留水量，主要应用于对残留水要求较高，或者几种介质同时使用，及瓶子形状较为复杂不易清洗的场合。

2.7.1.2　按照瓶夹的样式分

（1）夹瓶式冲瓶机　冲瓶机的瓶夹为夹持式，用来夹住瓶口带动瓶子进行冲瓶、翻转、清洗，适用于大多数瓶型。

经过特别设计的橡胶夹块避开了瓶口的螺纹部分，避免了瓶口的二次污染，加装了冲洗橡胶夹块的喷头，使瓶夹始终保持洁净，解决了以前夹瓶式冲瓶机二次污染瓶口和不易清洗的问题，更换瓶型时如果瓶口尺寸变化不大就无须更换备件。

（2）抱瓶式冲瓶机　冲瓶机的瓶夹结构由两件塑料瓶夹夹住瓶身进行翻转、冲洗。该瓶夹结构简单，主要适用于瓶身为圆形瓶，瓶口能够清洗且不能二次污染的场合，对异形瓶目前为止还不能开发合适的瓶夹。瓶夹的使用寿命由瓶夹的材质和使用环境决定，更换瓶形时需要更换瓶夹。

2.7.1.3　根据使用介质及功能分

（1）纯净水冲瓶机　用纯净水冲洗瓶子内外壁，主要功能是冲洗瓶子内外的浮尘，调节瓶子内的酸碱度。可以用热的纯净水对瓶子进行预热，当灌装形式为热灌装时保证物料与瓶子的温差不会太大而导致爆瓶。

（2）消毒水冲瓶机　用消毒水冲洗瓶子内外壁，主要功能是通过喷冲到瓶子上的消毒水对瓶子进行灭菌处理，同时可以冲洗瓶子上的浮尘。由于冲瓶水可以过滤回收再利用，所以消毒水的利用率较高，消毒成本低。

（3）蒸汽灭菌冲瓶机　用蒸汽喷冲瓶子内壁，主要功能是通过喷冲蒸汽使瓶子达到高温，进行高温灭菌。

2.7.2　冲瓶机的工作过程

2.7.2.1　整机工作过程

图 2-19 为冲瓶机的工作过程图。待冲洗的瓶子由供送瓶系统的输送带 3 被送到进瓶螺旋 2 处，由进瓶螺旋将瓶子等间距地分开送入匀速回转的进瓶星轮 4，再由进瓶星轮将瓶子传递到冲瓶系统中的瓶夹装置 1，该装置将瓶子紧紧夹住并顺着翻转导轨凸轮移动，瓶子慢慢地被翻转，由原来的瓶口向上转为瓶口向下，此时喷冲管上升插入到瓶内。

随着瓶子的移动，冲瓶开始，喷管分阶段喷出冲洗液，如高温热水、低热清洁水；接着又转换喷出清洁的压缩空气将瓶内的残余水吹出。喷气吹干阶段结束后，瓶子在导轨凸轮的作用下再次翻转，由原来的瓶口向下转为瓶口向上；最后，瓶夹在凸轮的作用下张开

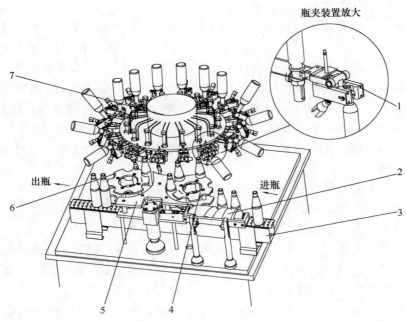

图 2-19   冲瓶机的工作过程图

1—瓶夹装置   2—进瓶螺旋   3—输送带   4—进瓶星轮   5—导板   6—出瓶星轮   7—冲瓶机主体

并松开瓶子，由出瓶星轮 6 和输送带将瓶子送出机外，这样，便完成了一个冲瓶周期。

为清楚起见，用图 2-20 框图形式表达冲瓶机的工作过程。

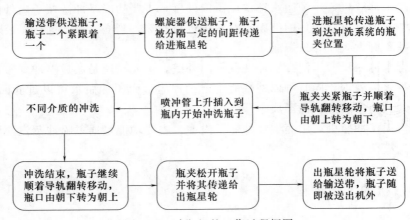

图 2-20   冲瓶机的工作过程框图

图 2-21 所示为冲瓶机的冲洗区域示意图，冲洗介质的分配可根据待洗瓶子的具体要求进行相应设计，如增加水蒸气喷冲等。

2.7.2.2   冲瓶机的冲洗瓶过程

（1）夹瓶开始   夹瓶开始时，夹瓶钳在凸轮的压力作用下张开口，进瓶星轮将瓶子送进夹瓶钳的张开口内，如图 2-22 所示。

（2）瓶子翻转   随着转盘的转动，夹瓶钳在弹簧的作用下紧紧地将瓶子的颈部夹住，顺着导轨移动并慢慢地翻转，如图 2-23 所示。

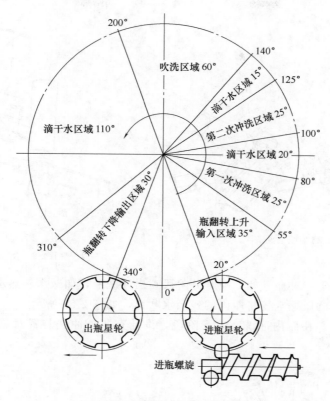

图 2-21　冲瓶机的冲洗区域图

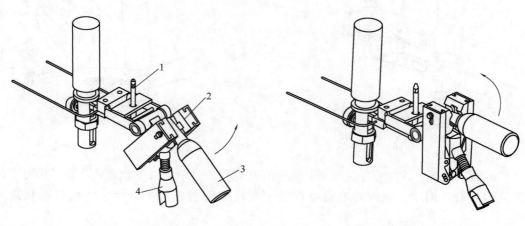

图 2-22　夹瓶开始　　　　　　　　　　图 2-23　瓶子翻转

1—喷管　2—夹瓶钳　3—瓶子　4—导轨凸轮手

（3）喷管下缩　瓶子翻转接近垂直的阶段，喷管在凸轮的拉动作用下往下缩，以免碰到翻转的瓶口，如图 2-24 所示。

（4）瓶子翻转最后阶段　瓶子翻转到最后的阶段时，瓶子垂直倒立，瓶口正对准喷管，如图 2-25 所示。

（5）瓶子翻转结束开始冲瓶　瓶子翻转结束后，喷管在弹簧的作用下上升，插入瓶

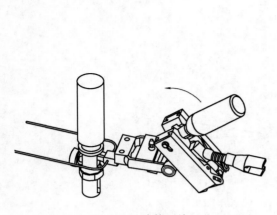

图 2-24　喷管下缩

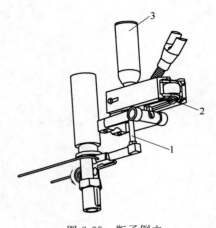

图 2-25　瓶子倒立
1—喷管　2—夹瓶钳　3—瓶子

内。随着瓶子的移动，冲瓶开始，喷管分阶段喷出冲洗液，如碱水、热水、清洁冷水，接着又转换喷出清洁的压缩空气将瓶内的残余水吹出，如图 2-26 所示。

（6）瓶外冲洗　在瓶内冲洗、吹干阶段，设计有瓶外冲洗装置对瓶子进行外表面清洁，如图 2-27 所示。

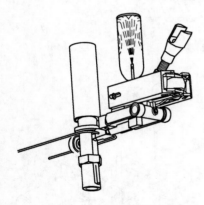

图 2-26　开始冲瓶

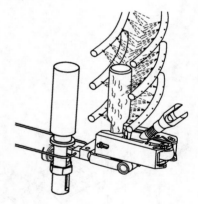

图 2-27　瓶外冲洗

（7）瓶子离开　冲洗程序完成后，瓶子在夹瓶钳的夹带下沿导轨翻转，瓶口由原来的向下又转为瓶口向上。同时，喷管也在另一导轨凸轮的作用下下降，使瓶口顺利离开喷管。

最后，夹瓶钳在凸轮的作用下张开并松开瓶子，出瓶星轮和输送带将瓶子送出机外。

2.7.3　冲瓶机的组成结构

2.7.3.1　冲瓶机的整体组成

冲瓶机整体结构如图 2-28 所示，主要由动力系统、供送瓶系统、冲瓶系统、机架与防护门系统及冲洗介质供送系统等几部分组成。

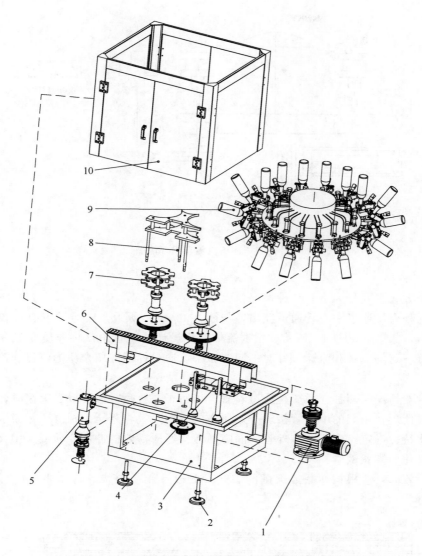

图 2-28　冲瓶机整体结构示意图

1—动力装置　2—脚撑　3—机架　4—进瓶螺旋　5—分瓶装置
6—输瓶带　7—星轮　8—导板　9—冲瓶装置　10—防护门

2.7.3.2　冲瓶机的传动系统

图 2-29 所示为冲瓶机的传动原理简图。主电机的动力经皮带和减速机传递给主动齿轮 Z_1，由 Z_1 驱动主转盘的中心齿轮 Z_2，由 Z_2 驱动中心轴转动，带动机器上部的冲瓶系统瓶夹盘回转；进瓶星轮和出瓶星轮的转动分别由 Z_2 驱动齿轮 Z_4 和 Z_3 实现；由链轮 Z_5 和 Z_6，螺旋齿轮 Z_7 和 Z_8 驱动进瓶螺杆运动。

在冲瓶机机架内装有手动或电动升降装置，用来调节冲瓶装置相对于输送带面的高度，以适应冲洗不同高度规格瓶子的要求。

2.7.3.3　冲瓶机的喷管结构

喷管是冲瓶机冲洗瓶子内腔时的执行部件，分为中心管通道和外管通道，其结构如图

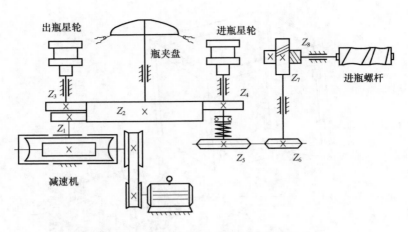

图 2-29　冲瓶机传动原理简图

3-30 所示。

其工作方式主要分为下列几种情况：

（1）一种介质通过中心管通道喷出，如图 2-30（a）所示，或通过中心管和外管中间的间隙喷出，如图 2-30（b）所示。根据流体特性设计的喷管出口将介质变成伞状或其他形状并保持一定的流量和流速，针对不同的瓶子，通过控制冲瓶介质的流量和流速进行高效的清洗。

（2）一般情况下两种介质交替通过喷管。当瓶子需要喷雾清洗或者灭菌时，喷管的两个通道同时使用，中间的中心管接通一定压力的压缩空气，其压力根据工艺要求的喷雾形状及其雾化特性确定，中心管和外管的间隙通道接通所需要的冲瓶介质或灭菌介质，喷出的效果为细化的雾状液滴。

设计喷管时，应根据冲瓶或灭菌的工艺参数以及瓶子形状等具体要求进行优化调整设计。

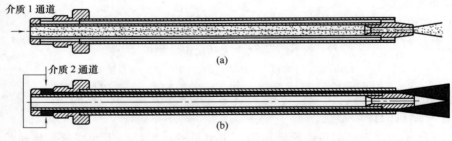

图 2-30　喷管结构图

2.7.4　冲瓶机的安装与调试

2.7.4.1　主轴转盘法兰、平面轴承和轴肩间的装配

如图 2-31 所示，装配时必须注意在主轴转盘法兰、平面轴承和轴肩三者之间留一定的间隙，否则，若轴肩过高，与平面轴承互相顶死，可能会造成主轴转动过紧，甚至转不

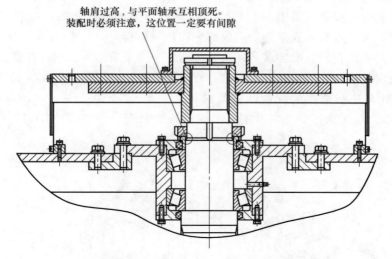

图 2-31　主轴转盘法兰、平面轴承和轴肩间的装配

动的现象。

2.7.4.2　瓶夹和喷冲升降装置的装配

瓶夹在加工过程中使用的基准可能会不同，造成装配后两个瓶夹可能不对称，装配时要分组选配，瓶夹装配后要能够灵活打开和夹紧，瓶口直径不同要选用不同的夹块，如图 2-32 所示。

2.7.4.3　喷冲升降装置的装配

如图 2-33 所示，装配喷冲升降装置时要注意滑动轴 1 与连接杆 2 是否拧紧，连接杆的连接轴端头部分应比滑动轴的安装孔稍短，否则，会出现螺丝虽然拧紧，但轴尚未锁紧的现象。同时，注意喷嘴 3 下端的O 形密封圈要压紧。

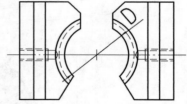

图 2-32　瓶夹夹块

2.7.4.4　瓶夹的打开与夹紧凸轮、喷冲升降凸轮的装配

（1）瓶夹打开和夹紧时凸轮所处的位置　如图 2-34 所示，进瓶时瓶夹在转盘中心和

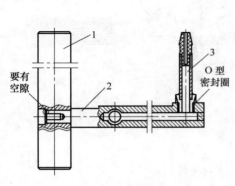

图 2-33　装配喷冲升降装置

1—滑动轴　2—连接杆　3—喷嘴

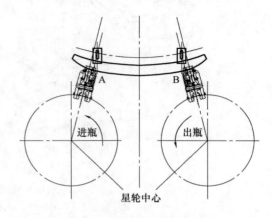

图 2-34　瓶夹的打开与夹紧

进瓶星轮中心线上（图中 A 位置）时要完全处于夹紧状态；冲瓶完成后，瓶夹进入转盘中心和出瓶星轮中心线上（图中 B 位置）时必须处于全部打开状态，按照这两种状态调整凸轮的位置，夹紧或打开放慢都会造成撞瓶和掉瓶的现象。

（2）喷冲升降凸轮的装配要求　冲瓶升降凸轮主要是将插入瓶内的喷嘴通过滑动轴滚轮沿下降凸轮向下拉，使瓶子在翻转时避开瓶口，调整时只要能避开并且畅顺就可以。

2.7.4.5　星轮与主机瓶夹的配合调整要求

图 2-35（a）所示为星轮与主机瓶夹未调整好的状态，图 2-35（b）所示为调整好的

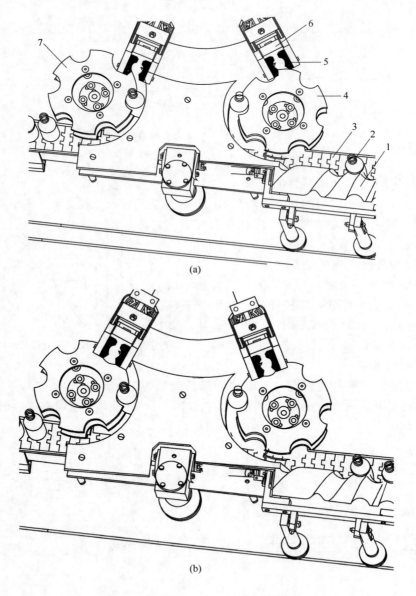

(a)

(b)

图 2-35　星轮与瓶夹的同步调整示意图

（a）星轮与瓶夹未调整状态　（b）星轮与瓶夹调整后的同步状态

1—进瓶螺旋　2—瓶子　3—输送带　4—进瓶星轮　5—夹瓶钳口　6—夹瓶钳　7—出瓶星轮

同步状态。调整时先以主机夹瓶钳口 5 为基准，调整进瓶星轮 4 和出瓶星轮 7 上的瓶型卡口中心与夹瓶钳口中心点重合，此点应在星轮回转中心与主机的回转中心点的连线上，两圆的切点处。

调整方法如下：

① 慢速点动机器，使它上面某一个夹瓶钳口调整到上述的切点位置上。

② 松开如图 2-36 所示星轮上的固定螺栓，用手转动星轮，将它调到上述要求的位置，然后插入一个瓶子准确较正该星轮的位置。

③ 重新拧紧固定螺栓。

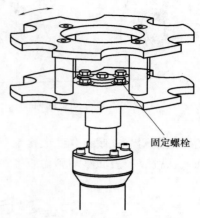

固定螺栓

图 2-36　星轮与主机瓶夹同步调整

2.7.4.6　进瓶螺旋与进瓶星轮的调整

由输送带高速送入的瓶子一个紧跟一个，经过进瓶螺旋后被分开成一定的间距，要求瓶子能平稳地被送入进瓶星轮。进瓶螺旋与进瓶星轮应有相位的配合问题，若配合不当，会影响进瓶的速度，严重时会产生夹瓶，导致停机。因此，进瓶螺旋是输送带与进瓶星轮的重要接口机构。

图 2-37（a）所示为进瓶螺旋与进瓶星轮未调整好的位置状态，图 2-37（b）所示为调整好的位置状态。首先以进瓶星轮为基准，调整进瓶螺旋上的瓶型弧口中心与进瓶星轮的瓶型卡口中心点重合，如图 2-37（b）所示。

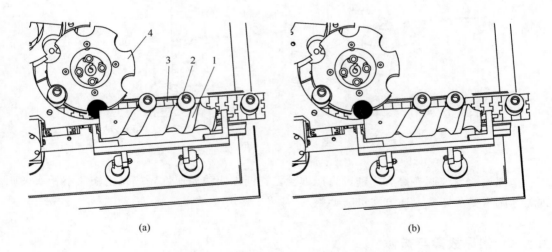

(a)   (b)

图 2-37　进瓶螺旋与进瓶星轮调整示意图
(a) 未调整好的位置状态　(b) 调整好的位置状态
1—进瓶螺旋　2—瓶子　3—输送带　4—进瓶星轮

调整方法如下：

① 慢速点动机器，使进瓶星轮上的某一个瓶型卡口中心与进瓶星轮中心的连线恰好垂直于进瓶螺旋的轴线，在这个位置上停机。

② 松开进瓶螺旋端口上三个固定螺栓，如图 2-38 所示，用手转动将进瓶螺旋转至某

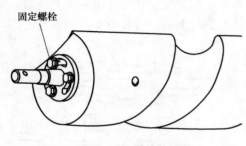

图 2-38　进瓶螺旋的调整

一个角度，使它调到上述要求的位置，将一个瓶子插入进瓶星轮与进瓶螺旋之间组成的圆孔中，用手转动选择进瓶螺旋最佳角度定好。

③ 将进瓶螺旋端口上三个固定螺栓锁紧。

2.7.4.7　输送带与过渡板的调整

在进瓶星轮和出瓶星轮之间有一个过渡板，如图 2-39 所示，在进瓶星轮这边，调节输瓶带表面应比过渡板面高 0.5mm；在出瓶星轮那边，调节过渡板表面应比输瓶带面高 0.5mm。这样瓶子从输瓶带面移动到过渡板表面或从过渡板表面移动到输瓶带面时会比较顺畅。

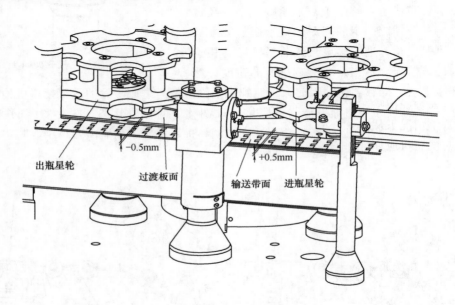

图 2-39　过渡板调整

全部输瓶系统调整好后，进行生产试验，逐渐加快输瓶速度，如发生输瓶不畅或夹瓶现象，则需要重新按上述方法进行调整。

2.7.5　常见故障与排除

冲瓶时经常出现的故障主要集中在以下两个方面。

① 主电机上的离合器容易出现过载打滑，需调整弹簧压力。

② 冲瓶的汽水分配器有错位现象，造成运行中喷冲角度错位，主要是装配调压弹簧螺钉头没有与滑动塑料环上的定位沉孔对正，即定位螺钉头没有插入到定位孔内，起不到定位作用，如图 2-40 所示。

③ 喷冲水压、气压过大自动停机，需调整水压与气压。

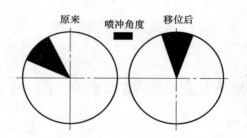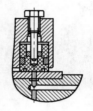

图 2-40　冲瓶的汽水分配器有错位

思　考　题

1. 洗瓶机对洗涤液温度要求如何？
2. 洗瓶机在结构上如何保证进瓶装置与输送链盒的同步？
3. 洗瓶机实现瓶内外喷冲有哪些方式？移动喷淋架如何实现与输送链盒的同步？
4. 叙述洗瓶机的开机操作顺序。
5. 以一种浸泡喷冲组合式洗瓶机为例，回答其主要组成结构有哪些？
6. 日常情况下从洗瓶机出瓶端送出来的瓶子中带有脏物，操作者应该怎么办？
7. 对洗瓶机应如何进行维护保养？重点应检查哪些部位？
8. 现场观察一台洗瓶机，绘制其传动系统原理简图，画出工艺流程框图。
9. 安装在洗瓶机不同位置的除标装置，运行方式有何特点？为什么要设置不同的运行方式？
10. 思考洗瓶机瓶盒的装配方法。
11. 洗瓶机破瓶率过高主要由哪些原因造成？
12. 思考在洗瓶机装配或使用过程中遇到哪些问题？怎么解决它？
13. 现场观察一台冲瓶机，绘制其传动原理简图，思考下列问题：
① 如何实现进瓶星轮与主机瓶夹的配合调整？
② 如何实现主机瓶夹与出瓶星轮的配合调整？
③ 分析冲瓶机的夹瓶机械手是怎样实现瓶子的翻转运动的？实现翻转运动的零部件在装配过程中应该注意哪些问题？
14. 日常状况下对冲瓶机应如何进行维护？重点应检查哪些部位？
15. 分析冲洗玻璃瓶的冲瓶机和冲洗聚酯瓶的冲瓶机在结构设计上有哪些不同？
16. 思考在机器装配或使用过程中会遇到哪些问题？可通过什么途径解决？

3 灌装封盖设备的安装与维护

【认知目标】

 √了解灌装封盖技术与设备的类型、特点

 √理解灌装压盖机的工作原理与工艺过程

 √掌握灌装压盖机的组成结构及特点

 √会根据灌装压盖机的技术图纸分析其组成结构

 √会对灌装压盖机零部件的结构进行分析与改进

 √能对灌装压盖机进行正确装配与调试

 √能对灌装压盖机进行正确操作与运行管理

 √能对灌装压盖机常见故障做出正确判断与处理

 √能对灌装压盖机易损件进行判断与更换

 √通过整机装配实践，培养团结协作精神

 √通过托瓶抬、压盖头等关键零部件装配，养成严谨认真的工作作风

 √培养机器装配、运行过程中细心观察，及时发现故障并排除的思想意识

【内容导入】

  本单元作为一个独立的项目，按照灌装设备的功能→工作原理→认知灌装压盖机工作过程→组成结构分析→安装与调试→操作与维护→常见故障分析与排除为主线组织内容，由简单到复杂，由单一到综合。

  通过学习回转式灌装压盖机的工作过程、组成结构等知识，培养掌握液态物料灌装及封盖设备的有关技术，通过相应的实践，具备对此类设备的制造安装、调试、故障判断、维修等岗位技术能力。

3.1 灌装封盖设备的类型及应用

  灌装封盖设备应用非常广泛，如在食品饮料包装领域，对啤酒、饮料、乳品、白酒、葡萄酒、液态调味品等的灌装封盖；在医药、化工产品及其他产品包装领域，对洗涤用品、化妆用品、农药、注射用水、化学试剂、化工原料和石油产品等的灌装封盖。

  将液态产品自动装入容器并加以密封的机械称为自动灌装封盖设备，是包装生产线中的关键设备。灌装封盖的容器包括有玻璃、金属、塑料及各种复合材料制成的瓶、罐、管等，瓶、罐封口时需要专用盖子，封盖时根据盖子结构有压力式和旋转式。

灌装封盖设备根据所灌装的物料要求通常制成灌装机（单机）、灌装封盖机（两联体机）和冲灌封一体机（三联体机）等多种形式，简称灌装机。

生产应用中通常按照下列方法分类：

① 按容器运行路线分有直线移动型灌装封盖机、旋转型灌装封盖机。

② 按灌装方法分有常压灌装机、等压灌装压盖机、真空（负压）灌装机、机械压力式灌装机。

③ 按定量装置不同分有定量杯容积定量灌装机、液面控制定量灌装机、定量泵容积定量灌装机等。

目前，啤酒饮料等企业所使用的灌装机通常是以上分类的综合体现，例如，汽水厂、啤酒厂所使用的灌装机是旋转型等压灌装压盖机，通过对容器液面控制来实现定量；白酒生产厂使用的是旋转型常压灌装滚压封盖机；纯净水厂、果汁饮料厂、调味品厂使用的灌装机大多数是旋转型真空灌装旋盖机；油品厂、果酱厂、牙膏厂使用的灌装机大多数是机械压力式的灌装机，通常黏度较低的可用旋转型，黏度高的物料用直线型。

旋转型灌装机以其占地面积小、生产能力大的优点使用更加广泛。另外一些流动性好的粉末颗粒状物料也可以用容积定量灌装机生产。

各种灌装机中以生产啤酒的灌装压盖机最为广泛，组成结构和技术水平具有代表性。本单元以 ZP·BT100/20 啤酒灌装压盖机为主，通过学习其工作原理、组成结构等知识，主要培养掌握液态物料灌装及封口设备有关技术知识，并通过相应的实践学习，具备对此类设备的制造安装、调试、故障判断、维修等岗位技术能力。

3.2　灌装压盖机的工作过程

3.2.1　ZP·BT100/20 机型技术参数

本机用于含 CO_2 气体饮料（啤酒、汽酒香槟酒、汽水、可乐饮料等）的装瓶和以皇冠盖的封盖。其主要技术参数见表 3-1。

表 3-1　　　　　　　　　　ZP·BT100/20 机型主要技术参数

主要技术参数	参数值	主要技术参数	参数值
公称生产能力（二次抽真空,640mL 瓶）（瓶/时）	32000	瓶盖高度/mm	6.68±0.2
灌装阀数/压盖头数/个	100/20	耐内压力/MPa	1.2
适用瓶径/mm	52～82	瓶底位置标高/mm	1150～1300
适用瓶高/mm	130～350	酒缸设计温度/℃	100
适合瓶口内径/外径/mm	$16^{+1.0}_{-0.3}/26.3\pm0.3$	酒缸容量/L	400
瓶盖内径/mm	26.7±0.1	电机总容量/kW	40
瓶盖外径/mm	32.1±0.2	全机重量/kg	16000
瓶身直径公差/mm	355ml 瓶±1.2 640ml 瓶±1.6	支脚最大支承力/kN	1500

3.2.2　灌装压盖机的工作原理

图 3-1 是灌装压盖机的瓶流路线示意图。其工作原理是：经洗瓶机出来的洁净瓶子由输送带被送入本机的进瓶螺旋 6，由进瓶螺旋将其分开一定的瓶间距送入进瓶星轮 5，再由进瓶星轮将瓶子送至灌装机的回转台的托瓶气缸上，托瓶气缸在压缩空气的作用下将空瓶升起，并与灌装阀一起回转，每一灌装阀对应一个托瓶气缸。

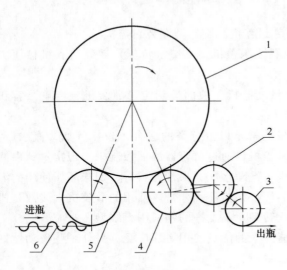

图 3-1　瓶流路线示意图
1—灌装部　2—压盖部　3—出瓶星轮　4—中间
过渡星轮　5—进瓶星轮　6—进瓶螺旋

灌装阀中心管伸入瓶内，瓶口随定中装置的导向套紧压灌装阀的下料口，将一定压力的 CO_2 气体通入空瓶内，使空瓶内充满气体，当瓶内气体压力与酒缸内液面气体压力达到平衡即达到等压状态时，料液自动沿瓶壁流入瓶内，瓶内气体被料液置换，由中心管排出到达液面上，这称作回气；当料液灌注到封住中心管下端时，下料自动停止，灌注过程也即停止，此时，瓶内液面上部有残留部分气体，为防止在灌装阀离开瓶口瞬间压力变化太快将瓶内料液挤压出，在灌液阀关闭后，控制撞块将阀侧的排气阀打开，将这部分气体缓缓排出，称作排气，这就是充气—等压—灌装—排气的整个灌装过程。

随后托瓶气缸下降，灌装后的瓶酒经中间星轮 4 被送至压盖机 2 进行封盖，再由出瓶星轮 3 将瓶酒送到出瓶输送带上，进入下一工序。

灌装过程中视灌装情况使用高压激泡装置，将瓶颈部分的空气排除。

3.3　灌装压盖机的组成结构

3.3.1　主要部件

图 3-2 是灌装压盖机的外形图，主要包括灌装部分、压盖部分、控制部分、工作台部分、管路系统及其他装置。

(1) 灌装部分　包括灌装阀、托瓶气缸、定中装置、中心管、贮液缸、回转台、调高装置等。

(2) 压盖部分　包括压盖机体、压盖头、瓶盖通道、搅拌理盖器、正反盖器、压盖机体调高等。

(3) 控制部分　包括电气控制和气液控制部分，分别安装在电控柜和气液控制柜中。

（4）工作台部分　工作台之上有拨瓶星轮组件，包括进瓶星轮、中间星轮、出瓶星轮，进瓶螺旋装置，止瓶星轮装置，输瓶链道组件等；工作台之下有传动系统、润滑系统等。

（5）管路系统及其他装置　包括真空泵装置、高压喷射装置和清洗系统等。

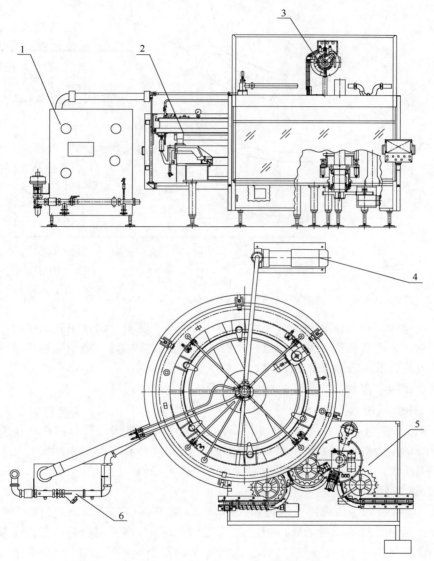

图 3-2　ZP·BT100/20 灌装压盖机外形图

1—控制部分　2—灌装部分　3—压盖部分　4—真空泵　5—工作台　6—管路及输送装置

3.3.2　主要组成结构

3.3.2.1　传动系统

图 3-3 是 ZP·BT100/20 灌装压盖机传动系统示意图。

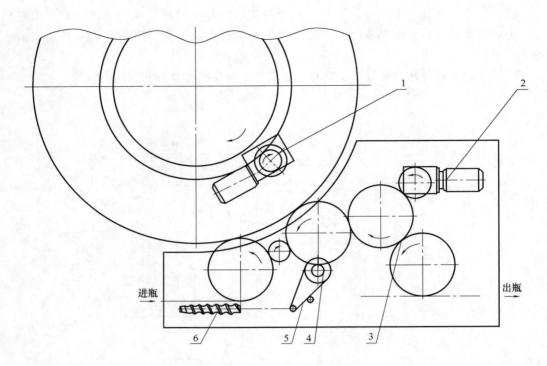

图 3-3　传动系统示意图

1—灌装主体电机　2—压盖主体电机　3—星轮传动齿轮　4—齿轮　5—同步带　6—进瓶螺旋

　　灌装主体和压盖主体分别由带变频器的电机 1 和 2 驱动，出瓶星轮由来自压盖机的一对齿轮 3 驱动，进瓶螺旋 6 的传动通过齿轮 4 和同步带 5 实现，进瓶输瓶带与灌装主体同步，由锥齿轮以及齿轮驱动平顶链轮，带动平顶链传动。

　　采用变频同步控制，实现整机的同步运行工作。

3.3.2.2　托瓶气缸

　　图 3-4 是托瓶气缸结构简图，采用气动—机械作用式机构，升瓶动作由压缩空气驱动实现，下降动作为机械式驱动，由安装在机座上的迫降凸轮（图中未画出）压下托瓶气缸的滚轮 6 来实现。保证汽缸上升的均匀性与下降的平稳性。

3.3.2.3　灌装阀

　　图 3-5 是灌装阀结构简图。液体和气体的压力使阀保持关闭状态，当瓶子被托瓶气缸托起并被送至灌装阀下面时，瓶口被定心罩 7 由定心环导向并被密封，气阀 1 被灌装阀拨轮提起，背压气体从酒缸通过回气管 5 注入瓶子，直至等压状态，此时液阀 10 被弹簧 3 打开，料液被回气管上的反射环 6 喷射并沿瓶壁注入瓶内。

　　瓶内气体被料液置换，由回气管返回酒缸，当液面升至回气管的下端时，灌装即被终止，酒缸上的灌装阀拨轮将气阀 1 和液阀 10 关闭，随后卸压阀 8 释放瓶内压力。

　　若遇爆瓶，灌装阀的气阀和液阀同时关闭。

3.3.2.4　灌装控制装置

　　灌装过程由图 3-6 所示的控制装置实现控制。真空控制器的电磁阀用于控制灌装阀阀座上的真空阀动作，卸压装置的电磁阀用于控制灌装阀阀座上的卸压阀动作。

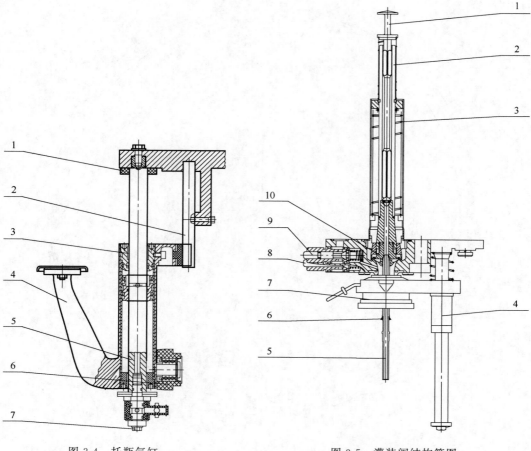

图 3-4　托瓶气缸
1—垫板　2—导向杆　3—耐磨环　4—瓶
托座　5—轴　6—滚轮　7—排放螺栓

图 3-5　灌装阀结构简图
1—气阀　2—阀杆　3—弹簧　4—导向杆
5—回气管　6—反射环　7—定心罩
8—卸压阀　9—真空阀　10—液阀

　　灌装机在自动工作方式时，真空阀、卸压阀在无瓶时不动作，清洗控制装置的电磁阀只在 CIP 清洗时开启，即在清洗程序模式下动作。

　　（1）灌装阀拨轮　图 3-7 是灌装阀拨轮结构简图，用来控制气阀开关，通过摩擦制动使阀保持关闭状态，拨叉 1 上开有沟槽，利用螺钉 2 把拨叉夹在压力杆 3 的轴上。要保证灌装阀的良好功能，灌装阀拨轮的位置十分重要。

　　（2）进气控制器（图 3-6 件 2，5）进气控制器也叫背压控制器。当托瓶气缸上有瓶子时，电气控制的传感器发出信号使进气控制器 2 和 5 动作，转动灌装阀拨轮开启气阀对瓶子充气。

　　（3）复位控制器（图 3-6 件 6）复位控制器用于将灌装阀拨轮置于中间位置，确保在瓶子爆裂时，使气阀能自动关闭。

　　（4）控制真空的压轨（图 3-6 件 1，4）预抽真空型的灌装机，其真空阀由控制真空的压轨即真空控制器 1 和 4 控制，气缸使控制导轨移进或退出，可使真空阀压下或不受作用，

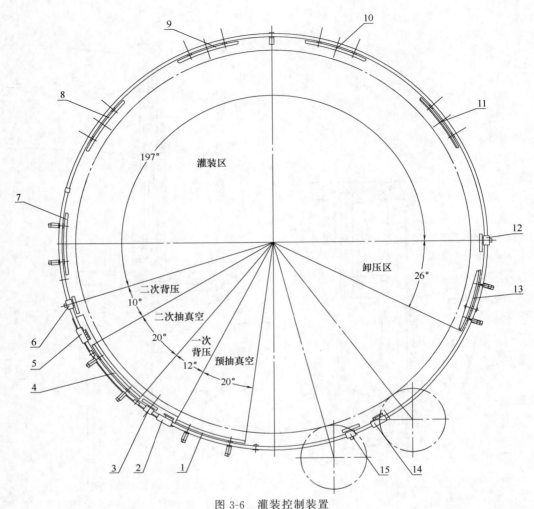

图 3-6　灌装控制装置

1，4—真空控制器　2，5—进气控制器　3，12—关阀组件　6—复位控制器

7～11—清洗控制装置　13，14—卸压装置　15—喷吹控制器

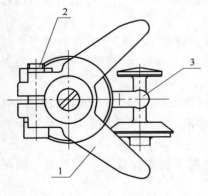

图 3-7　灌装阀拨轮

1—拨叉　2—螺钉　3—压力杆

从而使瓶子可作预抽真空或不作预抽真空处理。

（5）关阀组件（图3-6件3，12）完成充气或灌装后，进气阀或灌装阀在此处被关阀装置关闭，该装置的滑轨支承在弹簧上，可补偿灌装阀拨轮的尺寸误差。件3为进气阀的关阀组件，件12为灌装阀的关阀组件。

（6）卸压装置（图3-6件13）灌装阀关闭后，卸压阀被卸压装置压下，将瓶内压力缓慢卸至常压。

（7）喷吹控制器（图3-7件15）喷吹控制器安装在控制环的前面，位于进瓶星轮与中间星轮之间，灌装阀的回气管可用酒缸内的气体短暂地喷吹一下。

（8）清洗控制装置（图3-6件7，8，9，10，11）清洗控制装置是供清洗机器时控制阀开关的压轨。

（9）喷冲装置　灌装机在高压下操作运行时，会发生破瓶，喷冲装置用以冲洗灌装阀、瓶口定中装置及瓶托板，该装置在破瓶的情况下，传感器发出信号使电磁阀自动开启进行喷冲。

3.3.2.5　进料管和中心管

图3-8是进料管和中心管结构简图。物料（啤酒或饮料）通过进料管4进入，通过分配器2进入酒缸内，分配器是各种流体连通的重要零件，将固定的 CO_2 管道、压缩空气管道、真空系统管道、引电器电源、进料管道变成旋转的，并与相应的管路连接，内部的所有密封垫在装配时以食用油脂润滑。

3.3.2.6　酒缸及其高度调节装置

图3-9是酒缸及其高度调节装置简图。酒缸须按照压力容器的要求设计制造，可用手柄转动缸盖2上的螺杆而将其托起，便于检查与维修，缸体3及其外围的控制环1一起可作高度调节，用6根带有梯形螺纹的调节轴4将酒缸支承在工作台上，调高电机带动调节轴转动，其上的链轮通过链条带动其余5个从动链轮转动，使梯形螺纹轴转动，实现酒缸及控制环1上升或下降。

为安全起见，用电缆线将调高电机的电源接到灌装机的控制柜上，电源插头插入控制柜后，灌装机将不能启动。

酒缸提升或下降用的控制按钮位于操作前台的控制柜上，安装有行程开关限制酒缸高度调节的范围。

3.3.2.7　压盖部分组成结构

（1）压盖部分及其传动　图3-10是压盖部分结构简图。驱动压盖的动力来自压盖电机（图3-3中件2），通过一对直齿轮带动传动齿轮7，支柱6用以支承压盖机并承受压盖时的密封力，即压盖力。为了补偿瓶底的不平以免破瓶，弹性瓶托5上装有缓冲板和补偿弹簧。

（2）搅拌落盖器的高度调整（图3-10）压盖机的高度调节以安装在压盖机支柱顶部的高度调节电机4来实现。高度调节电机与驱动压盖机的变频主传动电机联锁，只有在同时按下按钮"机器

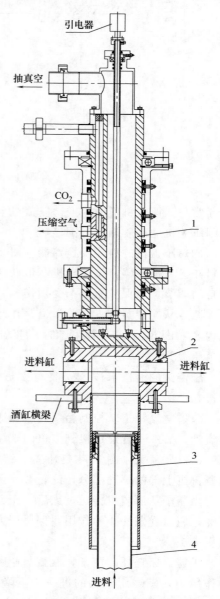

图3-8　进料管和中心管
1—中心管　2—分配器　3—活动管　4—进料管

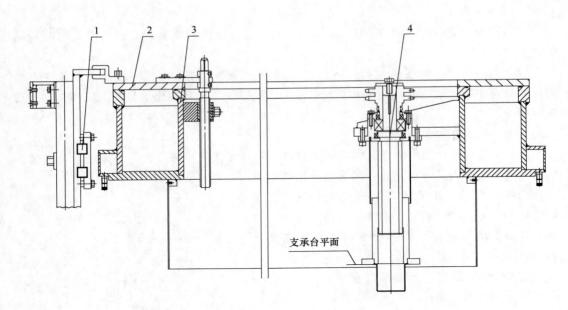

图 3-9　酒缸及其高度调节装置
1—控制环　2—缸盖　3—缸体　4—调节轴

开断"与"压盖机下降"或"压盖机上升"时，高度调节电机才能开启。安装有限位开关限制压盖机的高度调节范围。

（3）压盖机的料斗及搅拌器（图 3-10）压盖机料斗 1 与瓶盖搅拌器 3 分体安装，瓶盖从料斗进入搅拌器，调速电机 2 带动搅拌器内部的搅拌轮，其搅拌速度可随着灌装机的速度自动调节，以保护瓶盖不受损伤。

瓶盖从搅拌器进入瓶盖滑道，在此处予以分类，在两条瓶盖通道的连接处，设有振动机构 8，用以维持盖子顺利流通，瓶盖从翻转器 10 的下端被送到直槽通道 9 和转弯通道 8 直至压盖头。

压盖头的通道末段，安装有接近开关，缺盖的情况下发出信号，灌装机便会自动停机。

两条空气管道从控制箱接到瓶盖通道槽，一条管道连接到槽道上，以加速瓶盖在槽道里流动，另一条管道连接到槽道的末端，以便将瓶盖从槽道吹至压盖头内。

（4）压盖头　图 3-11 是压盖头结构简图。凸轮控制压盖头的上下运动，凸轮 1 安装在压盖机上部的不动部分，滚轮 2 在密封式的滚柱轴承上转动。

当瓶子从灌装机传送过来后，压盖模已从盖槽里取到一个瓶盖，压盖头受凸轮的作用下降，瓶盖受磁柱 4 的作用，保持压力顶杆 5 的合适位置，压盖头里的压盖模 6 将瓶颈导入压盖头。

压盖机瓶托托起瓶子，瓶盖与瓶嘴接触，受弹簧压力的作用，压力顶杆 5 受到向下的作用力，随着压盖头的进一步下降，瓶子深入压盖模 6 中，这时皇冠盖的外边沿同时被封好，而瓶子的深入量达到预先确定的深度后，压力顶杆 5 停止施加作用力，此后，在压盖头的上行运动中，在活塞杆 3 处的弹簧力作用下，瓶子被推出压盖模，压盖过程

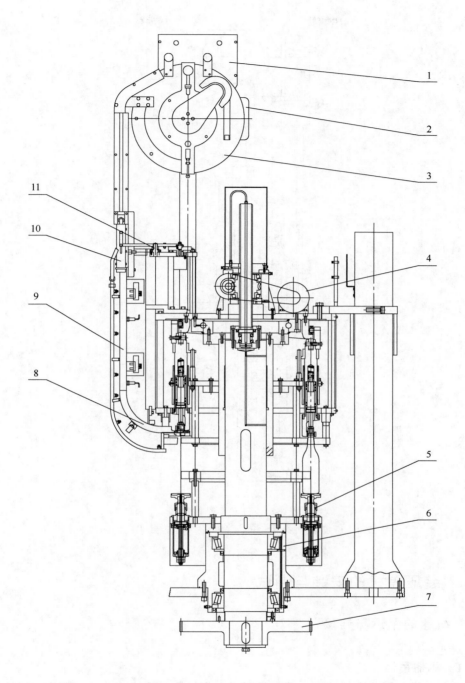

图 3-10　压盖机结构简图

1—料斗　2—调速电机　3—搅拌器　4—高度调节电机　5—弹性瓶托　6—支柱
7—齿轮　8—转弯通道　9—直槽通道　10—翻转器　11—振动机构

结束。

　　在压盖过程中，瓶子高度差异靠弹性瓶托来补偿。

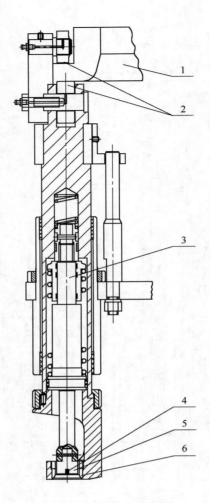

图 3-11 压盖头结构简图

1—凸轮 2—滚轮 3—活塞杆 4—磁柱 5—压力顶杆 6—压盖模

3.4 灌装压盖机的安装与调试

3.4.1 机器的吊运与连接

3.4.1.1 机器吊运

灌装压盖机吊运时要使用专门的吊运工具，用吊车或滚筒移动设备就位，将各支脚旋入到最低位置，不可用支脚移动设备就位，装运时要牢固地将支脚固定好。

因本机重量较大，无须用地脚螺栓将机器固定在地面上。灌装部分和工作台（包括压盖机）分别吊运就位，然后用连接板连接，并用水准仪调节使两部分在同一水平面。所有的零部件都要检查一下是否运转自如。

不得将机器直接安装在沥青地面上，因为沥青地面受天气和温度的影响会发生变化，从而会使机器的位置也发生变化。

3.4.1.2　系统连接

机器的系统连接包括管道系统连接、电气系统连接。

（1）管道系统连接　管道系统包括开关阀、视镜、排污阀以及压力调节装置等，一般地，机器所需要的管接零件已在使用说明书的支脚及管接口方位图中标注，控制箱里水接管都已配备，同时还配有无菌空气管，CO_2接管及压缩空气管等。

预抽真空灌装机，必须有用于水封用的循环水接管。为了避免在液体管道形成空气气泡，应将一端提高以形成倾斜，如不可能做到这点，应在管道的最高点提供排气装置。

避免过滤浆料和石棉纤维进入灌装机管内，为此可在缸内安置过滤阀。产品中的 CO_2 含量与温度和压力有关，管道内的产品输送压力，在任何已给定的温度与二氧化碳含量下，任何时候都不能低于其对应的饱和压力 0.05MPa。

（2）电气系统连接　机器所需要的电气元器件配置在独立的控制柜内，控制柜可按照现场条件放置，控制板接入或接出的控制线与位于控制柜内的接线板或独立接线箱连接。在控制柜和灌装机的所有接头都标出了相应的字母和数字，以利于检索和检查。

3.4.2　机器的检查与调整

机器安装完毕后检查试机时应注意检查电器元件性能；对所有与物料接触的零部件以水作试漏损试验；CO_2管路、无菌空气管路和压缩空气管路用水作密封性试验；按所用瓶子调整灌装机和压盖机至适合的位置；以水代替产品作试机；决定灌装阀回气管的长度；对灌装机进行清洗和消毒。

一般地，机器配置了标准规定的瓶型规格（600mL 或 640mL 瓶）的导瓶零件，对于非标准规定的瓶子，须配置相应的更换件才可使用。机器的调整与更换件的配置应注意从以下几个部件进行调整。

3.4.2.1　进瓶螺旋的拆卸

如图 3-12 所示，拆去护板螺栓 3。拆去联轴器螺钉 4。拆去轴承座螺栓 1。按箭头方向拉出进瓶螺旋 2。

3.4.2.2　止瓶星轮及护板

止瓶星轮根据灌装压盖机入口、出口的瓶流状态自动启停，按要求向主机输送瓶子。当入口处缺瓶或出口堵塞时，止瓶星轮停止进瓶，而灌装机内瓶子继续灌装，当入口处再次排满瓶子或出口不再堵塞时重新进瓶，止瓶星轮只能在程序运行工作方式下动作。

止瓶星轮及护板只适用一种瓶径，图3-13是其安装结构简图。如要改变瓶径，须更换止瓶星轮、护板及进瓶螺旋。更换时要做到止瓶星轮的底线与输送带护板Ⅱ的内侧

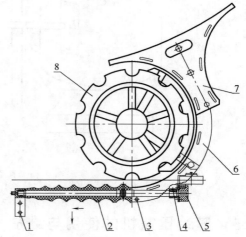

图 3-12　进瓶螺旋的拆卸
1—轴承座螺栓　2—进瓶螺旋　3—护板螺栓
4—联轴器螺钉　5—联轴器　6—护板
7—三角形护板　8—星轮

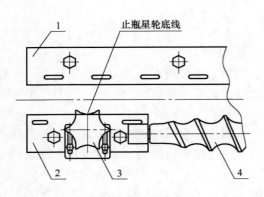

图 3-13　止瓶星轮及护板

1—输送带护板Ⅰ　2—输送带护板Ⅱ
3—止瓶星轮　4—进瓶螺旋

平齐。

3.4.2.3　灌装机的高度调节

进行灌装机高度调节前，应停止主机运转，确保安全。将程序选择切换至"调试程序"模式。调高方法：先将一个标准瓶子置于灌装阀下面，该阀所对应的瓶托不受迫降凸轮的作用，利用气动瓶托升起使瓶子恰好顶着阀口零件，随后启动调高电机，使有瓶子和无瓶的气动瓶托的托瓶板之间高度差为15mm时停机，然后取走试验瓶，高度调节完毕。

3.4.2.4　压盖机的高度调节

压盖机进行高度调节前，必须关掉其他按钮以确保安全。

调节方法：按图 3-14（a）中标记调整，标记是由机器制造厂家按所使用的瓶子范围预先刻制的。拆下后盖将标准瓶子放入托瓶板上 ［图 3-14（b）］，托瓶板移至压盖机后面凸轮最低点 A 上，然后降下压盖机，直到压盖头体的底部与瓶子的上表面距离为 31.5mm 即可，调高完毕，最后锁紧立柱上的螺栓。

立柱上有上下两个行程开关，其作用是限制压盖机的调高范围，下行程开关限制压盖机，使其不会超过所允许使用的最小瓶子，上行程开关限制压盖机的滑键不脱离键槽。

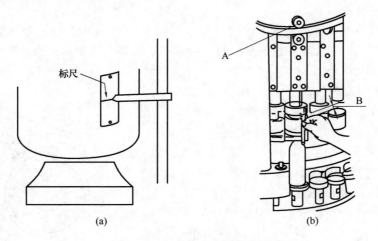

(a)　　　　　　　　　　(b)

图 3-14　压盖机高度调节装置

3.5　灌装压盖机的使用与维护

3.5.1　开机前的准备和检查

（1）检查瓶子是否适用于机器。

（2）检查外部，排除异物。

（3）以 CIP 系统清洗机器。

（4）控制环和酒缸的准备工作（图 3-6）。

① 真空控制器 1、4 的控制导轨处于工作状态。

② 进气控制器 2、5、15 处于工作状态。

③ 使复位控制器 3、6、12、15 复位。

④ 退出清洗控制装置 7、8、9、10、11 的控制导轨。

⑤ 卸压控制装置关阀组件 12 的控制导轨处于工作状态。

⑥ 将真空室下面的小旋阀关上。

⑦ 打开真空管上的主开关阀。

⑧ 真空泵供循环水。

⑨ 酒缸灌满水。

⑩ 确保各管路处于工作状态。

（5）认真阅读机器气液控制装置的有关说明，做好控制柜的准备工作。

3.5.2　机器的电控与保护功能

（1）机器的电控功能　本机主传动和进瓶输送带电机均由变频器进行速度控制，其运行速度可以由低速（5100 瓶/h 对应频率为 10Hz）开始作无级调节至所需的生产速度，运行速度通过进出瓶输送带上的瓶流两侧开关对机器在生产过程的速度进行自动控制。

机器设有调试程序、运行程序和清洗程序三种工作模式，正常生产时置于"运行程序"模式。

① 调试程序模式。调试程序主要用于确定瓶位检测开关和破瓶检测开关的安装位置，以确保机器在运行时从灌装到压盖整个过程有序准确地运行，以及对酒缸和压盖机的高度调节，以适应不同高度瓶子灌装的需要。

调试程序运行时，机器只能以爬行速度大约 2160 瓶/h（对应频率为 4Hz）运转，且运转时间不宜过长。

② 运行程序模式。机器的工作速度可由手动或自动方式来进行控制。在手动方式下，机器的运转速度可通过调速电位器作无级调速选择所需的运转速度；在自动方式下，机器的实际运行速度可由进出瓶输送带上的瓶流状态进行自动控制。

③ 清洗程序模式。清洗程序用作机器生产作业完后，进行自动清洗用，此时相应的电磁阀自动打开进行清洗作业。若机器置于清洗程序运行时，只能以 1/3 的给定速度运转。

（2）机器的保护功能　灌装压盖机的保护功能完善，在此重点介绍几处。

① 急停和过载。若按下"急停"按钮，或电机过载时，将信号输给 PLC，通过程序使所有电机停机。

② 入口缺瓶。机器入口处安装有光电开关，当瓶子连续无间隙地向前输送时，光电开关被遮挡，机器正常工作；当入口缺瓶或无瓶时，光电开关上可感应到信号，止瓶星轮将停止进瓶。

③ 出口堵塞。机器出口处安装有接近开关，若遇到瓶子堵塞时，瓶子将安装在输送带上的重锤顶起，使接近开关感应不到信号，相应的指示灯发出闪光信号，止瓶星轮停止进瓶。当瓶子松动时，重锤下压使接近开关又感应到信号，机器正常工作。

④ 盖槽缺盖。接近开关安装在落盖槽道里，在运行中，当下盖槽缺盖时，感应不到信号，短时延迟后，机器会停机，且发出灯光报警，以免瓶子压不上盖。

⑤ 盖槽堵塞。瓶盖从下盖槽里连续落到带磁性的压盖头盖模中，此时感应开关将感应到脉冲信号，机器正常工作。如果没有脉冲信号，则说明瓶盖在下盖槽里没有流动，下盖槽可能堵塞，主机停止。

⑥ 防护门保护。当压盖机防护门未关好时，机器不能启动；或在运行中，压盖机防护门打开时，机器便立即停机。

3.5.3　运行过程的操作与控制

机器运行控制可以从人机界面进行操作，人机界面操作是专为可编程控制器（PLC）而设计的互动式工作站，具备与 PLC 连接监控能力，可用文字、数字、图形同步显示 PLC 内部接点状态，取代传统控制面板功能，采用液晶显示和触摸按键，进行对 PLC 组成的自控系统监视操作。

机器在运行过程中，要注意检查瓶颈泡沫，泡沫的控制用高压喷射装置；检查是否有瓶盖，必要时人工加盖；如遇破瓶须将碎片喷吹掉；若生产中断需停机时，应将已清洗的全部瓶子灌装并封盖，机器如需维修，须将未灌的瓶子送回洗瓶机。

3.5.4　作业完毕后停机

机器作业完毕后需要停机，应该严格按照机器的使用说明书进行操作，关闭相关的阀门开关，并排放料缸内残留料液，切断气源、水源。最后用清水冲洗料缸及管道，再用约 85℃热水清洗。

每周用 3% 的碱液，80℃热水清洗一次，清洗时可以采用 CIP 自动或手动方式，若采用手动方式，应注意仅能在循环中使用消毒剂，避免消毒剂静止不动，不能让消毒剂在酒缸中过夜，以避免损坏零部件。

开始 CIP 清洗前，先确认 CIP 控制系统已运行并已准备好，将灌装机程序切换至"清洗程序模式"工作状态，根据需要选择"班前清洗""班后清洗""酸清洗"等清洗方式，启动清洗程序工作。

CIP 清洗的工序及已进行的时间会在操作界面上显示，清洗过程中可随时按暂停或取消，一般地，若暂停时间超过 1h，CIP 将复位。

具体操作时，应该严格按照机器 CIP 系统操作说明书进行。

3.5.5　机器的维护与保养

机器的维护保养应按照每日保养、每周保养、每月保养、每半年保养、每两年保养规程进行，见表3-2。

表 3-2 灌装压盖机维护与保养

维护保养规程	维护保养的内容
每日（或每8个工作小时）操作完毕后保养	① 将瓶盖料斗内的瓶盖倒空并进行清洗 ② 彻底清洗进料管道上的过滤器纤维滤网 ③ 清理工作台与回转台上的碎片 ④ 检查回气管 ⑤ 检查定中环橡胶 ⑥ 检查进瓶螺旋、导瓶弯板及星轮 ⑦ 检查压盖机上的托瓶板 ⑧ 检查灌装阀回气管上的反射环 ⑨ 检查星轮的同步情况
每周（或每40个工作小时）的保养	除了按每日保养内容进行保养外，还须进行按下列内容保养： ① 清理回转盘下的托瓶气缸装置 ② 拆下压盖头上的瓶盖夹持器，取出压盖帽，清洗零件，排除所有的脏物及残片 ③ 检查设备功能，如果机器使用同一种瓶型时间较长，要定时启动灌装机及压盖机的高度调节装置，使其作上下运动，防止活动件被卡住或粘着，保证高度调节运动的灵活性和其良好的工作状态 ④ 机器在运行了最初6周后，要每周检查一次三角传动皮带的张紧情况 ⑤ 托瓶气缸的润滑（图3-4） 松开排放螺栓7，打开气源，使压缩空气进入托瓶气缸里面循环起来，直到油从托瓶气缸的底部滴出为止，再将排放螺栓7拧紧，每2天一次。压缩空气管路的油雾过滤器要按时加油，确保油雾过滤器在有油状态下工作
每月（或每170个工作小时）的保养	除了按每周、每日保养内容进行保养外，还须进行按下列内容保养： ① 检查齿形皮带的张紧力是否正常及磨损情况 ② 检查电磁离合器的碳刷磨损情况 ③ 检查齿轮箱、蜗轮箱的油位及冷凝物和沉积物
每半年（或每1000个工作小时）的保养。	除了按每月、每周、每日保养内容进行保养外，还须更换电磁离合器的碳刷
每年（或每2000个工作小时）的保养	除了按上述内容进行保养外，还须进行按下列内容保养： ① 拆下压盖头的下部，清洗内部零件，检查磨损情况，涂上润滑油后重新装好 ② 更换同步齿形带
电器的维护与保养	① 电器设备周围的空气应保持干燥 ② 定期检查电机耐磨轴承，保持冷却气通道干净 ③ 清洗机器时，要防止溅湿电子元件和电器设备

在此，有必要特别说明对纯生啤酒灌装环境的维护。传统的瓶装啤酒即通常所说的普通啤酒，是通过隧道式杀菌机进行加热处理来消除啤酒中的微生物，这个工序会对啤酒的口感产生一定的影响。纯生啤酒的鲜味效果，在于不对已装瓶的啤酒进行加热处理。在这种情况下，要注意纯生啤酒灌装的关键点：

第1点　瓶子消毒

（1）洗瓶　洗瓶机应选择双端式的，并具有防止微生物污染的功能。

（2）空瓶检验　生产线上配备有全自动的空瓶检验机，不得带有定瓶头装置，防止瓶口被污染。

（3）冲瓶　在灌装机之前安装冲瓶机。冲瓶机可使用蒸汽、二氧化氯水（ClO_2）或热水进行冲瓶。

（4）灌酒　在灌装机中对瓶子进行消毒的最有效方法是将抽真空与蒸汽处理相结合，目前的灌装机常采用三次抽真空的灌装方法。

第2点　瓶盖消毒

啤酒厂应严格的保存瓶盖，生产结束后，输盖箱里不得存放剩余瓶盖，瓶盖输送带可采用紫外线杀菌。

第3点　灌装车间的消毒

灌装车间的卫生非常重要，一般将灌装机隔离在温度为 $12\sim17℃$、湿度为 $55\%\sim65\%$、净滤空气为 $0.45\mu m$ 的房间内，有助于生产优质的纯生啤酒。同时，应考虑对灌装机及其周边环境进行全自动的 CIP 清洗。

3.6　灌装压盖机的故障分析与排除

灌装压盖机的自动化程度较高，结构比较复杂，使用中受多种因素的影响，因此，必须对机器的结构与原理、操作与使用等方面掌握之后，才能对其使用过程中的故障快速诊断并加以排除。在此介绍常见故障原因及排除方法。

3.6.1　机器不能转动

（1）操作顺序不当　正确的操作方法：接通电源，电源指示绿灯亮；旋通控制电压按钮，控制电压指示灯亮；打开程控器按钮，再按压程序选择按钮，运转程序指示灯亮；按主传动"开"，最后将机器开关置于"运转"位置即可转动机器。

若急停机后再开机，应将机器的复位按钮复位。

若故障停机，排除故障之后，应按机器的故障排除按钮。

（2）电气联锁影响　如防护门未关好，落盖槽无盖，出瓶带堵塞，酒缸高度调节电机的电源插头插入控制箱后的插座上，传动皮带打滑，电磁离合器电压不稳等，都会出现机器不能转动的现象。

（3）机械传动影响无电压等　正确检查出原因之后，应张紧皮带或更换皮带；或更换离合器的电刷等。

（4）电路接线有误　请电气工程师检查线路，正确接线。

3.6.2　瓶子不能导入或进瓶不畅

（1）导瓶通道影响　止瓶星轮（图3-13中件3）没有脱开；输瓶通道间距太窄，其间距应为瓶径加 $3\sim4mm$；拨瓶星轮不同步；导瓶托板高度不当，各托板之间的高度关系应如图3-15所示。

（2）瓶子影响　出瓶处堵塞、进瓶带缺瓶、进瓶处瓶子卡死不能移动等。

（3）灌装机影响　托瓶气缸失调，托瓶板最低水平面不一致、环形酒缸过高或过低、定中环节点不灵或支承机构变形、回气管变形等。

一般地，当酒液压力为 0.2～0.4MPa 时，托瓶气缸的压力是 0.25～0.3MPa。当酒液压力为 0.4～1.0MPa 时，托瓶气缸的压力是 0.35～0.5MPa。

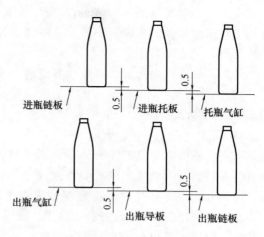

图 3-15　导瓶托板高度关系图

3.6.3　酒缸充不了 CO_2 气体

（1）无 CO_2 气体供应　可能是 CO_2 气体主阀未打开或减压阀失效。

（2）有 CO_2 气体入酒缸，但又排走。检查清洗阀、灌装阀是否关闭或有无损漏。

3.6.4　酒缸已充 CO_2 气体，但不能注入啤酒

产生的原因：压力控制器的给定值小于酒缸充气压力，致使薄膜阀未打开，进酒主阀未打开，或薄膜阀、进酒主阀虽已打开但进酒压力小于酒缸背压，酒进不了缸。

3.6.5　酒缸液面太高

出现该现象的原因：

（1）酒缸背压气体低于压力控制器的给定量，故薄膜阀处于开启状态，酒液不断注入酒缸。

背压气体压力低有两个原因：① CO_2 气体进来的压力低（它应比酒缸压力大 0.02～0.03MPa）；②背压气体有泄漏。

发生背压气体泄漏途径：清洗阀未关闭，排气浮块调整位置过高或排气浮子阀磨损。

（2）薄膜阀不能关闭或关闭不严。原因是薄膜阀前段进酒压力太高（一般比酒缸压力大 0.1MPa）；阀杆调节量不够。

3.6.6　酒缸里液面太低

故障发生的原因可能有：

（1）酒缸压力过大或压力控制器的给定压力过低，造成薄膜阀过早关闭。

（2）排气浮块调的过低。

（3）排气浮子阀打不开，不能及时排气。

3.6.7　灌装时酒瓶液位不正常（空瓶、不满瓶、满瓶）

故障发生的原因有：等压灌装条件失调，影响因素是多方面的，如进瓶检测元件位置

不当或失灵，拨叉（图 3-7）没有打开气阀，瓶口破损或不对准定中环，定中环密封件磨损，托瓶压力过低致使密封不好，真空阀和卸压阀泄漏，清洗导轨未拧出等都会导致等压灌装失调，造成灌装不正常。

另外，酒缸液面太低，影响灌装流速、回气管长度不当或弯曲也会影响装瓶液面。

3.6.8　啤酒反泡

啤酒反泡的实质是 CO_2 气体在啤酒中溶解度发生变化而析出，因此，CO_2 气体在啤酒中溶解度是影响啤酒反泡的重要原因。

影响 CO_2 气体在啤酒中溶解度的因素主要有：啤酒温度过高（一般啤酒灌装温度为 4～8℃）、灌装压力过低、来酒不稳定、瓶子不干净、瓶子含氧量过高。另外，酒阀中气阀泄漏、卸压不当也会带来酒液不稳定。

3.6.9　落盖不顺畅——瓶盖不能顺利从搅拌器中落入落盖槽

故障可能产生的原因有：
(1) 搅拌器被变形的瓶盖卡住，不能出盖。
(2) 搅拌器的传动皮带打滑或损坏，不能传动，这里一般使用同步齿形带传动。
(3) 搅拌器转向不对，应调节为顺时针转向。
(4) 搅拌器转盘与盖箱之间的间隙不合适。
(5) 拨松瓶盖用的弹簧片安装不当，应该使弹簧片自由地位于转盘与箱体之间。
(6) 喷吹空气压力不当，一般压力应调至 0.15～0.2MPa。

3.6.10　送盖不顺畅——瓶盖不能在落盖槽中顺利通过

(1) 盖槽太窄。
(2) 盖槽衔接口不平。
(3) 拨松盖的小齿轮不动。
(4) 有变形瓶盖被卡住。
(5) 喷吹压力不足。
(6) 盖子油漆划落堆积于通道。

3.6.11　瓶盖不能输出或出盖不正——瓶盖不能从下盖槽中送至压盖头的瓶盖夹持器上

(1) 有变形瓶盖堵塞。
(2) 落盖头与压盖头夹持器（吸盖器）接合处不协调。如图 3-16 中落盖槽底部水平面应较压盖头瓶盖夹持器入口处高 0.5mm，而落盖槽的伸入量应离开压盖头 3mm，以利于入盖。

（3）吹盖压力过低，正确的喷吹压力为
0.2～0.3MPa。

（4）夹持器上磁铁缺少。

（5）压盖帽和夹持器磨损。

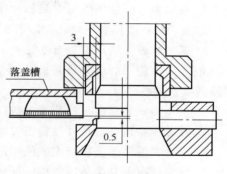

图 3-16　落盖槽调整

3.6.12　压盖时发生破瓶或夹持器压破瓶口

（1）瓶子导板安装不合理或瓶子导板磨损。

（2）压盖机高度调节不正确，应按照正确的
调节方法调节压盖机高度。

（3）拨瓶星轮不同步。

对不同的灌装压盖机，其传动方式会有所不同，同步调整方法也不完全相同。一般
地，机器的同步调整分为五步：①按进瓶星轮校正酒缸回转台；②按中间星轮校正酒缸回
转台；③按压盖机校正出瓶星轮；④按中间星轮校正压盖机；⑤按进瓶星轮校正进瓶
螺旋。

3.6.13　压盖头吊瓶

（1）压盖机高度调节不当。

（2）瓶盖夹持器磨损。

（3）瓶子或瓶盖不合格。

3.6.14　瓶口被削掉——瓶口崩裂

（1）瓶盖内的密封垫分布不均匀或体积太大。

（2）盖口直径太大。

（3）压盖模直径太小。

3.6.15　有些瓶不能封盖

（1）压盖头内存有已损坏的瓶盖或瓶盖粘连。

（2）瓶盖在落盖槽内堵塞。

思　考　题

1. 现场观察一台灌装压盖机，绘制其传动系统原理简图，并思考下列问题：

① 如何实现进瓶螺杆与进瓶星轮的同步调整？

② 如何实现进瓶星轮与托瓶汽缸的同步调整？

③ 如何实现出瓶星轮与灌装阀的同步调整？

2. 观察思考灌装压盖机下列部件在装配过程中应该注意的问题：

①灌装阀；②托瓶气缸；③压盖头；④传动星轮部件

3. 通常啤酒灌装压盖机有哪几种工作模式？其作用分别是什么？

4. 某企业使用的灌装压盖机欲更换产品瓶型，例如从 600ml 瓶变成 355ml 瓶，机器应该做哪些调整？

5. 从压盖机处送出来的瓶子多数仅装有半瓶啤酒，此时操作者应该怎么办？

6. 灌装压盖机在进瓶处经常出现倒瓶现象，这是为什么？如何处理？

7. 思考在灌装压盖机装配或使用过程中会遇到哪些问题？应怎么解决？

8. 日常情况下对灌装压盖机应如何进行维护？重点应检查哪些部位？

9. 日常所饮用的矿泉水、啤酒、雪碧可乐饮料、茶饮料、果汁、瓶装鲜奶等含气与不含气饮品；所使用的酱油、食醋、果酱等液态调味品，还有白酒、洗涤用品、液态化妆品等，这些都是经过灌装封盖后的产品。请思考、分析、观察、总结：含气液体与不含气液体的灌装封盖机在原理与结构设计上有哪些异同点。

4 封口设备的安装与维护

【认知目标】

  ∞ 了解封口（盖）方式及封盖设备的类型、特点
  ∞ 理解滚压旋封口的概念与形成过程
  ∞ 理解二重卷边封盖的概念与形成过程
  ∞ 掌握真空自动封罐机的组成结构及选用
  ∞ 会根据技术资料分析封口设备的组成结构
  ∞ 能对封罐机进行正确装配与调试
  ∞ 能对封罐机进行正确操作与运行管理
  ∞ 通过机器的装配实践，培养团结协作精神
  ∞ 通过机器的操作运行实践，培养细致耐心的良好作风

【内容导入】

  本单元作为一个独立的项目，按照封口型式及封罐机的分类→自动封罐机工作过程分析→封罐机组成结构→机器的使用与维护→常见故障分析→封罐机的选用为主线组织内容，由简单到复杂，由单一到综合。

  通过学习真空自动封罐机的工作原理、组成结构等知识，培养掌握封罐设备有关技术，通过相应的实践，具备对此类设备的制造安装、调试运行、故障判断、维护管理等岗位技术能力。

4.1　封口型式与封罐设备类型

4.1.1　常见的封口型式

  在包装容器内盛装物料后，对容器进行封口的机器称为封口机械。不同的包装容器有不同的封口方式，封口型式及封口机械品种呈现多样化。封口机可以是单机形式，也有根据需要，和灌装机刚性组合在一起。

  图 4-1 为常见的几种封口型式，按照封口材料的有无、封口方法的不同，分为以下几种类型。

（1）无封口材料的封口［图4-1（a）～图4-1（e）］　有热压式封口、熔焊式封口、压纹式封口、折叠式封口及插合式封口。

（2）有封口材料的封口［图4-1（f）～图4-1（i）］　有滚压式封口、卷边式封口、压力式封口及旋合式封口。

（3）有辅助封口材料的封口［图4-1（j）～图4-1（m）］　这类封口机有结扎封口、胶带封口及缝合封口等。

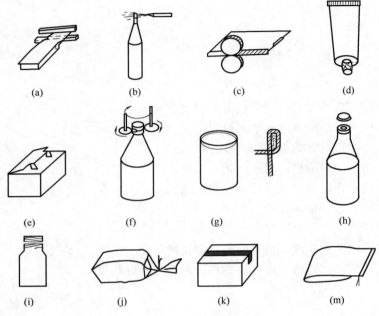

图4-1　常见的几种封口型式

（a）热压式　（b）熔焊式　（c）压纹式　（d）折叠式　（e）插合式　（f）滚压式　（g）卷边式
（h）压力式　（i）旋合式　（j）结扎封口　（k）胶带封口　（m）缝合封口

日常生活中，这些封口的产品随处可见，如瓶装啤酒和可乐等含气饮品，以压力式封口产品为主，习惯称之为压盖机；瓶装水及医药产品以旋盖封口方式的产品最常见，习惯称之为旋盖机；马口铁容器的罐头类食品以卷边封罐方式封口，习惯称之为封罐机等，它们都属于包装机械的范畴。

4.1.2　封罐机的分类

封罐机的分类方式及封罐设备类型见表4-1。

表4-1　　　　　　　　　　　　　　　　　封罐机的分类

分类方式	封罐设备类型
按卷封结构分	二重卷封（五层咬合）、三重卷封（七层咬合，主要用于钢筒容器）
按罐盖的形状分	异形罐封罐机（方形、椭圆形、梯形、马蹄形等）、圆罐封罐机（含压花罐）
按罐径大小分	罐类封口（大罐直径 ϕ153.1～ϕ115mm、普通罐径 ϕ52～ϕ105mm）、桶类封口（小桶容积<200L；大桶容积200L以上）

续表

分类方式	封罐设备类型
按生产能力分	低速(≤250 罐/min)、中速(250～500 罐/min)、高速(500～800 罐/min)、超高速 (>800 罐 min)
按罐身运动状态分	罐身自转封罐机、罐身无自转封罐机
按封罐机的结构布局分	立式封罐机、卧式封罐机
按工作头多少分	单头封罐机、多头封罐机(目前有 2、3、4、6、8、10、12 头机)
按自动化程度分	手动封罐机、半自动封罐机、全自动封罐机
按封口状态分	空罐(开顶罐)封罐机、两端封口罐(喷雾罐)封罐机

4.1.3　封罐机的卷边结构

4.1.3.1　二重卷边形成及检测

二重卷边是罐（桶）与盖、底的组合，以五层咬合连接在一起的卷口形式。也就是使罐体与罐盖的周边牢固、紧密钩合而形成的五层（罐盖三层、罐体二层）卷边缝的过程，称作二重卷边。其结构如图 4-2 所示。由相互钩合的二层罐身材料和三层罐顶、底盖材料及嵌入它们之间的密封胶构成。为了提高罐体与罐盖的密封性，在盖子内侧预先涂上一层弹性胶膜，如硫化乳胶或其他充填材料。二重卷边结构中的卷边厚度（T）、卷边宽度（W）、埋头度、身钩长（BH）、盖钩长（CH）、叠接长度（α，叠接率）、紧密度等指标是构成二重卷边的要素。

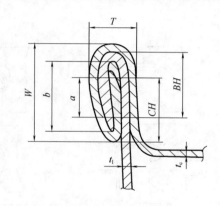

图 4-2　二重卷边结构图

任何二片罐（桶）身或三片罐（桶）身与顶或底的结合处，至少有一个或两个接缝（单片喷雾罐除外），金属容器的封口方式多数为二重卷边，大桶采用三重卷边。二重卷边采用两道滚轮滚压完成，如图 4-3 所示。

二重卷边形成过程如图 4-4 所示。采用封口滚轮进行两次滚压作业完成封口，第一次作业称头道卷边。开始时，头道卷边滚轮靠拢并接近罐盖，接着压迫罐盖与罐体的周边逐渐卷曲并相互逐渐钩合，如图 4-4 Ⅰ～Ⅴ所示；当沿径向进约 3.2mm 时，头道卷边滚轮便立即离开，二道卷边滚轮继续沿罐盖移动，使罐盖与罐体的钩合部分进一步受压变形紧密封合，如图 4-4 Ⅵ～Ⅹ所示，两次进给量约为 4mm。

头道和二道卷边滚轮的结构形状不同，头道卷边滚轮的沟槽窄而深，而二道卷边滚轮的沟槽宽而浅。封口滚轮沿罐身作径向运动的同时，也相对于罐身作回转运动，两者运动的合成称为进给运动，罐每转一周封口滚轮的径向运动量称为进给量。

回转运动有两种形式：一种是罐身自转，封口轮不动；另一种是罐身不转，封口轮绕罐身作回转运动，两种不同的运动方式其封口效果是一样的。

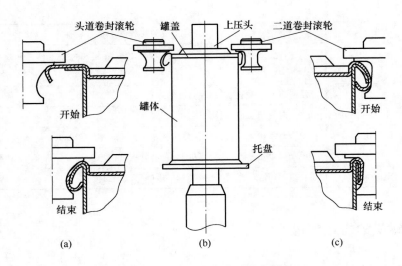

图 4-3   二重卷边滚压示意图
（a）头道卷封   （b）卷封工作   （c）二道卷封

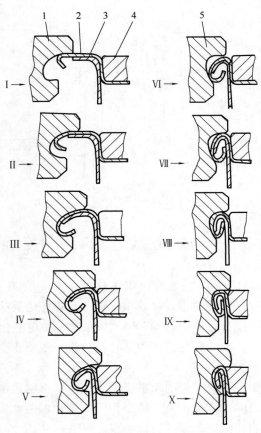

图 4-4   二重卷边形成过程
1—头道滚轮   2—罐盖   3—罐体
4—上压头   5—二道滚轮

卷边封口过程中，罐身卷边部分的金属发生了拉伸和压缩变形，为了使封口质量满足要求，卷边过程应使金属材料变形均匀。在封口轮绕罐身回转过程中，封口轮沿罐身径向的进给量应均匀，不能超过一定的极限。进给量小，封口质量好，但会降低设备的生产能力；进给量大，设备生产能力高，但封口质量降低。一般封罐机头道封口轮的进给运动在封口轮绕罐身回转的三圈中完成，二道封口轮的进给运动在封口轮绕罐身回转的两圈中完成。

4.1.3.2   二重卷边封口质量检测

（1）封口质量的在线检测   空罐的在线检测有两种形式：一种是负压即真空检测，另一种是正压检测。

负压（真空）检测设备较简单，没有检测传感器，仅通过密封的开顶罐是否可以保持住内部预先形成的真空度来检测，若在一定时间内保持不住真空度，则开顶罐就会从检测设备上自行落下。因为负压的压差小，微小的渗漏往往无法检测出来，负压检测方法可靠性较差。

正压检测是在密封的容器内充入一

定压力（一般不大于 0.8MPa），通过压力传感器测量容器内压力的变化来检测容器的密封性。正压检测的效果比负压检测准确可靠，对于要求高的喷雾罐均采用此方法检测。

（2）封口质量的实验室检测　在线对每个罐进行检测，属密封性综合检测，实验室的检测是抽检，抽检有一定的规则。国家标准 GB/T 14251—1993 对检测规则做出了一般性的规定，对卷边封口结构的质量抽查检测，有两种方法：一种为间接测量法，即将身钩和盖钩切下，用卡尺测量出身钩和盖钩长，测量出卷边宽度，再通过计算公式算出叠接率。另一种方法是直接测量法，即将卷边带切开，把切口截面用投影仪或计算机处理放大，直接测量身钩和盖钩的叠接长度，再算出叠接率。这两种方法中，后一种方法较准确直观。

4.2　封罐机的工作过程

4.2.1　GT4B2 型封罐机技术参数

GT4B2 型封罐机应用广泛，主要用于罐头食品企业，可对厚度为 0.2～0.35mm 的各种马口铁圆形实罐进行封口。其主要技术参数见表 4-2，图 4-5 为其外形图。

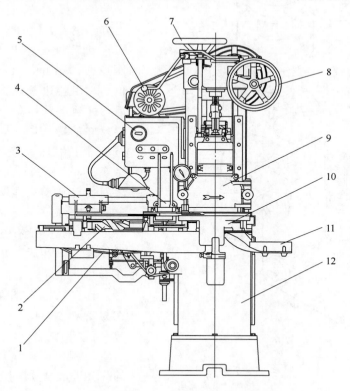

图 4-5　GT4B2 型封罐机外形图

1—输罐链条　2—分罐螺杆　3—推盖机构　4—供盖机构　5—控制装置　6—离合手柄
7—机头升降手轮　8—操纵手轮　9—卷边机头　10—星形转盘　11—卸罐槽　12—机体

表 4-2   GT4B2 型封罐机主要技术参数

主要技术参数	参数值	主要技术参数	参数值
公称生产能力罐/min	42	真空室内真空度/MPa	−0.06～−0.07
适应罐型尺寸/mm	罐内径 $\phi52.3$～$\phi108$，罐外高 46～160	主机功率/kW	1.5
封罐机头转速/r/min	756	主机自重/kg	1300
卷封 1 罐所需转数/r/罐	18	外形尺寸(长×宽×高)/mm	1330×1450×1900

4.2.2　封罐机的工艺流程

图 4-6 为 GT4B2 真空自动封罐机的工艺流程示意图。

实罐体由推送链上的等间距推头 15 间歇地送入六槽转盘 11 的进罐工位Ⅰ，盖仓 12 内的罐盖由连续转动分盖器 13 逐个拨出，由往复运动的推盖板 14 送至进罐工位罐体的上方。接着，罐体和罐盖被间歇地传送到卷封工位Ⅱ，由托罐盘 10、压盖杆 1 抬起，至固定的上压头定位后，用卷边滚轮 8 进行卷封。最后，托罐盘和压盖杆恢复原位，已卷封好的罐头降下，六槽转盘再送至出罐工位Ⅲ。为避免降罐时的吊罐现象，在压盖杆 1 和移动的套筒 2 之间装有弹簧 3，降罐前给压盖杆一定的预压力。

卷封工位设有孔道与真空稳定器和真空泵相通，因此，卷封作业在真空下进行。

真空系统如图 4-7 所示，通过在封罐机外的一台水环式真空泵 5、真空稳定器 3、管道 6、机头密封室 1 相连通来实现。真空稳定器的作用是使封罐过程真空度稳定，并使罐头在抽真空时可能抽出的杂液物进行分离，不使真空泵受污染。

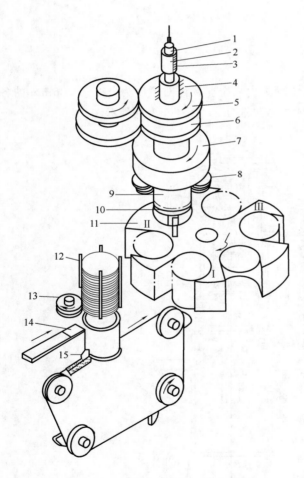

图 4-6　封罐的工艺流程示意图

1—压盖杆　2—套筒　3—弹簧　4—上压头支座
5，6—差动齿轮　7—封盘　8—卷边滚轮
9—罐体　10—托罐盘　11—六槽转盘
12—盖仓　13—分盖器　14—推盖板　15—推头

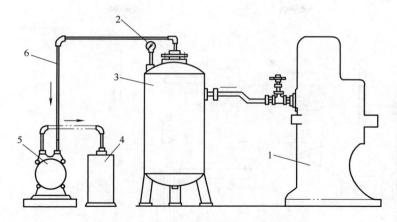

图 4-7　GT4B2 型封罐机真空系统图

1—封罐机密封室　2—真空表　3—真空稳定器　4—汽水分离器　5—真空泵　6—管道

4.3　封罐机的组成结构

如图 4-5 所示，自动封罐机主要由输罐分罐装置、自动送盖推盖装置、卷边机头、星形转盘、卸罐装置、控制系统、机体和真空系统等部分组成。在此重点介绍几个重要的部分。

4.3.1　传动系统

图 4-8 为 GT4B2 型封罐机的传动系统图。

主电机 4 经带 D_1 和 D_2 驱动水平分配轴 I，其上的螺旋齿轮 Z_{20}/Z_{25} 驱动轴 II 上的两对差动齿轮 Z_{36} 和 Z_{36}，使卷封机构完成卷封运动。水平分配轴 I 上的蜗杆蜗轮 Z_2/Z_{30} 驱动垂直分配轴 V，该分配轴的下端经螺旋齿轮 Z_{15}/Z_{15} 驱动水平分配轴 VI，轴 VI 上安装有平行分度凸轮件 14 和 15，由此驱动连接有星形转盘 12 的轴 VII 转动。托罐轴 16 与压盖杆 7 的运动分别由竖直分配轴 V 上的两个槽凸轮 1 和 3 来控制。在垂直分配轴上装有安全离合器 2，一旦出现卡罐等故障，则会使分配轴停止运转。

另外，在水平分配轴 VI 上安装有链轮 Z_{18}，由此驱动轴 VIII，带动螺旋齿轮 Z_{12}/Z_{12} 驱动偏心凸轮 18、摆杆 25 及推盖板 20 运动。轴 VIII 上安装链轮 Z_{20} 驱动输罐链条 28，带动罐体推头实现对罐体的输送。传动轴 X 带动分罐螺杆 27 的运动。

图 4-9 为 GT4B2 型封罐机的传动路线图。

4.3.2　封罐机头结构

图 4-10 是封罐机的卷封机头结构，它是封罐机的关键部件。从封罐机的传动系统图分析可知，卷封机头的运动由齿轮 14 和 16 驱动。

齿轮 14 经花键轴 17，通过花键帽 41 带动封头 30 旋转。齿轮 16 直接驱动中心齿轮 36，

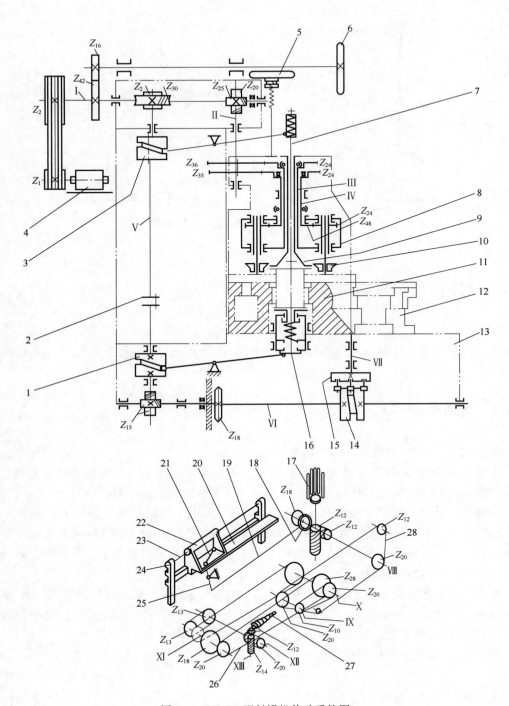

图 4-8　GT4B2 型封罐机传动系统图

1—托罐槽凸轮　2—离合器　3—压罐槽凸轮　4—主电机　5—机头升降手轮　6—操纵手轮　7—压盖杆
8—封头　9—压头模　10—卷边滚轮　11—导罐盘　12—星形转盘　13—机体　14—平行分度凸轮
15—凸轮滚轮盘　16—托罐轴　17—分盖器　18—偏心凸轮　19,21—连杆　20—推盖板　22—推盖滑架
23—导轨　24—支架　25—摆杆　26—输罐链　27—分罐螺杆　28—输罐链条

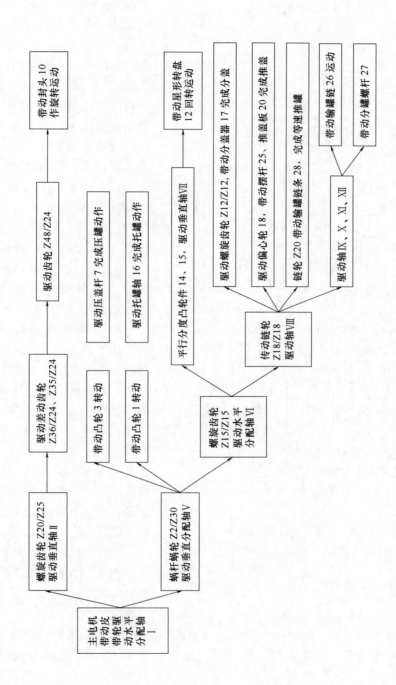

图 4-9 GT4B2 型封罐机传动路线图

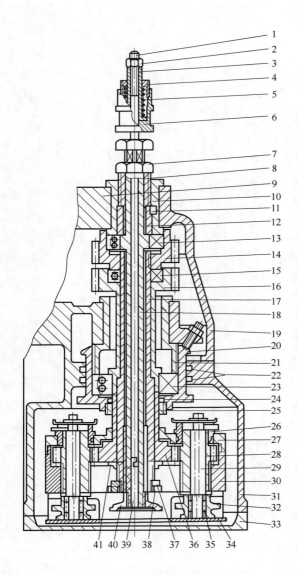

图 4-10　GT4B2 封罐机卷封机头结构图

1—长杆　2—螺母　3—压套　4—压盖　5—弹簧　6—滑套
7—大螺母　8—上螺母　9—机架　10—铜套　11—导向键
12—下螺母　13,15,23—轴承　14,16—齿轮　17—花键轴
18—压头轴　19—盖体　20—托盘　21—顶盘　22,24—密封件
25—螺套　26—调节蜗轮　27—封头盖　28—行星齿轮
29—轴　30—封头　31—机壳　32—卷边滚轮　33—底座
34—底盘　35—滚针　36—中心齿轮　37—螺帽
38—压紧帽　39—压罐杆　40—压头　41—花键帽

以不同于封头的转速旋转，同时驱动行星齿轮 28 一起旋转。卷边滚轮 32 由轴 29 带动，按照行星齿轮的偏心内孔回转轨迹运行。

由齿轮 14 带动的封头和由齿轮 16 带动的中心齿轮存在一个速度差，因此产生一个差动传动，从而使头道和二道卷边滚轮在绕罐体作公转的同时，进入偏心切入卷边，完成封口动作。

压头 40 与压头轴 18 以螺纹固定连接，压头轴上部由下螺母 12、上螺母 8 及铜套 10 支承在机架 9 上，若需要调整压头的高低位置时，可松开大螺母 7，扳动压头轴上方的方头进行调整。

花键帽 41 与封头 30 之间采用端面凹凸卡位连接的方式，松开压紧帽 38 和螺帽 37，可卸下封头。长杆 1 下端与压罐杆 39 钩形连接，压套 3 与长杆 1 固联，压盖 4 与滑套 6 固联，滑套在压罐槽凸轮（图 4-7 件 3）的控制下作上下运动，带动压盖 4、弹簧 5，通过压套 3 推动长杆上下运动，带动压头配合封罐作业完成压罐动作。

由于封罐时要保证真空状态，因此，在机头上有密封件 22 和 24，确保卷封机头所在空间形成真空密封室。

卷封机头的旋转部分重量经轴承 23、托盘 20 及顶盘 21 支承在机架 9 上，机架被固定于机身导轨内，通过丝杆和手轮安装于变速箱壳体上，转动手轮可使整个机头沿导轨上下移动，调整其高低位置以满足不同规格罐型的卷封需要。

4.4　封罐机的使用与维护

4.4.1　封罐机的选用

选用时应考虑封罐机的参数。选用封罐设备时，首先要明确下列几点：

① 所封的罐是空罐（开顶罐）还是实罐；

② 所封罐身和罐盖的形状；

③ 罐的年产量（并折算成班产量或每分钟的产量）；

④ 所封罐的尺寸范围（罐径和罐高的范围）；

⑤ 如果是实罐，还需了解内容物及真空度要求等。

根据前述第①、②两项要求，可选择设备类型，例如是空罐还是实罐机，是圆形罐还是异形罐，或罐身和罐盖形状是否一致。

根据第③、④两项要求，确定所选设备的适应范围和生产能力，同时应考虑与生产线上其他设备生产能力的配套。

4.4.2　选用时应考虑的因素

4.4.2.1　结构布局型式的选择

实罐封罐机因需灌装内容物，一般只有立式机。空罐封罐机有卧式和立式之分，选择时根据其他配套设备的罐身工作姿态和罐身输送设备来确定。卧式封罐机须使罐身提高到一定的高度位置，再用导轨将罐身翻转成水平状态并输送到封罐机入口处。而立式封罐机无需将罐身提高，用输送带（或链条）将直立的罐身直接输送至封罐机入口。立式封罐机结构紧凑，维修调试方便，目前的高速封罐机大多数为立式机，选择时应优先考虑。

4.4.2.2　自动化程度的选择

一般大批量生产均选用自动封罐设备，其封口质量稳定，不受人为因素影响，且工作劳动强度小，生产能力大。对于批量小，资金受限制的情况，可选用半自动封罐机，达不到产量时，可选用多台。

4.4.2.3　喷雾罐封罐机的选择

喷雾罐的罐体两端均需封口，在选择封罐设备时有两种选择：一种是选用卧式的缩、翻、封组合机，该设备可以同时完成罐身缩颈翻边和顶、底盖卷边的封口，结构紧凑，但其生产能力较低，单头为 60 罐/min，双头为 120 罐/min；另一种选择是采用两台封罐机分两次卷边封口，在两台设备之间还需增加倒罐装置和输送设备。

4.4.2.4　异形罐封罐机的选择

异形罐指罐盖为非圆形的罐。因封口轮与罐身的相对回转运动为非圆周的，所以异形罐封罐机均为罐身无自转的形式。常见的异形罐封罐设备均为单头四只封口轮（一、二道封口轮各二只），也有做成多头的封罐设备，但结构非常复杂。

4.4.2.5　罐身自转的封罐机选择

这类设备因封口轮无绕罐身的回转运动，容易做成多头形式，速度可达 2000 罐/min

以上，生产能力高，大多数圆罐封罐设备均采用这种方式。

罐身自转封罐设备分为立式机和卧式机。当工作头数较多时，立式机的调试、维修、操作较方便，高速设备大多数为立式机，一般做成组合机构型，即在一台设备上可同时完成缩颈、翻边、一道卷边、二道卷边或分切、滚筋等工序，如工序太多则可分成两台设备。这类设备的特点是结构紧凑，占地面积小，但因各工作站之间是齿轮串联在一起的，惯性很大，如工序太多，则会在紧急停车时造成个别部件受力过大，甚至出现损坏零件的情况。

卧式封罐机上可以实现一台设备同时完成顶、底盖的封口作业，这类设备有 GT3B11 型缩颈翻边封罐组合机。

4.4.2.6　实罐封罐机的选择

（1）实罐封罐机特点　有些封罐要求在罐内形成一定的真空度；有些要求往罐内注入二氧化碳气体或热蒸汽，使罐内形成一定真空。另外，实罐因在罐内有内容物，考虑罐身自转和公转运动，有可能造成内容物外泄，一般封罐之前增加预封工序。实罐所灌装的内容物一般均含有水，往往具有近 100℃ 的高温，或有蒸汽，且常有酸性腐蚀，在这样的工作环境中要求设备密封性能要好，零件材料的防腐性能要强，同时还要符合食品卫生的要求。

（2）真空封罐设备　为了使罐头产品保存较长时间，封罐时需将罐内的空气排掉，常用的方法有真空封罐法和蒸汽喷射法，也称热排汽法。

真空封罐设备的特点是将卷边机构设置在一个密封很好的密封腔内，靠真空泵将空气抽掉后再进行封口作业。目前国家标准规定在规定的生产能力条件下，罐径为 $\phi100mm$ 时，真空室内的真空度为 0.056MPa，空罐容积至 350cm³，罐内真空度应不低于 0.047MPa。这类封罐机均在封罐机构的罐口处装有蒸汽排气槽，封口前蒸汽通过排气槽喷射到罐顶隙内，待封罐完毕后，罐内蒸汽冷却后即形成了一定的真空度，这种封罐方法一般用于饮料罐装。

（3）灌装封罐设备　含气饮料灌装和封罐采用一体化型机，结构紧凑，同步运动性能好。例如可乐、啤酒等，不再赘述。

表 4-3 为几种常见封罐机的性能对比。

表 4-3　　　　　　　　　　　　　　　　**常见封罐机性能表**

设备型号	GT4A6	GT4B1	GT4B2	GT4B4	GT4B6	GT4B7	GT4B12
可封罐形	圆罐 异形罐	圆罐	圆罐	异形罐	圆罐	异形罐	圆罐
卷封机构数目	单头	单头	单头	单头	单头	四头	四头
完成滚轮径向进给运动的作用元件	盘形凸轮与摆动从动杆	偏心套筒	行星齿轮偏心销轴	盘形凸轮与摆动从动杆	盘形凸轮与摆动从动杆	端面凸轮与直动从动杆	行星齿轮偏心销轴
卷封操作条件	非真空	非真空	真空	真空	非真空	非真空	真空
生产能力/ （罐/min）	圆罐 40 异形罐 25	40～50	42	方形罐 60	80	90～150	132
电机功率/kW	1.5	1.5	1.5	2.2	1.5	5.5	4

4.4.3 封罐机的维护保养

不同型号的封罐机结构不完全相同，其安装、调试、运行与维护应严格按照机器使用说明书进行，必须定期检查、校验、调整，才能保证设备安全正常生产。

4.4.3.1 开机准备、试封及正式运转

操作使用设备之前，对封罐机的性能、结构和操作程序须详细了解，清除尘垢，予以润滑，主要传动齿轮箱注满机油。

初次使用时，先以手动轮转动机器以确认各零部件转动灵活，直至卷封转罐盘座做了几个完全的卷封，然后在储盖处堆满罐盖之后，试着用手轮转动来卷封一个空罐。

上述试验成功且符合要求后，再接入电源，由机器卷封罐子做卷封调整，电机启动后，须空转一段时间，待机器完全正常运转后，再开始工作。

另外，根据生产情况，针对所使用的罐体规格，更换相应的零部件。

（1）试封　机器试封时主要检查机头各部分并进行调整。

① 检查压头，将底盖试套在压头上，观察底盖和压头的深浅和松紧是否适当。

② 检查托盘的大小，要适用生产的罐型和规格，一般比罐径略大些。

③ 检查头道及二道卷边滚轮，先校头道滚轮后校二道滚轮。

④ 开机小量试封，再经过检验合格，才正式投入生产。

（2）正式运转　机器运转中要经常注意观察，发现有异常声音及螺栓松动等现象，要及时进行处理，同时保持整机的清洁及润滑。

停止使用时，应进行防锈、防尘等保护处理。

4.4.3.2 机器的维护保养

一般地，机器的生产厂配有机器进行维护时的专用工具，机器的使用说明书中有易损件、更换件等规格表，作为自动机与自动线的维护与管理专业技术人员，应养成认真阅读机器使用说明书的良好工作习惯。

表 4-4 为机器维护保养规程与内容。

表 4-4　　　　　　　　　　　　　　　机器的维护与保养

维护与保养规程	维护与保养内容
每日（或每 8 个工作小时）操作完毕后保养	① 注油处充分给油，特别是卷封头给油处 ② 检查安全装置及自动控制装置是否灵活 ③ 检查托罐器弹簧压力是否正常 ④ 卷封罐的卷封尺寸是否符合标准
每周（或每 40 个工作小时）的保养	除每日保养项目外 ① 应检查离合器的性能 ② 调整传动皮带的松紧度 ③ 检查分盖器动作是否准确 ④ 检查各处的锁紧螺母有无松动
每月（或每 160 个工作小时）保养项目	除每周保养项目外 ① 应检查卷封滚轮、卷封轴承是否良好 ② 检查电气元件及电线接头

续表

维护与保养规程	维护与保养内容
每半年(或每 1000 个工作小时)的保养	除每月保养项目外 ①拆卸卷封头并清洗之,对磨损件应更换 ②检查卷封头齿轮是否磨损 ③检查罐盖导轨、六槽转盘、罐盖托架有无磨损
每年(或每 2000 个工作小时)的保养	① 拆开机器机构零部件进行清洗,对磨损者予以更换 ② 检查电动机的绝缘度并检修更换转子滚珠轴承,加油脂润滑 整机润滑时应注意,各个润滑点除自动润滑外,人工用油枪压入润滑脂,或加入润滑油进行润滑

4.5   封罐机的故障分析与排除

金属容器因可以长期贮存食品而具有不可替代的地位,但它也有缺点,即在封口处容易发生泄漏,造成内容物腐烂或外泄。据统计,我国食品罐头的质量事故,有将近 70%以上都是因为封口问题造成,由此可见金属容器封口的重要性。封罐机常见故障主要表现在封口质量上,此外,罐身、罐盖输送过程中也会出现一些问题,如卡罐、卡盖、罐和盖外表的划伤等。

封口质量问题主要有以下几个方面:二重卷边机构中封口轮、压头、托盘的制造、安装和调试;原辅材料(盖、罐身、密封胶)的质量等。根据所盛装物料的不同要求,封口后的密封程度可分为气密封口,封口处不泄漏气体的封闭形式;液密封口,封口处不渗漏液体的封闭形式;紧密封口,封口处不漏固体的封闭形式。

将自动封罐机生产中常见的故障归纳如表 4-5。

表 4-5   常见封口质量的故障分析

故障现象	故障原因及分析
锐边及快口	卷边顶部内侧的锋口称锐边,当锐边达到马口铁板断裂的程度称快口。快口属严重卷边缺陷,也称为卷刃、翘片、薄刃等 产生锐边及快口的原因可能是压头磨损或封口轮相对压头位置调得偏高;二道封口轮调得偏紧;压头与托盘间距过小或托盘压力太 压头轴向有窜动;罐身翻边太大;盖内密封胶过多等
假卷(假封)	折叠的盖钩压住折叠的身钩,但未相互钩紧密合的卷边形式,实质上是卷边身钩与盖钩没有咬全,属严重的卷边缺陷 产生假卷的原因可能是:在罐身的运输、传送过程中所引起的翻边损坏(弯曲变形);罐身翻边形状不合格(如蘑菇形);罐盖圆边缺陷或损坏;封口时罐盖未对准罐身
大塌边	封罐时由于罐身或罐盖边缘严重碰瘪,致使罐身、罐盖没有相互钩合,在卷边下部有明显的罐身翻边露出现象,属严重的卷边缺陷 产生大塌边的原因可能是:在罐身运输和输送过程中造成的翻边损坏;罐身翻边形状不合格(如蘑菇形);罐盖圆边损坏或圆边过大;封口时罐盖未对准罐身
跳封(跳过)	由于焊缝处卷边较厚,封口滚轮经过罐身焊缝时跳过而未能将卷压紧的现象。跳封处卷封的紧度不足,属主要的卷边缺陷 产生跳封的原因可能是:封罐机运行速度太快;二道封口轮缓冲弹簧力不够,罐身接缝处太厚等

续表

故障现象	故障原因及分析
卷边不完全(滑口)	封罐过程中,罐盖在压头上打滑或封口滚轮转动不良等原因所造成的局部卷边未完全压紧的现象,也称滑封,属主要卷边缺陷。其特点是卷边的一部分有正常的厚度,一部分则超厚(疏松)。可能伴有因压头打滑引起的埋头壁倒圆褶变形,头道卷边滑封沿罐头周边显现牙齿迹象,二道卷边滑封使卷不完全(疏松),可能伴有卷边擦伤等现象 产生的原因可能是:托盘压力偏小,罐盖与压头的尺寸小或锥度不合适;压头磨损;压头轴高度调节不当,与托盘之间间距过大;托盘弹簧失灵;压头或托盘上有油;压头轴向有窜动,定位不准等
卷边"牙齿"	指封罐不良,盖钩和身钩局部叠接,在卷边下缘所形成的 V 形、突出,属主要缺陷 故障发生的原因可能是:一道封口轮的封口曲线不理想;预封机或头道封口滚轮调得太松;封口轮磨损;二道封口轮调得太紧会加剧牙齿缺陷;罐盖造型设计不理想(如承胶面太平直);罐盖在承胶面上有皱纹;卷边内夹入杂物或罐盖内密封胶过多;托盘压力太大,实罐罐装量过多;封口轮轴承运转不灵活等
铁舌或垂唇	因封罐不良,在卷边下缘明显露出的影响外观的舌状部分,称为铁舌或垂唇,也称褶皱(介于褶皱与皱纹之间的缺陷称褶裥),属主要缺陷 产生铁舌或垂唇的原因可能是,与卷边"牙齿"的成因大致相同
卷边碎裂	卷碎裂指封罐不良,卷边外层铁皮断裂现象,一般发生在罐身接缝处。属主要缺陷。底盖折边圆弧外断裂或破裂。未经放大一般难以觉察。露出二道滚轮痕迹的卷边应作仔细检查,尤其是在罐身接缝或有垂唇的地方,也称为垂唇开裂式双线 产生卷边碎裂的原因可能是:二道封口轮调得太紧;罐盖材料有缺陷;盖内密封胶过多;卷边内夹入杂物;由于头道口轮调得太松,引起罐盖折边过长等
叠接率不符合要求	合格的叠接率应大于 50%,在 35%～49% 之间时为次要缺陷;5%～34% 之间时为主要缺陷;小于 5% 时为严重缺陷 产生原因可能是:压头的埋头深度偏大会造成盖钩变小;一道封口轮调整太松也会使盖钩变小;托盘压力小,翻边量小的均会使身钩变小;二道封轮封口曲线过窄会造成卷边宽度加大,造成叠接率减小;一、二道封口轮相对压头调整位置偏高,造成卷宽度减小;因压头外径偏大未落到底,造成叠接宽度不均匀
紧密度(皱纹度)不符合要求	合格的紧密度应大于 50%(皱纹度<50)在 33.3%～49% 之间时为次要缺陷;小于33.3% 时为主要缺陷 产生原因可能是:一道封口轮曲线不合理,封口轮调整不合适;一道封口轮曲线磨损严重;罐盖承胶面形状不合理(太平或圆边形状不理想)或罐盖承胶面有皱纹;封口轮轴承运转不灵活等
卷边损伤	卷损伤指卷封口过程中所造成的卷边部位外表的损伤或涂层的脱落 产生卷边损伤的原因可能是:一道封口轮曲线不合理;一、二道轮封口轮卷封曲面的光洁度低;一、二道轮调整偏紧等

4.6　封罐辅助设备及使用

4.6.1　打码设备

金属容器灌装封罐完毕后,应在罐盖或罐身上打印出生产日期、有效期、批号、企业代号或商标图案等一些字符、图形,这道工序称为打码。目前打码设备有钢字模压印式打码设备、胶印式打码设备、喷墨和激光打码设备。

钢字模压印式打码机是一种老式的打码设备，它采用钢字模敲打金属薄板表面，使金属薄板表面产生塑性变形形成文字。这种方法生产效率低、字形变化较少、印制图案困难，且容易造成金属表面的损坏。其优点是有防伪功能，打码设备结构较简单，钢字采用活字字头，可按要求人工更换。罐身采用螺杆或拨盘输送，因打字时间很紧，打码工位可不停歇或作短暂停歇。

胶印式打码方式实际上就是一种印刷方式，将刻有字形中图形的胶版蘸上油墨后再印到金属表面上。与钢字模压印式打码设备所不同的是胶印设备需增加油墨供给系统。

喷墨和激光打码设备除打印原理和上述打码方式不同外，机器传动方式类似，均采用计算机控制喷墨头和激光头。由于靠计算机控制，其打码原理类似于普通打码机，可以制出任何一种复杂图案。激光打码设备也分为油墨和刻字两种方式。采用油墨打码方式均存在防伪性差问题，其原因在于油墨易于除去，而激光刻字打码则防伪性很强，但这类设备较昂贵。

4.6.2　洗涤设备

在灌装封罐之前，应对空罐进行清洗，一般采用喷淋法。在空罐进入灌装机后，设置一个罐体翻转导笼，将罐体翻转到要求状态（如状态合适，则无须翻转导笼），随后罐体进入喷淋区进行清洗，通常先用洗涤水，再用清洁水，洗涤水可循环使用。待罐体内水分基本淋干，在出口处也设置一个罐体翻转导笼，将罐体恢复到灌装要求状态。

思　考　题

1. 分析容器用金属盖封口的形式和特点有哪些？
2. 什么是二重卷边？回答其形成过程。
3. 总结 GT4B2 型真空自动封罐机的工作过程。
4. 日常情况下封罐机的运行与维护应注意哪些问题？
5. 分析影响封罐机封口质量的故障因素应从哪些点入手？
6. 现场观察一台封罐机，绘制其工艺流程简图和传动系统简图。
7. 思考在封罐机装配或使用过程中会遇到哪些问题？应怎么解决？
8. 实罐封罐设备的一般特征有哪些？如何选择实罐封罐设备？

5 杀菌设备的安装与维护

【认知目标】

- ⅏了解杀菌技术的应用与设备的类型、特点
- ⅏理解巴氏杀菌法和超高温杀菌法的原理和应用
- ⅏掌握杀菌机的工艺过程、组成结构及特点
- ⅏会根据杀菌机的技术图纸分析其组成结构
- ⅏会对杀菌机关键零部件的结构进行分析与改进
- ⅏会根据所学的杀菌机知识，改造同类设备
- ⅏会对杀菌机易损件进行判断与更换
- ⅏能对杀菌机进行正确装配与调试
- ⅏能对杀菌机常见故障做出正确判断与处理
- ⅏能对杀菌机进行正确操作与运行管理
- ⅏培养机器装配、运行过程中细心观察的思想意识
- ⅏通过整机装配实践，培养团结协作精神
- ⅏通过整机操作运行实践，培养细致耐心的良好作风

【内容导入】

本单元作为一个独立的项目，按照杀菌原理→杀菌机的工作过程认知→组成结构分析→安装与调试→操作与维护→常见故障分析与排除为主线组织内容，由简单到复杂。

通过学习隧道链网式杀菌机的工作过程、组成结构等技术知识，培养掌握杀菌设备有关技术，通过相应的实践，具备对此类设备的制造安装、调试、故障判断、维修等岗位技术能力。另外掌握其他杀菌设备的操作和维护。

5.1 常用杀菌方法及设备类型

杀菌的目的是为了保证食品卫生类产品的生物稳定性，符合食品卫生产品的质量标准，也有利于长期保存，它要求在最低的杀菌温度和最短的杀菌时间内，杀灭可能存在的生物污染。杀菌分为包装前的物料杀菌和包装后的产品杀菌，在此介绍的是包装后的产品杀菌设备。

目前，常用的啤酒杀菌方法分为过滤冷却除菌法和加热杀菌法即巴氏杀菌法。

第 1 种　过滤冷却除菌法

过滤冷却除菌法是纯生啤酒生产常用的除菌方法。采用粗滤、终滤的过滤方式，要求滤孔直径不大于 $0.45\mu m$，通过过滤除去啤酒中的酵母和有害细菌，这对灌装车间卫生条件要求高，输送管道、容器、瓶盖、罐盖均要求无菌状态。

第 2 种　加热杀菌法即巴氏杀菌法

由法国生物学家巴斯特通过实验得出结论：在食品工业中，凡经过 60℃ 的加热并维持一定时间，可使微生物致死。人们将应用这个结论进行杀菌的方法称为巴氏杀菌法。

巴氏杀菌法是目前食品包装后的主要方法，分为间歇式杀菌机、连续式倒置杀菌机和隧道式连续喷淋杀菌机。瓶、罐类产品如普通啤酒、部分果汁饮料等所使用的杀菌机大多数为隧道式连续喷淋杀菌机。

本章主要以 SBW40 链网式杀菌机为主，通过学习其工作原理、工艺过程、组成结构等知识，主要培养掌握杀菌设备有关技术知识，并通过相应的实践学习，具备对此类设备的制造安装、调试、故障判断、维修等岗位技术能力。

5.2　链网杀菌机的工作过程

5.2.1　SBW40 杀菌机主要技术参数

SBW40 链网式杀菌机是用链网来传输瓶、罐产品，属于隧道式连续喷淋杀菌机类型。具备以下特点：

① 双层双通道结构，为瓶装啤酒杀菌专门设计，也可作为生产纯生啤酒的温瓶机使用。

② 选用高扭矩、低转速减速电机带动，运行平稳，设置过载保护装置。

③ 主体采用开放式墙板结构，箱体顶部及两侧面配置顶盖及侧门，方便随时打开清洗和维修。

④ 喷淋面积大，喷嘴不易堵塞，喷管能方便地装拆与清洗。

⑤ 热水循环管路系统，可充分利用热能资源，既节省热能，也降低水耗。

⑥ 采用温度自动控制系统，自动化程度高、显示直观、反应灵敏、控制精度高、调节性能稳定、抗干扰能力强、运行可靠、维护方便。

⑦ 当出瓶输送带被瓶子堵塞时，主机自动停止运转，这时高温区的水温自动下降至 50℃ 左右，防止机体内的啤酒因出瓶输送带停止工作而长时间处于高温杀菌。

其主要技术参数见表 5-1。

表 5-1　　　　　　　　　　　　　SBW40 杀菌机主要技术参数

主要技术参数	参数值
公称生产能力（640mL 瓶）/瓶/时	40000
链网传送速度/mm/s	5~6
有效杀菌时间/min	5~6

续表

主要技术参数	参数值
杀菌温度/℃	62~63
装酒容器高度/mm	300~350
电机总容量/kW	81
设备自重/kg	38000
外形尺寸(长×宽×高)/mm 不包括进出瓶输送带、操作平台及外管路	17500×6000×2900

5.2.2　杀菌机的工作原理

SBW40 链网式杀菌机是由若干箱体组成的双层双通道隧道式巴氏杀菌链网结构，箱体隧道内分若干不同温度的喷淋区域，称作温区。上、下层输送链网分别由四台直联减速电机带动匀速运转，每台减速电机均由一个变频器调速，并由变频器实现电流过载保护。

装酒容器由进瓶输送带被连续地送入机内的输送链网上，由链网匀速将其运送到不同温区，喷淋水经喷淋管喷洒到容器上，使其温度升高或下降，即经过预热、保温（杀菌）、冷却阶段，达到预定的杀菌效果后又连续送出，完成杀菌的全过程，达到产品杀菌的目的。

图 5-1 是 SBW40 杀菌机温度控制分布曲线图。

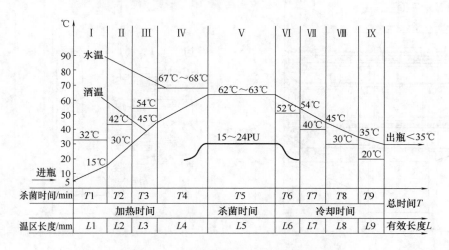

图 5-1　杀菌机温度控制分布曲线图

根据啤酒杀菌温度、处理时间的要求及玻璃瓶承受热冲击和压力变化的能力，将杀菌机主体分为三大温区，即预热区、过热及保温区（杀菌区）、冷却区。

① 预热区，又分为三个小温区，即Ⅰ区、Ⅱ区、Ⅲ区。

② 过热及保温区，Ⅳ区为过热区、Ⅴ区为保温区。

③ 冷却区，又分为四个小温区，即Ⅵ区、Ⅶ区、Ⅷ区和Ⅸ区。

杀菌机的水温变化通过安装在管道上的热电阻的电阻变化信号输入到安装在电气柜上

的可编程计算机控制器（PLC）上，由温度模块把电阻变化信号转变为数字信号，通过 PLC 进行函数运算，送出 4～20mA 信号到安装在气动薄膜阀上的电—气转换器，再由电—气转换器转换成 0.02～0.1MPa 气压信号，利用该信号来控制气动薄膜阀的开启度，以改变蒸汽或水的加入量，达到控制水温的目的。

5.3 链网杀菌机的组成结构

杀菌机生产能力不同，机型也各不相同，SBW40 链网式巴氏杀菌机主要由以下部件组成。

5.3.1 箱体机架

图 5-2 为箱体机架简图，整机共有 10 节箱体，采用开放式墙板结构，各箱体之间用螺栓连接，并以耐热橡胶板密封，防止热水外漏，每节箱体均设有喷淋管、上导轨、下导轨、箱体侧墙板、竖支撑、水箱等，上、下导轨用于承载输送链网及装酒容器。箱体一侧做成墙板式，开有侧门及顶盖，可很方便地打开，另一侧设有上、下视窗，方便观察箱内运行情况。

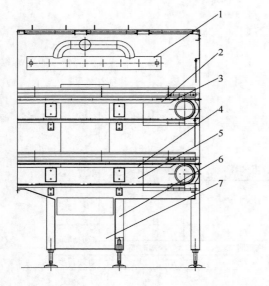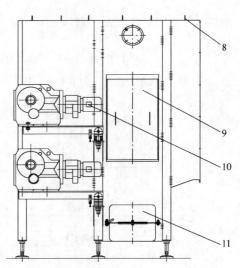

图 5-2 箱体机架简图

1—喷淋管 2—上导轨 3—链轮 4—下导轨 5—箱体侧墙板 6—竖支撑
7—水箱 8—顶盖 9—侧门 10—主电机 11—人孔门

水箱设在两竖支撑之间，用于储存及提供喷淋用水。

根据机器生产能力，箱体地脚支撑数量、分布各不相同，SBW40 链网式杀菌机共设计 44 个地脚支撑，结构如图 5-3 所示，各箱体的高度可用地脚螺杆调整。

杀菌机地脚支撑分布形式在设备说明书中标注，以此安装设备。

5.3.2　主传动装置

图 5-4 为杀菌机输送链网传动示意图，四台（0.55kW）直联式减速电机与主传动轴连接，每台减速电机各由一个变频器控制，变频器除可改变主传动轴的转速外，还可实现过载保护。

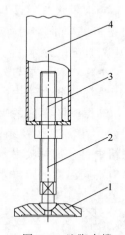

图 5-3　地脚支撑
1—脚盘　2—地脚螺杆
3—螺母　4—支撑槽钢

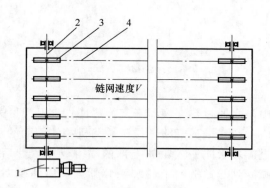

链网速度V

图 5-4　链网传动示意图
1—直联式减速电机　2—传动主轴
3—输送链轮　4—输送链

5.3.3　输送链网及张紧装置

输送链网由主传动轴带动，用来输送装酒容器，链网由节距 50mm、直径 2.5mm 的链块、链板及长销轴组成。链板不仅用来传送装酒容器，还作为整个链网承载的支承点，如图 5-5 所示。

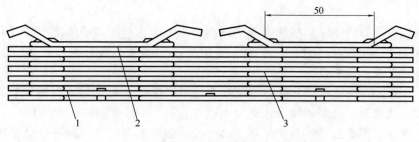

50

图 5-5　输送链网
1—链块　2—链板　3—长销轴

图 5-6 是输送链网的张紧装置结构示意图，安装链网时，可通过张紧装置控制。安装完毕后，使用张紧装置做调整时，要注意两边的调整量应相同，还须注意链网与过渡板之间的间隙均匀，以防止链网走偏和链出现急剧磨损。

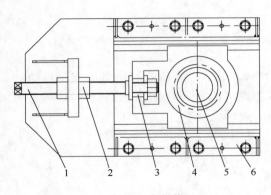

图 5-6　张紧装置

1—调整螺杆　2—锁紧螺母　3—连接套
4—轴承　5—从动轴　6—上下导轨

5.3.4　管路、喷淋及温控系统

管路及温控系统分别由冷水管路、蒸汽管路、水循环管路、连通管路、热交换器、水泵、热电阻及气动薄膜阀等组合而成。

（1）冷水管路　冷水主水管一端与外来水源连接，其作用是开机前向各水箱加冷水，调节生产过程中需补充的冷水。

（2）蒸汽管路　主蒸汽管一端与外来的蒸汽管连接，其作用是加热各水箱中的喷淋水，在生产过程中，确保不同温区的喷淋水温度在规定的范围内。在高温区及杀菌区，喷淋水通过热交换器来交换热能；在升温区采取用蒸汽管通入水箱中直接加热喷淋水。

（3）循环管路　位于杀菌机箱体侧面的水泵，抽取各自水箱中不同温度的喷淋水，通过循环管路注入箱体上部的喷淋管中，然后喷洒到输送链网上的装酒容器上，以达到对产品的加热或冷却。

（4）连通管路　平衡各水箱的水位，开机前向水箱中加水。

图 5-7 是喷淋部件结构简图，喷淋管采用开矩形喷口的形式，这种喷淋结构简单，喷口面积大，喷淋水分布均匀，且不易堵塞。同时，只需松开喷淋管紧固螺栓，就可以整根拆除清洗，维护方便。

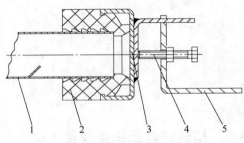

图 5-7　喷淋部件

1—喷管　2—喷管接头　3—夹紧套
4—紧固螺栓　5—喷管支架

5.3.5　水箱装置

水箱装置为各温区水泵抽水喷淋提供水源，水箱的数量随杀菌机生产能力的不同而不同，SBW40 链网式巴氏杀菌机由 10 个水箱组成，分流板、放液阀、清洗门、水位指示器、溢流管等组成水箱组件。

图 5-8 是常见的一种水箱装置结构示意图，相同温度水箱之间设有连通管，其中在 3 号水箱上安装溢流管，过满的水可由此排出，在 5 号、6 号水箱侧面有液位计，水箱水位过低，水泵便自动停止运转。每个水箱上都装有放液阀装置，清洗时可拉动手环 5 提升放液球体 4，排出水箱内的脏水。

5.3.6　进出瓶输送带装置

进瓶输送带的作用是将装酒容器输入杀菌机机体内，出瓶输送带的作用是将经杀菌或

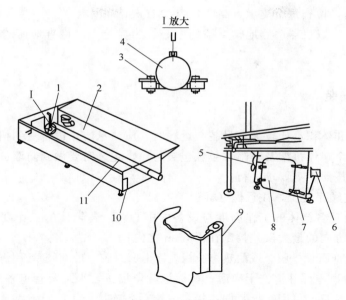

图 5-8　水箱装置

1—放水阀组件　2—水箱体　3—连接及密封件　4—放液球体　5—手环　6—溢流管
7—门铰链组件　8—清洗门　9—门密封件　10—水位指示器　11—吸滤管

温瓶后的装酒容器输出杀菌机。

双层双通道链网杀菌机的进、出瓶输送带分为上、下两层，装有不锈钢平板链，目前常选择平板链的节距为38.1mm、链板宽度为82.6mm。每层进瓶输送带各装一台减速电机，出瓶输送带自身无动力，需要与生产线的中间输送带连接，由其他电机带动。

出瓶输送带与主机联锁，若遇到出瓶带上的容器堵塞，杀菌机自动停机，疏通瓶或罐后，主机才能启动运行。

5.4　链网杀菌机的安装与调试

5.4.1　安装前的准备

（1）杀菌机出厂时都带有使用说明书，安装前须详细阅读说明书，按照设备平面布置图检查安装现场，确认安装位置。

（2）按设备平面布置图划出基准线：

① 杀菌机的中心线；

② 杀菌机各箱体支承点的中心线；

③ 进瓶端的第一排或出瓶端最后一排支承的中心线；

④ 进、出瓶输送带的中心线。

（3）根据平面布置图，确定杀菌机上、下层输送链网的工作高度，并标注在标志物上。

（4）用水准仪检查。

① 沿长度方向，检查每个支承点高度是否在 15mm 范围内。

② 沿宽度方向，以机器两侧地脚支撑的中心线为界分中，检查地面的斜度是否在 1° 范围内。

5.4.2　运输与安装

杀菌机的重量和体积都比较大，吊装与运输时，应注意防止设备受到扭曲变形。一般地，将每个箱体机架及其附件单独包装运输，包装时要做到防潮、防淋。

机器安装时应按照下列要求进行：

① 将各箱体按顺序就位，注意做好标记；

② 用水准仪校正各箱体的工作高度与设备的中心线，各箱体的工作高度应同在一个平面上，即沿长度方向的最大误差控制在 ±3mm 之内；

③ 各箱体之间加石棉橡胶垫或耐热橡胶板，涂上密封胶（玻璃胶），用螺栓紧固连接；

④ 将水泵、管道零部件清洗干净后，按标记就位校正，水泵及管道各连接处用 3mm 石棉橡胶板涂上密封胶，再用螺栓紧固连接，安装后各连接处不能有渗漏现象；

⑤ 将一号箱体的从动轴放松，将输送链网分别拉进箱体，置于箱体内的上、下导轨上，量好长度，将多余的链网拆解开，链网接口处用 φ5mm 直径的销轴穿上，两端用盖形螺母紧固并将其点焊在销轴上。

5.4.3　机器的调整

5.4.3.1　对链网的调整

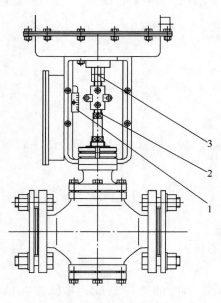

图 5-9　气动薄膜控制阀
1—指示盘　2—调整螺杆　3—螺母

链网与主动轴啮合好，将位于一号箱体的链网张紧装置的调整螺杆往进瓶输送带方向拉，直至上层链网平展。注意拉紧调整螺杆时，两端张紧装置的位移应保持一致，以免链网走偏，上、下层各通道应分别调整。

5.4.3.2　对控制系统的调整

（1）接通控制系统仪表的电源、气源，检查并调整气动薄膜控制阀及仪表输入、输出端通与闭。如图 5-9 所示，没有气源时，气动薄膜控制阀的指示盘 1 应处于零位，即阀处于关闭状态。如果不在零位，可旋开螺母 3，再旋动调整螺杆 2，使指示盘 1 处于零位，再将螺母 3 旋紧。

（2）调整仪表的温度为控制值。

5.4.4　机器的试运转

（1）试运转前，除了对上述各部件进行调

整和检查外，还需做如下准备工作：

① 检查各润滑加油点，油路是否畅通，并重新加油；

② 检查所有电器线路的接头是否正确，电机水泵的旋转方向是否正确（注意水泵不能在无水情况下空运转）；

③ 确认各电器安全装置（接近开关）正常；

④ 全面检查所有管路、阀门，发现漏水漏气现象立即维修；

⑤ 清除链网及箱体内所有的异物、油污等；

⑥ 检查进出瓶输送带及链网是否有卡住现象；

⑦ 检查蒸汽压力、空气压力、冷水压力、电源电压是否符合工艺规定的要求。

蒸汽压力 0.5 ± 0.1 MPa　　　冷水压力 0.3 ± 0.1 MPa

压缩空气压力 0.3 ± 0.1 MPa　电源电压（380 ± 10）V　50Hz

压缩空气要清洁干燥，喷淋水（冷水）呈中性。

（2）进行空运转

① 启动加水截止阀，水箱中注入冷水至工作液位。

② 启动水泵，注意各水泵的运行情况，观察各箱体中喷淋水的情况是否正常，同时注意向水箱内补充冷水。

③ 启动其余电机（进、出瓶电机，主传动电机），注意观察各电机的运行状况是否正常。

④ 启动蒸汽阀，温度控制系统的调节阀，观察其运行情况是否正常。

上述程序完成后，注意各运动部件的运转情况，若一切正常，可让设备进入空运转阶段，时间不少于两天（每天 8h），并作好运行记录，若发现有异常现象，应立刻排除。

⑤ 试运转正常后，应排除箱体中的液体，并对设备作正式试产前的准备。

5.5　链网杀菌机的使用与维护

5.5.1　设备的操作运行

5.5.1.1　开机前的准备工作

按照上述空运转①～④项重复进行，并调整好温度控制仪表在各温区的控制温度值。

向进、出瓶输送带上注入润滑液，当各温区达到工艺杀菌温度时，可以开始进入瓶或罐，此时设备进入自动运行状态。

注意进瓶输送带上的碎瓶或有裂纹的瓶子应捡出，出瓶端的链网上如有碎瓶应立刻排除。

下列情况属机器的正常状态：

（1）出瓶输送带上瓶或罐过多造成堵塞时，主传动链网停机，而输送带仍正常运转。

（2）设备开始运转，因大量冷容器进入机内，致使各温区的温度有所变化。

（3）主传动链网停机时间过长，这时高温杀菌温度有所下降（由原来的 68～70℃降至 50℃）。

（4）正常的运转过程中，过热区和杀菌区温度在允许的范围内波动。

5.5.1.2　生产班后的停机

每班工作完毕，杀菌机内的瓶或罐全部送出后才能停机，关闭蒸汽总阀、水阀、水泵开关，断开电控柜的电源开关。

若水箱内的喷淋水污物较多，需排放掉脏水，清洗水箱。

5.5.2　设备的维护

杀菌机投入使用后，应结合具体情况对机器进行维护保养，保证机器正常运行，延长设备使用寿命，一般按表 5-2 所列内容实施保养，具体操作时，须按照设备使用说明书要求维护保养机器。

表 5-2　　　　　　　　　　　　　　杀菌机的维护与保养

维护与保养规程	维护与保养内容
每日(或每 8 个工作小时)操作完毕后保养	①出瓶输送带上的堵瓶保护接近开关 ②补充输送带的润滑液 ③检查每个轴承的运转情况是否正常 ④检查主传动链网上是否存在异物 ⑤检查润滑油标签,必要时加油 ⑥检查水箱中的水量,并清除水箱中的游浮物及脏物
每周(或每 40 个工作小时)的保养	①检查水箱中的水质情况,是否予以更换清除水箱中异物,清洗过滤网,视情况考虑冲洗水箱 ②检查各箱体以及设备之间的连接螺栓是否有松动,有无泄漏现象 ③检查各过滤器装置有无堵塞 ④检查各传动轴承运转情况,并注入 2♯工业锂基润滑脂
每半年(或每 1000 个工作小时)的保养	①清洗设备内外表面 ②视情况拆下喷淋管进行清洗 ③检查各电器元件是否完好 ④清除蒸汽过滤器中的异物 ⑤清洗主传动变速箱,更换机油(40♯机油)
每年(或每 2000 个工作小时)的保养	①对所有零部件作全面检查,对主要零部件磨损和损坏严重的,进行修理、更换、调整或考虑大修 ②检查加热器是否存在水垢,如有水垢,必须除去

5.6　链网杀菌机故障分析与排除

杀菌机具备完善的保护系统，为了保证正常生产，机器上所有电机及电器元件应注意防水。当出现水位低、油温低、瓶流堵塞、电机过载等故障时，相应的故障指示灯会作闪光指示，切断输出回路，机器停机，待故障排除后，闪光消失，机器才可启动。

现将杀菌机生产中常见故障原因及排除方法做以下归纳。

5.6.1　主传动装置停止运转或不能启动

主传动装置停止运转或不能启动故障现象及排除方法见表 5-3。

表 5-3　　　　　　　主传动装置停止运转或不能启动故障原因及排除方法

故障现象及原因	故障排除方法
主传动链网被碎玻璃卡住或链网自身变形卡住造成过载	排除主传动链网故障
链网张得太紧造成过载	调整链网至合适松弛度
轴承组件损坏	更换轴承组件
出瓶输送带堵瓶或水泵停止运转	排除堵瓶或重新启动水泵
其他电气故障	查找电气故障并维修

5.6.2　主传动轴卡死

主传动轴卡死故障现象及排除方法见表 5-4。

表 5-4　　　　　　　　主传动轴卡死故障原因及排除方法

故障现象及原因	故障排除方法
链网或链节损坏	更换损坏的链网或链节
链网长销轴损坏	更换长销轴
碎玻璃卡住	清除碎玻璃
塑料导条损坏	更换塑料导条
轴承组件损坏或安装不良	更换轴承组件或重新调整

5.6.3　轴承产生噪声、振动或温升过高

轴承产生噪声、振动或温升过高故障原因及排除方法见表 5-5。

表 5-5　　　　　　轴承产生噪声、振动或温升过高故障原因及排除方法

故障现象及原因	故障排除方法
润滑油不足	加注润滑油
轴承组件损坏	更换轴承组件
链网张得太紧	重新调整链网至合适的松弛度

5.6.4　链网上瓶子晃动

链网上瓶子晃动故障原因及排除方法见表 5-6。

表 5-6　　　　　　　　链网上瓶子晃动故障原因及排除方法

故障现象及原因	故障排除方法
链网松弛	重新调整链网至合适松弛度
链网轴向窜动	查找窜动原因并排除
传动不平稳	查找引起传动不平稳的原因,如导轨变形,并排除

5.6.5　水箱漏水

水箱漏水故障原因及排除方法见表5-7。

表 5-7　　　　　　　　　　　水箱漏水故障原因及排除方法

故障现象及原因	故障排除方法
放液阀未放好,此处螺栓未拧紧,密封圈损坏,导致放液阀1部位泄漏	轻提起放液球体4并清洗密封圈3后,让放液球体自动就位;更换密封圈;拧紧密封圈处的法兰螺钉
清洗门关不严导致泄漏	清洗或更换清洗门上的密封条9,将接口处用703硅橡胶密封;或调节门铰链7的压紧螺栓,使门铰链有足够的压紧力;或更换门铰链
法兰螺栓未拧紧,或焊接不好,或垫片损坏,导致进水口法兰处泄漏	拧紧法兰螺栓;更换垫片

5.6.6　连接处有泄漏

连接处有泄漏故障原因及排除方法见表5-8。

表 5-8　　　　　　　　　　连接处有泄漏故障原因及排除方法

故障现象及原因	故障排除方法
各连接处螺栓松动	拧紧已松动螺栓
各连接处垫片损坏或老化	更换已损坏或老化垫片
各连接处夹有异物	清除连接处异物

5.6.7　瓶子翻倒

瓶子翻倒故障原因及排除方法见见表5-9、图5-10。

表 5-9　　　　　　　　　　　瓶子翻倒故障原因及排除方法

故障现象及原因	故障排除方法
进瓶端倒瓶　进瓶输送带的过渡板2与输送链网表面不平或入口端垂帘过长	装好进瓶过渡板,使过渡板高于输送链网表面0.2～0.5mm;截短垂帘
出瓶端倒瓶　进瓶输送带的过渡板2与输送链网表面不平,或入口端垂帘过长,或输送链网与过渡板之间有碎玻璃	装好出瓶过渡板,使输送链网表面高于过渡板面0.2～0.5mm;清除碎玻璃;截短垂帘
输送链网内倒瓶　因爆瓶引起或输送链网表面高低不平	检查温度控制装置,检查瓶子质量,调整输送链网表面

5.6.8　破瓶率过高（超过5%）

破瓶率过高故障原因及排除方法见表5-10。

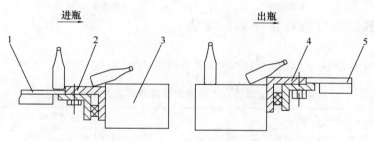

图 5-10　进出瓶端过渡板

1—进瓶带　2—进瓶过渡板　3—传送链网　4—出瓶过渡板　5—出瓶带

表 5-10 　　　　　　　　　　　　　**破瓶率过高故障原因及排除方法**

故障现象及原因	故障排除方法
瓶内装酒过满,瓶酒内含 CO_2 过高	检查装酒过满的瓶罐,降低酒内 CO_2 的含量
各温区温差太大,高温区温度过高或控制不准引起温度波动太大	调整各个温区的温度或检查温控装置
玻璃瓶壁厚不均	清理质量差的瓶子

5.6.9　喷淋水量过小

喷淋水量过小故障原因及排除方法见表 5-11。

表 5-11 　　　　　　　　　　　　**喷淋水量过小故障原因及排除方法**

故障现象及原因	故障排除方法
水管及各连接处漏水,喷淋管橡胶接管损坏或脱落	拧紧各连接处的螺钉或更换损坏的连接管
水箱水位过低	将水箱加水至要求的水位
吸滤管的孔被堵塞,或喷淋管孔被堵塞	拉出水箱内的吸滤管清洗,清洗喷淋管或更换太脏的污水
水泵因故停机	查找水泵停机原因并排除

5.6.10　水泵有泄漏、噪声

水泵有泄漏、噪声故障原因及排除方法见表 5-12。

表 5-12 　　　　　　　　　　　　**水泵有泄漏、噪声故障原因及排除方法**

故障现象及原因	故障排除方法
水泵叶轮、密封环损坏	更换密封件及已磨损零件
水箱水位过低,泵抽空	向水箱补充水
水箱滤网堵塞或破损,泵内进入异物	清洗或更换滤网,排除泵内异物

5.6.11 温区的温度指标达不到给定值

温区的温度指标达不到给定值故障原因及排除方法见表 5-13。

表 5-13　　　　　温区的温度指示达不到给定值故障原因及排除方法

故障现象及原因	故障排除方法
当温度指示值高于给定值时,可能由于蒸汽压力过高,或温控仪失灵,或薄膜调节阀关闭不严	蒸汽压力调至工作压力;检修温控仪或更换之;重新调节薄膜阀或更换之
当温度指示值低于给定值时,可能由于蒸汽压力过低,或冷凝水排不出去,或加热器中加热管有污垢,或温控仪未调好	检修疏水阀或更换之;按温控说明书调节温控仪;清除加热管内污垢

5.6.12 清水消耗量过多

清水消耗量过多故障现象及排除方法见表 5-14。

表 5-14　　　　　清水消耗量过多故障原因及排除方法

故障现象及原因	故障排除方法
溢流管流水量过大,与自来水压力有关	调定自来水压力为 0.1~0.2MPa
薄膜调节阀泄漏	检查或更换薄膜调节阀
温控仪失灵	检查或更换温控仪
相联两温区喷淋水互为串通	把相联两温区的各自的喷淋管拧向各自温区喷淋

5.7 其他杀菌机及其使用

5.7.1 杀菌锅

5.7.1.1 杀菌锅的功用和类型

杀菌锅是完成产品包装后对产品和包装容器整体杀菌的设备。杀菌锅常用的热源根据待加工产品的工艺要求有热水或蒸汽,使产品在常压或加压状态下完成杀菌,也有利用杀菌锅进行产品熟化加工的。其特点是操作灵活,控制方便,对包装容器的形状没有严格要求,适用面宽,但对容器的强度有一定要求,相对生产能力低,操作人员劳动强度大。

杀菌锅的类型按中心轴线方位有立式和卧式之分。立式的通常是单锅体,卧式杀菌锅有单锅、双锅和三锅体等多种,其中多锅体中有一个锅是用来进行预热水处理和存放的。立式锅可进行常压和加压生产,而卧式锅都是用来进行加压生产的。另外多锅体可以将热源重复利用,生产效率也高。

5.7.1.2 杀菌锅的基本结构组成和操作流程

各种杀菌锅的结构不尽相同,但基本组成相似,卧式单体杀菌锅结构及其主要组成元件如图 5-11 所示。

　　杀菌锅的操作维护与具体的结构原理有关，大部分杀菌锅工作时要将包装后的产品装入专用篮框中，再一同装入锅中，杀菌时产品在框中固定不动，也有设计自动翻转机构，使产品和框一起在锅内慢速转动，保证各部分受热均匀，如图 5-12 所示。

　　具体操作时根据热源不同按下列流程执行。

　　（1）热源为蒸汽

　　① 产品装栏送入杀菌锅中，固定定位牢固。

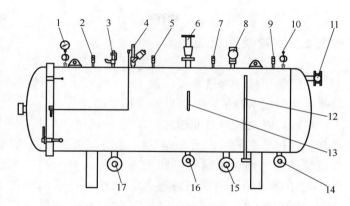

图 5-11　卧式单体杀菌锅

1—压力表　2，5，7，9—排汽口　3—安全阀　4—压缩空气入口
6—排汽口　8—应急手动泄压阀　10—压力传感器　11—溢流口
12—水位计　13—直角式温度计　14—疏水阀　15—排泄口
16—蒸汽入口　17—冷却水入口

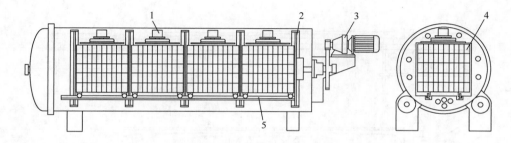

图 5-12　卧式回转杀菌锅

1—气缸压紧装置　2—回转架　3—驱动系统　4—产品存放篮框　5—篮框进出轨道

　　② 关上锅盖，锁紧保证密封。

　　③ 打开所有排气阀，开启蒸汽阀向锅内充入蒸汽，将锅内空气排除后关闭所有排气阀。

　　④ 观察锅体上的压力表和温度表，当达到规定值时关闭进汽阀。为了保持压力和温度恒定，锅上设有辅助进汽阀，可以调节其开启量。

　　⑤ 根据产品的工艺要求，设定保压、保温时间，适时关闭进汽阀门。

　　⑥ 达到杀菌要求后开启排汽、排水阀，当锅内温度降至常温时，打开锅门，输出篮框完成产品杀菌加工。

　　⑦ 栏内产品输入下一加工工位，将杀菌锅内部清洗干净，关闭各阀门。

　　（2）热源是热水　热水杀菌时装入产品，关闭锅门，打开所有排气阀，将一定温度的热水送入锅内，要求所有产品必须淹没在水中，关闭排气阀、溢流阀；接着打开加压空气阀将锅内压力升至需要量并保持恒定；开启蒸汽阀对锅内热水加热升温到规定值，杀菌时间按要求控制；然后排气、降温、冷却，产品出锅，结束杀菌工作。

　　杀菌锅的维护保养工作主要是保证各阀门开关正常，锅内干净，锅门密封完好。

5.7.2　倒置杀菌机应用

　　倒置杀菌机是对热灌装后的 PET 瓶装饮料利用其余热通过倒置进行瓶口部位杀菌，因此也称倒瓶杀菌机，不需另外增加杀菌介质。

　　热灌装时饮料的温度达到 90℃ 左右，可利用其热量类似巴氏杀菌的方法对瓶口及瓶盖部位进行最终杀菌。图 5-13 为常见倒瓶杀菌机的结构图，杀菌机主要由进瓶输送链、倒瓶输送链、倒瓶杀菌链及出瓶输送链、驱动控制系统、机架组成。热灌装封盖后的 PET 瓶杀菌时随进瓶输送链进入杀菌机，在导向通道的作用下进入倒瓶链，倒瓶链与杀菌链同步运动，当倒瓶扭转时导致瓶向杀菌链倾倒，倒入杀菌链的固定槽中，杀菌链向前运动时扭转一定的角度，可使瓶翻转 120° 左右，这时瓶颈口和瓶盖完全被热饮料埋没，瓶子随链条运动一定时间，该部位的细菌被杀灭，之后瓶子又竖立起来，在出瓶导向通道作用下输送到出瓶链条上输出完成杀菌。这种杀菌机属连续运动型杀菌，机械结构简单，操作方便，利用产品本身余热，节约能源，是热灌装产品的理想杀菌设备。

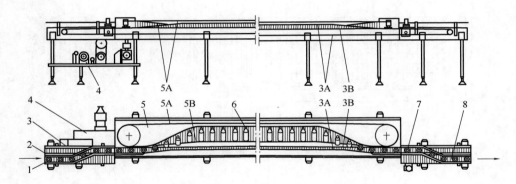

图 5-13　倒瓶杀菌机结构图

1—进瓶输送链　2—待杀菌产品　3—倒瓶输送链　3A，3B—倒瓶输送链前后边沿　4—传动系统

5—倒瓶杀菌链　5A，5B—倒瓶杀菌链上下边沿　6—正在杀菌产品　7—已杀菌产品　8—出瓶输送链

　　倒置杀菌机的安装和维护保养工作可以参照输送链传动装置，杀菌机中的倒瓶和杀菌链条不同于其他链条，是可以发生扭转的，扭转时主要通过导轨实现，要保证进出导轨顺畅，另外还要专用润滑液适时对链条润滑，同时注意链条及时张紧。

思　考　题

1. 总结 4 万瓶/h 巴氏杀菌机的温区与温度分布状况。

2. 日常情况下对杀菌机应如何进行维护？重点应检查哪些部位？

3. 现场观察一台杀菌机，绘制其传动系统原理简图。

4. 杀菌机开机工作前应完成哪些操作？

5. 为什么杀菌机在进瓶处经常出现倒瓶现象？应如何处理？

6. 分析普通瓶装啤酒、瓶装鲜奶、水果罐头杀菌机在原理与设备结构设计上有哪些不同？

7. 从杀菌机里输送出来的酒瓶破碎过多的原因有哪些？

8. 思考在杀菌机装配或使用过程中会遇到哪些问题？应怎么解决？

9. 分析日常食品中哪些产品可以用杀菌锅或倒置杀菌机杀菌。

6　贴标设备的安装与维护

【认知目标】

    ❧了解贴标技术与设备的类型及特点

    ❧理解贴标原理与贴标工艺过程

    ❧掌握回转式贴标机的组成结构

    ❧会根据贴标机的技术图纸分析其组成结构

    ❧会对贴标机关键零部件的结构进行分析与改进

    ❧会根据所学的贴标机知识，改造同类设备

    ❧会对贴标机易损件进行判断与更换

    ❧能对贴标机进行正确装配及调试

    ❧能对贴标机常见故障做出正确判断与处理

    ❧能对贴标机进行正确操作与运行管理

    ❧通过整机操作运行实践，培养细致耐心的好习惯

    ❧通过整机装配实践，培养团结协作精神

    ❧通过夹标转鼓等关键零部件装配，养成严谨认真的工作作风

【内容导入】

    本单元作为一个独立的项目，通过学习回转式贴标机的工作原理、工艺流程、组成结构等知识，培养掌握贴标设备有关技术，通过相应的实践学习，具备对此类设备的制造安装、调试、故障判断、维修等岗位技术能力。按照贴标机工艺过程分析→组成结构分析→安装与调试→操作运行与调整→故障与排除为主线设计，由简单到复杂，由单一到综合。

6.1　标签与贴标设备类型

    每一种流通的商品都必须注明必要的参数、生产日期、产品保质期等相关信息，包装是信息的载体，对商品贴标是包装的重要手段。贴标机是将标有产品名称、性能、图案、生产日期等信息的标签及各种装潢包装物贴到产品的一定部位的自动机械，广泛用于产品包装容器和包装盒的贴标，属于包装机械范畴。

6.1.1　标签的种类

印刷业所称的标签，是用来标识产品的相关说明，大部分标签背面自带胶，也有一些印刷时不带胶。根据材料的不同，标签可分为以下几种。

6.1.1.1　压敏标签

压敏标签应用比较广泛，基本适应各种印刷工艺需求，部分面材可实现冷烫工艺。如各类瓶体标签、电子标签、条码标签等。标签面材种类主要有薄膜类（包括镀铝薄膜）、纸类以及其他特殊类。其中薄膜类主要包括聚对苯二甲酸类（PET）、聚乙烯（PE）、聚氯乙烯（PVC）、聚碳酸酯（PC）、双向拉伸聚丙烯（BOPP）以及多层复合结构。纸类主要包括铜版纸、胶版纸，还有因特殊需求的特殊纸，包括热转印纸，热敏纸等。

6.1.1.2　湿胶标签

湿胶标签主要应用单张给标系统，湿胶大多为水基性胶水，其基材为纸张或镀铝纸，目前一些 BOPP（白色或透明）也适用于该工艺。该种贴标方式主要应用在玻璃饮料瓶和家庭洗护类塑料瓶上。

6.1.1.3　缠绕标签

缠绕标签分为预切缠绕标和卷供缠绕标签。卷供环身标签是将卷膜在线输送，张力控制，切标，涂胶，最后瓶体环身贴标的一种工艺。主要应用有软饮料中 PET 瓶，在可乐、矿泉水、果饮、牛奶类包装中也有应用。其中 95% 的薄膜为 BOPP，少量使用定向聚苯乙烯（OPS）热收缩膜、PE、PET 等材料。

6.1.1.4　横向收缩套标

将印刷好的卷膜制成袖筒标，套在瓶身后，通过热收缩通道，收缩后最终附在瓶身上。常用的薄膜材料有 PVC、OPS、聚对苯二甲酸乙二醇酯（PETG）、定向聚丙烯（OPP）等，有少量使用 BOPP。PVC 最大收缩率可达 60%，具有良好的收缩性能和印刷适性，但对环境的危害成为制约其发展的重要因素。OPS 最大收缩率达 65%，具有良好的透明度，较高的收缩率，缺点是不耐油脂的侵蚀。PETG 最大收缩率可达 78%，具有良好的透明度，良好的印刷适性。OPP 收缩套标适用于圆柱形的瓶体套标。

6.1.1.5　纵向收缩标

纵向收缩标适用于异形瓶或需要紧身贴合瓶体的产品。纵向收缩材料需要预先制成筒状然后收卷，再上线切标、套标、收缩成型的工艺。纵向收缩可以实现在线涂胶，瓶身绕标、收缩、贴标，提高了生产效率，最高包装速度可达 72000 瓶/h。

6.1.1.6　膜内标

在吹塑、注塑前把印刷好的模内贴标放进吹、注模腔内，当合模进行吹、注时，经过模内高温、高压的作用，使模内贴标上特殊的粘胶层熔化，同瓶体或注塑件表面熔为一体，当模具打开后，一个瓶体或注件即一次性完成。膜内标常用材料有 OPP、PE、PP+PE、纸张等，印刷好后的卷膜一般需做消静电处理，需要有排气设计来解决吹注体与标签材料之间的气泡和起皱问题。特别对一些平面的瓶体或注件，需要在标签上印刷或压印出一些规则细小的纹路。对一些可以通过瓶体曲面排气的产品，可以做光滑表面标签。

6.1.1.7 拉伸套标

拉伸套标薄膜材质为低密度聚乙烯（LDPE），厚度在 $40\sim45\mu m$，通常先将印刷好的卷膜热封合为筒状后再收卷，套标时通过机械钳手将筒状标签拉伸并顺利套于瓶身，由于膜本身的高弹性和回复能力，可以在不用任何胶水，不需要任何热收缩通道的情况下，使之更加贴合瓶身。与传统热缩套标相比，它能全面装饰各种形状的容器，拉伸套标更小，用料也更少。主要应用在软饮料 PET 瓶上，由于密度的不同，其在水中可与 PET 瓶分离，是 PET 瓶回收工艺中的理想材料之一。

6.1.2 自动贴标技术

目前，自动贴标技术主要有三种：吸贴法、吹贴法、擦贴法。

6.1.2.1 吸贴法（或气吸法）

吸贴法是最普通的贴标技术。当标签纸离开传送带后，分布到真空垫上，真空垫连接到一个机械装置的末端，该机械装置伸展到标签与包装件相接触后，就收缩回去，将标签贴附到包装件上，该技术贴标可靠、精度高，这种方法对于产品包装件的高度有一定变化的顶部贴标，或对于不易搬动的包装件侧面贴标非常适用，但其贴标速度较慢。

6.1.2.2 吹贴法（或射流法）

吹贴法技术稍复杂，具有较高的精度和可靠性，但某些运作方式与吸贴法相似。将标签放置到真空表面垫上固定，直到贴附动作开始为止，真空表面保持不动，标签固定和定位在一个真空栅上，真空栅为一个上面具有无数小孔的平面，小孔用来维持形成空气射流。这些空气射流吹出一股压缩空气，压力强大，使真空栅上标签移动，让它贴附到被包装物品上。

6.1.2.3 擦贴法（或刷贴法）

亦称同步贴标法、接触粘贴法。贴标时，当标签的前缘部分粘附到包装件上后，产品就立即带走标签。这种贴标机要求包装件通过速度与标签分配速度一致，是一项维持连续作业的技术。为使标签合理粘贴，像刷子或滚筒之类的装置不可缺少。

上述三种方法，前两种常用于湿胶标签的贴标，擦贴法主要用于不干胶标签的贴标。

6.1.3 贴标机的分类

由于标签材质、形状、被贴标对象不同，贴标机规格品种多样。

（1）按标签的种类分为片式标签贴标机、卷筒状标签贴标机、热粘性标签贴标机、感压性贴标机及收缩筒形标签贴标机。

（2）按自动化程度分为半自动贴标机和全自动贴标机。

（3）按贴标容器的状态分为立式贴标机和卧式贴标机。

（4）按贴标时容器运行方式分直线式和回转式贴标机。

（5）按贴标工艺特征分为滚压式贴标机、搓滚式贴标机、刷抚式贴标机。

（6）根据包装瓶形状分为方瓶贴标机、圆瓶贴标机、扁型瓶贴标机和小型异形瓶贴标机等。

（7）根据标签贴的长度分为单面贴标机、双面贴标机、三面贴标机和多面贴标机。

（8）根据所用的黏合剂分为胶水贴标机和不干胶贴标机等。

还可以按包装容器的材料（镀锡罐、玻璃瓶罐、纸质盒罐）、贴标机构等进行分类。

在此，仅以回转式贴纸标签的贴标机为例，学习贴标机的工作过程、结构组成及安装调试与运行维护等基本知识。

6.2　回转式贴标机的工作过程

6.2.1　主要技术参数

回转式贴标机的主要技术参数见表 6-1。

表 6-1　　　　　　　　　主要技术参数

制造企业		广东平航机械有限公司		广州市万世德智能装备科技有限公司	
机器型号		PH48-8-8	PH40-8-8	PZR24	PZR18
公称能力	身、颈标（瓶/h）	64000	50000	40000	24000
	头、身、颈标（瓶/h）	54000	42000	36000	24000
托瓶转盘分度圆直径/mm		1920	1600	1200	1100
托瓶盘数/个		48	40	24	18
容器直径/mm		55～115	55～115	55～115	55～115
容器高度/mm		150～350	150～350	150～350	150～350
标签长度/mm		45～135	45～135	160～360	160～360
标签台	标板组数	8	8	回转盘	回转盘
	转鼓等分数	8	8	回转盘	回转盘
外形尺寸/mm		3290×3120×2260	3000×2700×2360	2600×2300×2260	2000×1500×1260

6.2.2　工作过程

对于用液态黏合剂粘贴商标的回转式贴标机，粘贴的对象大多是玻璃瓶容器，贴标机的工作过程如图 6-1 所示。

待贴标的容器（瓶子）1 以直立形式，由输送带送入，经进瓶螺旋器 12 间隔分离，经进瓶星轮 11 被传送到托瓶台 8 上，在托瓶台上，容器被压瓶头（图中未画）和托瓶盘固定并准确对中，夹标转鼓 4 把粘上胶液的标签从标盒里夹过来，粘贴到容器上，容器转动预定角度后，毛刷 5 将整个标签压刷在容器的表面上，出瓶星轮 9 将容器传送到出瓶输送带上。

贴标机的工艺流程如图 6-2 所示，分为上胶、取标、传标、贴标、刷标及滚标。

（1）上胶　取标板经过涂胶机构涂上液体黏合剂。涂胶机构一般要设置自动供胶系统

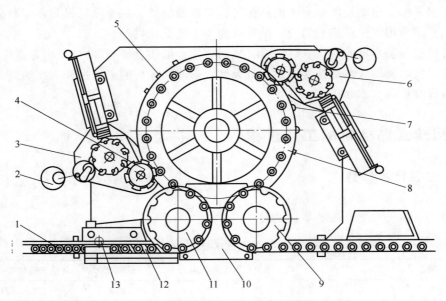

图 6-1　贴标机工作过程示意图

1—待贴标容器（瓶子）　2—胶水桶　3—第一标站　4—夹标转鼓　5—毛刷　6—第二标站　7—海绵滚轮
8—托瓶台　9—出瓶星轮　10—中心导板　11—进瓶星轮　12—进瓶螺旋　13—止瓶星轮

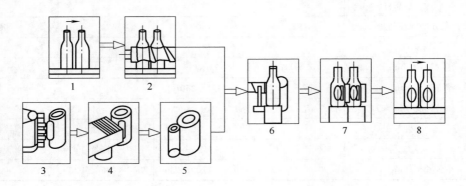

图 6-2　贴标机工艺流程

1—平板链送进瓶　2—螺旋输瓶器送瓶　3—上胶　4—取标
5—传标　6—贴标　7—滚压熨　8—平板链出瓶

和胶量调节系统等。

（2）取标　取标板从标盒中取出标签纸。须保证一次只能取一张及无瓶不取标。

（3）传标　把取出的标签纸传送到粘贴位置，该动作过程由夹标转鼓完成。

（4）贴标　涂好胶的标签纸到达粘贴位置，待贴容器也同时到达该位置，容器由输送机构输送，到达贴标机时，由贴标机上的分送机构按贴标工作节拍逐个送到指定贴标位置。

（5）刷标及滚标　标签纸粘到瓶子上，并不能保证整个标签纸全部贴合在瓶子上，需要毛刷组件将标签扫平，使标签纸贴牢，避免起皱、鼓泡、翘曲、卷边等，有封顶头标的，则要滚标，效果更好，最后由送出机构送出贴标机。

6.2.3　对标签纸和粘胶剂的要求

6.2.3.1　对标签纸的要求

（1）纸的质量　身标 $70\sim90g/m^2$，肩标或背标 $65\sim80g/m^2$，绑带标 $80\sim90g/m^2$，铝薄标 $25\sim90g/m^2$。

（2）拉伸强度　沿纤维方向 15mm 宽纸带至少大于 24N 的抗力。与纤维方向垂直，其拉伸强度是纤维方向的一半。

（3）湿强度　大约是干纸强度的 30%。

（4）纸的结构　纸背面不应有抗水性的蜡性物质，应有一定的吸水能力，当纸背面沾湿时，其弯曲倾向不能影响粘贴。

（5）储存　在温度 $15\sim26℃$、湿度 $50\%\sim70\%$下存放。

（6）形状尺寸　因用户标签形状及尺寸各不相同，须提供标签纸样品给设备生产厂，这样才能按照样品设计专用的套件供用户使用。

（7）耐温要求　对于环标标签纸，纸面的防磨损清漆或硝基漆需能与耐 180℃且能与热熔粘胶剂相容。

6.2.3.2　粘胶剂

贴标用黏合剂主要有 5 种类型：糊精型、干酪素型、淀粉型、合成树脂乳液和热熔胶。除热熔胶外，其他黏合剂都是水溶型的，固化速度取决于黏合剂中的水被标签材料吸收移出的速度，如果水不能移出，胶就不会固化。目前啤酒工业用胶一般为淀粉胶、化学胶和酪素胶类，选用时取决于瓶壁性质、生产条件、啤酒温度、贴标速度、标签的特性、涂胶方式和产品的运输储存条件。对粘胶剂一般要求如下：

（1）黏度适中　如果黏度太大，标签纸从取标板上取下来时就会被撕烂，甚至撕不下来；黏度太低，标签纸在容器上粘贴不牢。

（2）性能稳定　粘胶剂在胶辊的转动下少部分转移到取标板上去，大部分通过回流管流回胶桶，在循环中应保持性能不变。

（3）干稀及粗细适宜　太干的胶不适宜循环使用，从胶辊上不容易回流到胶水桶，也易结块。粒度太小的胶，在取标板与胶辊对滚后，不能很好地转移到取标板的沟槽中去，有一部分在对滚后被挤出来。粒度大小适宜的胶水，取标的效果最佳。

（4）干燥速度快　根据经验，标签纸贴到瓶子上约 1min 就干。干燥速度太慢，标签纸被贴到瓶子上后，与输瓶栏杆摩擦，未干的标纸就会移位，贴标质量差。

（5）抗水性与洗涤性好　啤酒瓶可回收使用。经验值是在温度为 10℃的水中浸泡40h，胶水自行溶解，手摸瓶子的贴标部位没有滑手感觉。

6.3　回转式贴标机的组成结构

回转式贴标机的组成结构分为六部分：容器输送装置、标签输送和贴标装置、胶水供给装置、动力系统、自动控制系统以及其他辅助系统。

6.3.1   容器输送装置

容器输送装置的作用是把容器从输送带上等间隔、准确地传送到托瓶转盘台上，再传送出来，容器从进入到离开贴标机，运行路线和回转式灌装机容器路线类似。

容器由输瓶带被送至止瓶星轮 13（图 6-1），被锁住的止瓶星轮卡住，输瓶带不断运行，被挡住的容器逐渐增多，容器不能前进，便向输送带两侧排列，输瓶带两侧装有旁板，旁板上装有感应开关。容器的增多压向旁板触动感应开关产生信号 1 使电磁阀打开通气，压缩空气使锁着止瓶星轮的气缸开锁，止瓶星轮与旁板联合作用，允许瓶子单列通过并输送至进瓶螺旋；由进瓶螺旋将容器输入进瓶星轮，进瓶星轮与中心导板配合，改变容器运行方向并等距将容器送入托瓶转塔。

托瓶转塔由托瓶台和定瓶组件两部分组成，如图 6-3 所示。容器进入到托瓶台上的托瓶盘 34 时，定瓶组件 8 上的压瓶头在压瓶凸轮 7 的作用下压住容器的顶部，并随托瓶盘一起同心转动，将容器送到贴标工位。此时托瓶盘与夹标转鼓位置相切，容器在此位置粘贴标签纸，但粘贴面积小，标签纸位于托瓶下的切线方向。随着托瓶台的转动，容器在托瓶盘上和压瓶头一起顺时针转 90°，使标签纸未粘贴部分通过刷标工位，毛刷能顺利地把标签纸刷服在容器壁上，当然也有逆时针的转动，使粘贴容器标签纸的另一边也被毛刷刷服，通过这样的摆动，标签被刷平贴好。完成贴标后的容器到达出瓶星轮时，压瓶头在压瓶凸轮的作用下升起，解除对容器的压力，使容器经出瓶星轮输出。

6.3.2   标签输送和贴标装置

标签输送和贴标的功能由标站来完成，如图 6-4 所示。标站的作用是将标签纸从标盒 3 里单张取出，在胶辊里均匀地涂上胶水，再由夹标转鼓 5 贴到容器上。其主要结构有标盒、夹标转鼓、刷标装置和滚标装置等。

标签从标盒里被取出，然后贴在瓶身上的整个过程，即抹胶、取标、送标至夹标转鼓的工作过程在标签台上完成，如图 6-5 所示。均布安装在标签台中心转盘上各个取标板 2，在动力驱使下，绕盘心转动，胶辊 1 及夹标转鼓 5 亦同步转动，取标板 2 受标签台内不动的凸轮曲线控制，各自能够在各个位置按所需角度摆动。各个取标板运行到胶辊处，按一定摆动规律与胶辊作纯滚动，使取标板在离开胶辊位置时，其弧面各处均匀与胶辊接触一次。由于有胶水不断从胶水桶抽吸至胶辊 1，并在胶水刮刀的作用下，使胶辊 1 表面刮出一层薄的胶水膜，取标板 2 与胶辊 1 滚动时便粘上胶水于表面。

6.3.3   胶水供给装置

胶水供给装置是一种机外供给装置，如图 6-6（a）所示，主要由电热丝 1、胶水桶 2、胶水泵 3、显示器 4、胶水刮刀 5 和胶水辊 6 组成。其作用是将胶水加热后泵出，流到胶辊上面，利用胶辊和刮刀之间的间隙形成胶膜，供标签上胶用。

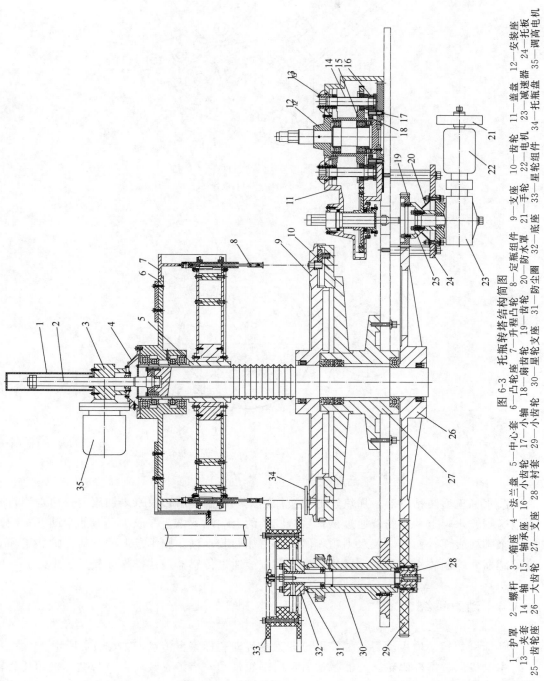

图 6-3　托瓶转塔结构简图

1—护罩　2—螺杆　3—箱座　4—法兰盘　5—中心套　6—凸轮座　7—升程凸轮　8—定瓶组件　9—支座　10—齿轮　11—盖盘　12—安装座
13—齿轮座　14—轴　15—轴承座　16—小齿轮　17—小齿轮　18—小齿轮　19—齿轮　20—齿轮　21—手轮　22—电机　23—底座　24—托板
25—齿轮座　26—大齿轮　27—支座　28—衬套　29—小齿轮　30—星轮支座　31—防尘圈　32—防水罩　33—星轮组件　34—托瓶盘　35—调高电机

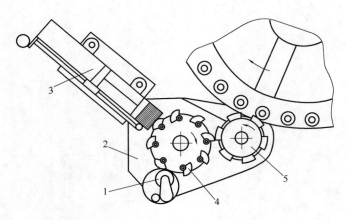

图 6-4　标站组件

1—胶辊　2—标签台　3—标盒　4—取标板　5—夹标转鼓

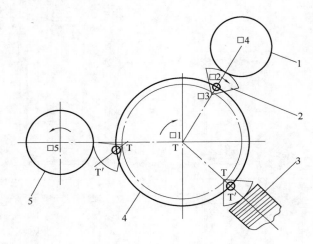

图 6-5　取标过程示意图

1—胶辊　2—取标板　3—标盒　4—中心转鼓　5—夹标转鼓

　　胶水桶里盛装粘胶液，加热丝把胶液加热到一定温度后，胶水泵加压通过输送管将胶水输送到胶水辊上，粘胶液通过该管后从胶辊的上端流下来，在胶水刮刀的帮助下布满胶辊整个圆柱表面，而多余胶水则顺着回流管道流回胶水桶。胶水泵上的过热保护装置和温度传感器能控制胶水的温度，经过加热的粘胶液通过传感器送往操作面板显示出来。

6.3.4　动力系统

　　贴标机的运动均由动力系统提供，分为主传动和标签台传动，如图 6-7 所示。

　　主电机通过蜗杆蜗轮减速器减速后，由蜗轮带动一小齿轮转动，再与贴标机的托瓶转塔下大齿轮（主回转体部分）啮合传动，托瓶转塔下的齿轮驱动进出瓶星轮运动，进瓶螺旋输送器的动力来自于进瓶星轮下的大齿轮运动，标签台部分主要包括中心转盘、夹标转鼓及取标板的运动，其动力来自于蜗杆蜗轮及万向联轴器。

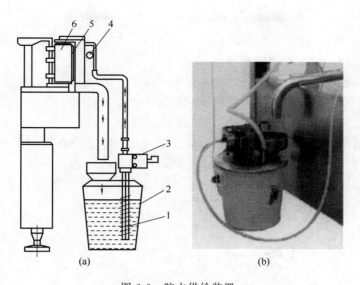

图 6-6　胶水供给装置

（a）结构简图　（b）实物图

1—电热丝　2—胶水桶　3—胶水泵　4—显示器　5—胶水刮刀　6—胶水辊

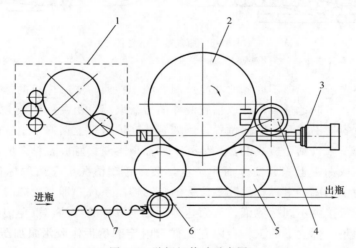

图 6-7　贴标机传动示意图

1—标签台　2—托瓶转塔　3—主电机　4—蜗轮减速器　5—出瓶星轮　6—进瓶星轮　7—进瓶螺旋器

托瓶转塔的升降运动有手动、电动两种调节方式，调整转塔升降以适应不同的瓶高要求。

6.3.5　自动控制系统

贴标机的自动控制系统分为工作速度自动控制系统和无瓶不上胶、不取标的功能控制系统。

（1）工作速度控制系统　一般地，高速贴标机设有工作速度自动控制系统。

如图 6-8 所示，机器开始运转，操作箱上的程序选择开关置于"工作"位置，瓶子送至止瓶星轮 2，但未能进入机器，当瓶子增多压住进瓶控制行程开关 1，且开关 1 预设延时时间一到，开关 1 动作，止瓶星轮打开，瓶子进入机器。与此同时，胶水刮刀 3 打开，使胶辊上有一层预调好的胶水薄膜。

当瓶子到达贴标工位之前机器以低速运转，瓶子开始贴上标后，机器自动加速到预调好的最高速度。从止瓶星轮打开到机器加速的时间可以用时间继电器调节。

机器正常运转，开关 1 动作，开关 6 和开关 5 不动作。

如果机器后面的自动机（如装箱机）停止工作，瓶子集聚在输送带上使开关 6 动作，止瓶星轮关闭，胶水刮刀 3 关闭，标签盒后退，便取不到标。

如果出瓶端瓶子减少，不再压住开关 6，过了延时时间，胶水刮刀和止瓶星轮自动打开，机器又进入正常运转。

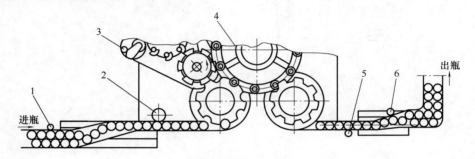

图 6-8 瓶流控制示意图

1—进瓶控制开关 2—止瓶星轮 3—胶水刮刀 4—托瓶转塔 5、6—出瓶控制开关

（2）无瓶不上胶、无瓶不取标的功能控制系统 在回转式贴标机的标签台上，各取标板是连续运转的，不断地从胶辊抹取粘胶液并向标盒取标，由夹标转鼓夹取标签纸至贴标位置。如果因故容器不能到达贴标位置，例如容器在输送带上堵塞，这样，夹标转鼓在该位置不断放标掉下来，则会造成浪费。另外，取标板不断接触胶辊粘走胶液，如果不能用来贴标，胶液在取标板上积累变厚而成条状，会在转动情况下飞离取标板散布四周。因此，贴标机采用了无瓶不上标，无胶不取标的自动控制系统，即当无瓶时，标签盒后退一段距离，使取标板接触不到标签纸，从而达到无瓶不取标的目的，以免浪费标签纸。

其控制原理是：标盒下的工作台内有气缸，用于推动工作台沿自身导轨前进与后退。当安装在进瓶螺旋上方的感应器感应到有容器进入时，通过电器元件与进瓶螺旋下端的感应器感应的转动脉冲计数运算，得出的数据去控制有关电磁阀，从而接通气缸驱动标盒工作台前进的气路。反之，无瓶时，电磁阀接通气缸驱动标盒工作台后退的气路。同样，上述的感应功能也控制着胶水刮刀接近与离开胶辊。胶水刮刀处也安装一个气缸，有瓶时，电磁阀打开，气源使气缸动作，气缸使胶水刮刀离开胶辊预先调定一段距离，即工作位置，让胶液通过。无瓶时，气源切断，胶水刮刀在弹性力的作用下回复到预设阻挡胶液通过的位置，达到无瓶不上胶的目的。

6.3.6 其他辅助系统

（1）润滑系统 贴标机自动化程度较高，其润滑部位比较多，一般设有集中供油润滑系统、托瓶台循环供油系统、压瓶凸轮自动供油、标站台齿轮箱自润滑系统等。

（2）气路系统　贴标机的速度调节（变频调速除外）、托瓶转塔的锁紧、止瓶星轮、胶水刮刀、标盒工作台前后移动、标签台的吹标、清洗、日期打印和胶水泵等这些执行机构的动作，都是通过各自的感应开关、光电开关、手动开关等输出的信号去控制各气路中的电磁阀，从而控制气路各种动作。

总气源进入贴标机前必须经过气动三联件处理。

（3）CIP清洗系统　贴标机的CIP清洗系统主要用于清洗胶辊和取标板，而不必拆下胶辊和取标板。在取标板与胶辊之间垂直安装一个钻有多个小孔的喷管，喷管下端装有控制阀，手动开关水路。

6.4　贴标机的安装与调试

6.4.1　安装要求

贴标机安装的场地要求按照图6-9所示的安装位置图划分安装空间，表6-2列出了三种常用贴标机的安装尺寸。机器附近应配备水、电、压缩空气的接口，地基必须能够承受机器就位时和运行时的负荷，能吸收振动，而不传播振动。

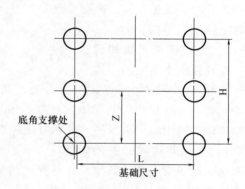

为了能够安全起吊和搬运机器，应使用根据机器的大小配备的专用吊装工具。吊装机器时，使用吊装框架和吊环，将机器装吊在指定的场地里。机器安装完毕后，将支撑螺杆降到支撑盘上，用扳手调节支撑螺杆，将其调节到所需要的高度上，用水平仪检查并调节水平，拧紧支撑螺杆上的锁紧螺母。

图6-9　贴标机占空间尺寸图

表 6-2　　　　　　　　　　　贴标机的安装尺寸表

机器型号	PH48-8-8	PH40-8-8	PH30-8-8
基础尺寸 $L \times H \times Z$/mm	2747×2889×1650	2457×2469×1444	2248×2220×1350
压缩空气进气管尺寸/mm		$\Phi20$	

6.4.2　机器的调试

通过更新贴标机相关部件和进行相应的调整，可以在不同的容器上粘贴不同的标签。更换易损部件后机器也须作相应的调整。更换前必须清空和关闭机器，以确保人员和机器的安全，启动机器前，应检查所换部件是否与要求相符，安装是否正确、牢固，机器中是否有遗忘物品。

机器调整的部分主要为两大部分，即容器输送与压紧部分、标签台部分。容器输送与压紧部分主要包括进出瓶星轮的调节、压瓶组件高度的调节、输送带导板的调节。标签台部分主要包括标签释放开关的调节、刮刀对胶辊的调节、胶辊对标板的调节、标盒的调节、夹标转鼓的调节、头标滚标装置的调节。

图 6-10　进出瓶星轮外观图

6.4.2.1　进出瓶星轮的调节

如图 6-10 所示是某星轮外观图。松开工作台板上的导板支架，移开星轮导板（图 6-1 中件 10），使其不卡住星轮，将星轮底部的键槽对准支座上的键，安装好进、出瓶星轮（图 6-1 中件 9、11），最后拧紧星轮手柄。

6.4.2.2　压瓶组件高度的调节

松开贴标机四个立柱上的夹紧手柄，同时按下电控柜面板上的停止按钮和上升按钮（或下降按钮），压瓶组件可上升或下降。

图 6-11 所示为高度调节器，将样品容器 2 置于调节器的托瓶盘和感应触头 1 的正中间，再下降压瓶组件，当感应触头一接触到容器顶部，就会自动停机，此时，各压瓶头的高度就已经调整到位，调整好高度后拧紧各立柱上的手柄。

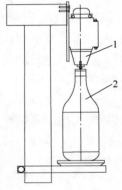

图 6-11　高度调节器
1—感应触头　2—容器

6.4.2.3　输送带导板的调整

松开导板支架上的锁紧手柄，将输送带导板与机器的进口导板连接好，使导板之间保持平滑过渡，调节两边对中调节导板销，使容器与导板之间的间隙保持在 3mm 左右，再放入样品容器检查调节的距离是否合适，调整好间隙后拧紧手柄。

6.4.2.4　标签释放开关的调整

松开标签盒上的锁紧螺钉，将探头调整到工作位置上（开关工作位置的偏移会导致错误的标签释放），调整好位置后拧紧螺钉。

6.4.2.5　刮刀对胶辊的调节

如图 6-12 所示，刮刀必须平稳地刮掉胶辊上的胶液，刮刀和胶辊之间应进行下列调节：拧松刮刀调节板上的螺钉，调节偏心钉，使刮刀平行于胶辊，刮刀的上下部和胶辊之间不得存在任何缝隙，按照上述位置，重新拧紧调节板上的螺钉。

图 6-12　刮刀间隙调整
1—刮刀　2—胶辊

6.4.2.6　胶辊对标板的调节

在洁净的条件下，标板和胶辊只是相互接触，而相互之间没有任何压力。否则，必须对胶辊进行调节。

先拧松下部轴承座上的锁紧螺钉，向着标板方向推动轴承座，调整并检查胶辊和标板轴之间的平行度，然后重新拧紧锁紧螺钉，检查调节效果。必要时，对上部轴承进行同样过程的调整。

6.4.2.7　标盒的调节

（1）标板压进签垛内深度的调节　粘取标签时，标板必须压进标垛内约2mm。调节标盒下面的芯轴可以调节标板的压进深度。拧松锁紧螺母1，卸掉固定销2，从叉架3上提起螺栓，调节关节接头4，如图6-13所示。

如果标板没有压进标签垛内，必须推动标盒支架向前；如果标板压进标签垛内过多，则必须拉动标盒支架向后。按照相反的顺序，重新装好部件，拧紧锁紧螺母。

（2）标签供给弹簧盒的调节　弹簧盒推动供给机构，按照下列步骤可以调节标签的供给压力。在弹簧盒上缠绕尼龙绳，可以增加压力，相反的操作过程，可以减少压力。

（3）压板能够推到标盒的最前面，抓标钩附近标签不被压坏。

图6-13　标盒的调节
1—锁紧螺母　2—固定销　3—叉架　4—关节接头

6.4.2.8　夹标转鼓的调节

安装和工作时，更换新的标签种类，或标签持续发生损坏，或更换垫条3、夹指2等之后，必须调节转鼓位置以适应具体工作，调节方法如图6-15所示。

调整贴标位置时，理论上海绵推垫的中心线要求位于转鼓中心O_2与托瓶台中心O_1的连线上，如图6-15（a）所示，实际调整中，推垫的中心线对转鼓中心连线有一个提前角δ，如图6-15（b）所示。角度的大小依实际调整时确定，保证上下标能对正。

（1）转鼓部件的安装　确定专用的间隔套筒长度，以便夹指能够准确位于标板凹槽的中间，调节完成后，用笔做好标记。从转

图6-14　夹标转鼓的调节
1—海绵推垫　2—夹指　3—垫条　4—转鼓轴

鼓上卸下海绵推垫，根据海绵推垫的装配形式，可以将其拉出或拧松螺钉，卸掉海绵推垫，若海绵推垫有斜面，安装时，应该将斜面靠近垫条。

（2）转鼓和标板之间最小间隙的调节　慢速盘车步进机器，直到标签台的中心、标板轴的中心和转鼓轴的中心处在一条直线上。为防止标板和转鼓发生碰撞，必要时可拆卸转鼓上所有的标板和夹指，以免发生接触。在标板上放置一张标签，标签的中心和上述的三中心必须处于一直线上。

重新安装好标板轴和标板夹套，拧松转鼓轮毂上的连接螺钉，直到转鼓能够在转鼓轮毂上转动为止，确定标板和垫条之间的最小间隙，这一点距离标板边缘约4～5mm。

（3）标签传送过程的调节　连续慢速盘车步进机器，直到标板转台中心、标签前端边

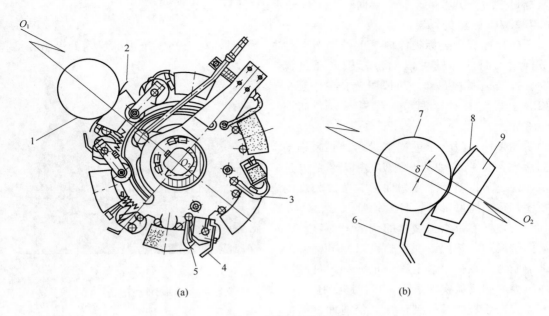

图 6-15　夹标转鼓的调节

1,7—瓶子　2,8—标签纸　3—扁嘴管　4,6—夹指　5—垫片　9—海绵推垫

缘和转鼓轴的中心处于同一条直线上，以运转方向相反的方向手动转动转鼓，直到垫条准确地到达 4～5mm 的部位，这样，就可以得到最小的端点间隙。拧松垫条上的连接螺钉，使垫条平行于标板，并和标板之间的间隙保持在 1mm。

检查最小端点距离是否为 4～5mm，必要时，可以连续转动转鼓，重新调节该距离。

（4）转鼓夹指张力的调节　拧松转鼓夹指上的连接螺钉，将夹指均匀压在垫块上，最后重新拧紧连接螺钉。对每一个转鼓夹指都必须这样调节，确保夹指指尖与垫条边缘对齐，不超过垫条边缘。

拧松滚轮拨杆上的连接螺钉，在凸轮和滚轮之间插入一个间隔器（标准厚度为13.5mm）。将夹指平稳压在垫条上，然后拧紧连接螺钉，对每一个滚轮拨杆都须这样调节。根据尺寸不同，铝箔标夹指应当使用 22mm 或 28mm 的间隔器。

在夹指和垫条之间放置一张标签，使凸轮关闭夹指，夹指应当平稳地将标签压在垫条上，并均匀地夹住标签。否则，应重新进行调节，最后，装好海绵推垫。

（5）夹指关闭点调节　先安装好拨杆，并检查标板转台的中心、标板的边缘和转鼓轴的中心是否在同一条直线上，必要时，重新对中。夹指关闭时，检查垫条和取标板的圆弧错位距离是否在 4～5mm 之间，该位置时，应无滚轮位于凸轮的凸出部位上。否则，凸轮必须重新调节。

卸掉盖板，拧松凹形六角螺钉，转动"关闭凸轮"直到夹指正确地接触到垫条为止，重新拧紧关闭凸轮螺钉，使用溶水性尖形笔或其他类似的物品在关闭凸轮的位置做上标记，以便在调节夹指打开点位置时用。

（6）夹指打开点调节　当托瓶转盘的中心、容器的中心、标签的中心和转鼓轴成为一条直线时，夹指须打开，否则点动机器，直到上述各点对准为止。此项操作时，应确保"关闭凸轮"的背端和"打开凸轮"的前端直接处于垂直上下的位置上。

调节"打开凸轮"，夹指在这种情况下打开。在保持打开凸轮在这个位置的同时，调节"关闭凸轮"到以前标记好了的位置上，则调节好打开点位置了，最后拧紧六角凹形螺钉并重新装好盖板。

（7）海绵压力的调节　先在进瓶星轮上放置好容器，再点动机器，直到容器、转鼓轴和托瓶转盘中心轴等的中心成为一条直线为止，就可以调节十字滑座，直到容器压进海绵大约 10mm 即可，最后，拧紧十字滑座上的停止螺钉。

以上调节都完成后，对转鼓进行整体检查：

① 夹指是否刚好位于标板凹槽的中间；

② 垫条是否与标板平行；

③ 垫条与标板的最近点的间隙是否为 1mm，当标签从标板上夹取过来时，夹指是否夹持在标签表面的 4～5mm；

④ 夹指在垫条关闭是否吻合；

⑤ 每一个轴上的所有夹指是否都能够均匀地压在相应的垫条上；

⑥ 夹指的张紧力是否足够。当垫条和标板凹槽之间的间隙为最小时，夹指是否关闭（没有张紧力），如果夹指提前关闭的话，标签将会被已经关闭了的夹指推出去；

⑦ 推压凸轮的调节是否在托瓶转盘中心轴、容器中心、转鼓中心轴成为一条直线时推出；

⑧ 夹指打开的时刻是否合适。

6.4.2.9　头标滚标装置的调节

不同类型的瓶子将会粘贴不同种类的头标，因此，必须调节头标滚标装置，以适应不同的需要，并配置相应的传送部件。一般来说，下列部件必须被更换或调节。

（1）出瓶星轮和中心导板的配置　出瓶星轮和中心导板须更换成带滚轮的出瓶星轮和带摩擦条的中心导板。

（2）折纸板组件的配置　在新头标的伸展出来的部分为圆形时，须使用折纸板组件，折纸刀调节在瓶口上方 1～2mm 的部位上。

6.5　贴标机的使用与维护

6.5.1　机器的试机运行

试机运行前要检查机器是否准备运行就绪，启动之前检查下列配置。

6.5.1.1　传动和贴标装置

传送部件安装须准确，所有调节点的标记须相配，毛刷或滚标装置安装牢固，压瓶头与容器类型应相配，锁紧压瓶组件升降支柱上的手柄，标签释放开关应在正确的位置上，标签台的调节应与容器和标签类型相配，标板的装配与标签类型相配，转鼓和标盒上的隔套的装配要正确，胶辊和刮刀的装配正确，夹指清洗装置的装配和调节应与转鼓相配，监测和检测装置的调节与容器和标签类型相配，机器上的所有辅助装置的调节与所传送的容器类型相配。

6.5.1.2 空气输送装置

油化器中的油须注满，油水分离器中的水应放掉，空气压力合适（最低 0.4MPa），压缩空气软管、转鼓上的吹标器、空气辅助传送标签导管、自动标盒和其他需要使用压缩空气的部件应接通压缩空气。

6.5.1.3 胶水和润滑装置

胶水泵和胶液加热器安装正确，加热器通电，接好润滑管路，检查所有的齿轮箱和标签台底座油箱中的油位，用试验容器测试机器的整个通道。

6.5.1.4 其他安全措施

工具及用具不能遗漏在输送带上和机器内，所有安全设施的功能正常。调试过程中，在运行 30～200h 后检查机器的部件，以便及时发现并纠正部件的误差，保证良好的贴标质量。

6.5.2 贴标机的控制面板

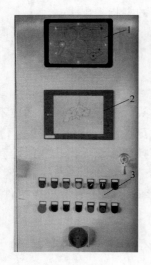

图 6-16　控制面板
1—报警显示界面　2—触摸屏　3—操作按钮

贴标机的电控柜面板一般由报警显示、触摸屏、操控按钮三部分组成。报警显示界面能直接显示安全门是否打开，各标站是否正常，进出瓶是否顺利等状态。出现故障则报警显示灯会闪烁。触摸屏连接着可编程控制器，实现对机器进行界面操作和监视运行。操作按钮是以手动改变运行模式和控制机器的快捷按钮，也是调机和维修经常用到的操作按钮。

PH40-8-8 型贴标机的操作界面如图 6-16 所示。显示故障状态如表 6-3 所示，指示灯功能如表 6-4 所示。触摸屏显示设备运行情况，用于操作机器和设置参数，触摸屏的底部有六个主菜单触钮，从左到右依次为：主控、报警画面、报警列表、高度调节、本机信息及企业介绍等。

（1）主控　设置时间、止瓶器状态、主机运行、主机速度段、主机启动、停止等功能。

（2）报警画面　显示机器各个故障点的状态。正常时红灯不亮，灯亮时，主机不能启动。

（3）报警列表　显示故障发生点代号、名称、发生及恢复时间。

（4）高度调节　先输入密码登录，按容器高度来调节压瓶组件的高度。

（5）本机信息　显示本机型号、生产能力、注意事项、企业介绍等。

6.5.3 机器的操作规程与维护

PH40-8-8 型贴标机运行分点动和连续运转两种模式。

表 6-3　　　　　　　　　　　　　　　各报警显示灯状态表

灯号	1	2	3	4	5	6	7	8	9	10
位置	传送带缺容器	身标台防护门	身标急停按钮	背标台防护门	背标急停按钮	出口容器	前升降门	左升降门	右升降门	后升降门
灯亮	缺	打开	按下	打开	按下	阻塞	打开	打开	打开	打开
灯灭	满	关闭	旋开	关闭	旋开	通畅	关闭	关闭	关闭	关闭

表 6-4　　　　　　　　　　　　　　　指示灯及功能

指示灯	急停指示	手/自动止瓶	头标开关	电源指示	运转指示	过载指示	点动	启动
符号	H9	S11	S10	H1	H2	H10	S1	S3
功能	急停按钮按下	手/自动控制模式	控制头标滚刷电机	电源接通	运转正常	过载	一步运转	启动机器
指示灯	停止	调速	上升	下降	备用	急停		
符号	S5	W1	S12	S13	N/A	S9		
功能	机器停止	设置速度高、中、低	压瓶组件上升	压瓶组件下降	无	紧急停机		

6.5.3.1　点动

按下电控柜操作面板上的 S1 点动按钮，或身标标签台位置上的移动 S2 点动按钮，主机运转，放开按钮，主机停止运转。在点动运转中，运转指示灯 H2 亮。

注意，电控柜上的报警指示红灯，在 H2、H3、H4、H6、H11、H12、H13、H14 灯亮时，如表 6-5 所示状态，机器也能点动运转。

表 6-5　　　　　　　　　　　　故障代号与状态

故障代号	故障状态	故障代号	故障状态
H2	运转指示	H11	前防护门指示
H3	缺瓶指示	H12	左防护门指示
H4	身标台护门指示	H13	右防护门指示
H6	背标台护门指示	H14	后防护门指示

6.5.3.2　连续运转

（1）止瓶运转　按止瓶运转状态表 6-5 先确定电控柜操作面板上报警指示只有 H2 和 H3 是亮的。在放瓶开关 S11 处于"止瓶"位置时，主机可以启动运转。按下操作面板上启动按钮 S3 或身标位置的启动按钮 S4，主机就会启动，以低速运转但不能用调速旋钮 W1 调节主机速度。

运转过程中 H2 运转指示灯亮，此时，不论放瓶 S11 旋向"手动"还是旋向"自动"主机停止运转。只要输送带进口上缺瓶，主机不能放瓶启动运转，只能点动手动放瓶运转。

生产完毕前剩下止瓶星轮到缺瓶感应开关 B4 的瓶子，只能点动手动放瓶进入机器以完成生产任务。

（2）手动放瓶运转　先确定所有的红色报警指示灯都没有亮，按下电控柜操作面板上的启动按钮 S3 或身标标签台位置上的启动按钮 S4，主机就会启动运转。运转过程中，运转指示灯 H2 亮。此时，放瓶开关 S11 旋向"手动"位置，主机速度刚开始时恒定为点动时速度，延时 10～15s 后，自动把速度升到原来设置的速度上。同时可用 W1 调速旋钮调节速度，速度显示于触摸屏上。运转过程中，如按下操作面板上的停止按钮 S5 或按下身标标签台位置上的停止按钮 S6，主机就会惯性减速停止运转。运转中，如标签台护门打开，或防护门升起，主机同样以惯性减速停止运转。如在运转过程中，按下操作面板上的急停开关 S9，身标标签台位置上的急停开关 S7，背标标签台位置上的急停开关 S8，积瓶台上阻塞感应开关被瓶子推开，主机都会以刹车方式停止运转。

注意主机运转过程中，在不影响人身和机器安全的情况下，尽量不用急停按钮的方式来停止主机运转，特别是在高速运转的情况下。

（3）自动放瓶运转 运转条件同手动放瓶运转的条件一样，启动后，放瓶开关 S11 旋向"自动"位置，主机以点动速度运行 10～15s 后，自动地按瓶子流动情况调节主机速度为高速、中速、低速或低速止瓶。停止运转方式和注意事项同手动放瓶运转。

（4）放瓶操作 主机运转时，把放瓶开关 S11 旋向"手动"或"自动"位置，此时身标标签台胶水刮刀打开，标板上胶，延时 5s 后止瓶星轮放开，瓶子开始进入进瓶螺旋，当进瓶螺旋上的感应开关感应到有瓶子时，经过若干个瓶位，标盒、胶水刮刀、标盒相继推进，这时主机开始加速，运转到原来设置好的速度，此时才可以用 W1 调速旋钮来调节主机速度，或根据瓶流情况运转在高速、中速或低速。感应开关没有瓶子感应时，标盒、刮刀相继退出。

6.6 贴标机的故障分析与排除

贴标质量影响着产品第一感官印象，是构成产品整体质量的重要组成部分，贴标后商标应紧贴瓶面，不脱落、不歪斜、不能有缺陷。

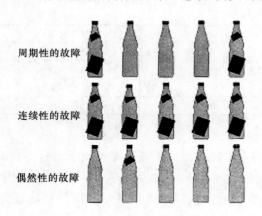

周期性的故障

连续性的故障

偶然性的故障

图 6-17 不正常的贴标

对贴标签的正标要求是：双标上下标的中心线和瓶子中线对中度偏差≤3mm；单标标签中线与瓶子中线偏差≤2.5mm。

通常情况下，瓶子上的不正常贴标有如图 6-17 所示三类状况。

6.6.1 周期性故障

周期性故障是指相隔一定数量的容器就会出现相同的不正常贴标状况。它是一种有规律的故障现象，其规律性就在于某一个贴标装置或某一个传送装置上的某一个部件或某一个部位出现了不正常症状，这样，就可以根据这一思路查找到有问题的部件。

周期性的贴标故障大致可以分为四种情况：身标损坏、标签倾斜、标签一侧无胶和标签一角无胶。

（1）周期性的身标损坏大多数情况下是由于出口星轮所造成的。可能是出口星轮的上轮盘某一个或几个凹槽出现裂纹、毛刺、变形、磨损等，会撕裂、划破、皱褶、碰撞身标的上部；同样，出口星轮的下轮盘出现类似症状会引起损坏身标的下部。此外，上下轮盘之间夹杂异物也会损坏身标。通常情况下，背标比身标小，背标被星轮盘损坏的可能性小些。

（2）周期性的标签倾斜现象多数情况下是由于抓标鼓上面的某些部件所造成的。可能的原因是：抓标夹指下面的垫块的影响或调节不正常；抓标夹指粘上胶水或调节不正常；海绵推块粘上胶水或磨损变形；某一个夹标指上的夹指弹簧已断裂或卡住；贴标站的万向轴装配不正确。

（3）周期性的标签一侧无胶现象多数情况下是由于某一个取标掌的某些错误造成。可能原因是：标掌不能正常地滚压标签盒前端的标签；标掌掌面不干净；标掌已经损坏、变形、磨损；转鼓上的夹指已经污染；转鼓上的海绵已经磨损或形状不一致等。

（4）周期性的标签一角无胶现象与周期性的标签一侧无胶症状基本相同。大多数情况下是由于取标标掌的变形、磨损所造成的。

6.6.2　连续性故障

连续性故障是指相当数量的容器连续出现的不正常贴标状况。它是一种有规律的故障现象，其规律性在于某一个贴标装置或某一个传标装置作为一个整体出现了不足的症状，这样，可以根据这一思路查找到有问题的部件。

连续性的贴标故障大致可以分为三种状况：标签倾斜、肩标倾斜和标签损坏。

（1）标签倾斜症状的原因比较多，可以按照贴标过程，即从前向后逐个部件，按照主次装置，即从主要的部件逐个的查找。主要查找标站位置，如标站太靠前或太靠后，向左或向右偏移等；胶水太多，如刮胶板开口过大、胶辊与标掌不平行等；标签盒上的标签托盘倾斜；抓标鼓位置调节不正确；毛刷位置不正确；出口传送部件位置或调节不正；压缩空气导管被胶水封住或位置不正；对中套口没有对正瓶托或损坏。

（2）肩标倾斜症状与连续性的标签倾斜症状基本相同，可以参考标签倾斜症状的几项查找原因，也可以从肩标所特有的贴标部件上查找。只贴肩标的贴标站十字滑座调节不正确，如标站太靠前或太靠后、向左或向右偏移等；只贴肩标的贴标站驱动轴间隙太大；肩标的抓标鼓上的凸轮位置不正。

（3）标签损坏大多数情况下是由于传送标签的部件调节不当所造成的。最明显的特征是标签的边缘呈现锯齿状（俗称咬边）、撕裂、划破、皱褶等。主要查找夹指、标签压板的压力；标掌粘取标签的深度等。可以从下列部件查找原因：

① 标钩损坏标签。例如：标钩没有按标签的尺寸进行调节；标钩粘上胶液；标签压板的推力太大；标板粘取标签的深度太小等。

② 夹指损坏标签。例如夹指不在标板凹槽的中心；夹指粘上胶液；夹指打开和关闭的时间不正确；夹指不能与垫条很好地配合或垫条损坏等。

③ 中心导板损坏标签。如中心导板上的耐磨条出现毛刺或带上异物等。

6.6.3　偶然性故障

偶然性故障是一种无规律的故障，也是比较常见的故障。查找此类故障应从胶水、标签和容器三方面入手。

（1）胶水方面　标掌上的涂胶情况，涂胶过厚将会导致标签在容器上漂移，涂胶过薄将会导致标签不能很好地粘贴在容器上。胶水温度情况：温度过低，胶水黏度加大，会导致标掌带走标签或标签被撕裂，温度过高，胶水黏度减小，导致胶水飞溅，弄脏机器零部件，造成不良的贴标状况。胶水质量：是否超过保质期，虽在保质期内，胶液是否已经吸收了水分。

（2）标签方面　标纸厚度误差过大；标签储存不当；标签本身粘连；标签的纤维纹路不对等。

（3）瓶子方面　瓶子尺寸不对；瓶子表面不干净。

需要说明的是，在故障发生的情况下，没有经过专门培训的人员不得进行此项操作，故障查找到以后，排除故障之前必须停止机器的运行，将主开关置于"OFF"位。为了防止机器偶然地接通，任何人不得进入危险区域内。

表 6-6 列出了贴标机常见故障原因分析及排除方法。

表 6-6　　　　　　　　　　　　其他常见故障及排除

序号	故障现象	原因分析	排除方法
1	机器不能启动	主开关被置于"OFF"位 控制线跳闸 急停开关动作 标签台防护板开关接触不良 出瓶端行程控制开关动作 进瓶端故障开关动作	将主开关置于"ON"位 检查线路断路器，并接通 释放急停开关 关好防护板，使开关复位 排除出瓶端瓶子 排除故障动作
2	机器运行中停机或不能启动	紧急停车开关被按下 某个防护门被打开 主开关置于"OFF"位 控制线路已经跳闸 进瓶端安全开关动作，如发生倒瓶 出瓶端行程控制开关动作 传动皮带被拉断	放开相应的紧急停车按钮 关闭防护门 将主开关置于"ON"位 检查线路断路器，并接通 排除倒瓶等故障 排除出瓶端瓶子 更换皮带
3	因故障停机，止瓶星轮不能放开或锁住	某个驱动电机过载，开关已跳闸 某个安全装置的监测系统，如紧急停车开关出现故障 相应的进口监测装置的灯光指示，出口部位上的容器阻塞压住开关	检查跳闸原因并放开驱动 修理并按下电控柜内的复位按钮 取走容器，重新启动机器 消除阻塞的容器并排除故障
4	容器不能平稳输送或容器翻倒	进口监测装置的指示器常亮 进口部位缺少容器 出口部位容器阻塞	检查进口部位，检查出口部位，清理阻塞，排除故障 容器流动恢复正常后，止瓶星轮将自动放开
5	容器在传送过程所引起的故障	塑料耐磨条或导位板已磨坏 转换的套件已磨坏 转换过程中，某个套件装错 进瓶星轮没有调整好	更换耐磨条或导位板 更换新的套件 安装好正确的套件 调整好进瓶星轮
6	容器在传送过程所引起的故障	传送点错位 转鼓上夹指不能开、关或被污染 转换套件装错	检查传送点 检查夹指的张力，并重新调节或清洗夹指。安装好正确的套件

续表

序号	故障现象	原因分析	排除方法
7	机器不能进行点动	紧急停车按钮已按下 驱动电机的安全设施已动作 某个防护门被打开 机器进口部位有故障 出口部位容器阻塞 主电机的绝缘器已经触动	检查原因，并放开 检查相应的驱动，并消除故障 在控制板上再次接通电机安全设施 检查原因，并关闭 排除故障，并检查容器流动情况 检查原因，并放开
8	注油装置不能注油或注油困难	润滑点或润滑管路堵塞	查找堵塞部位，并清理
9	注油装置注油太容易	润滑管路断裂或轴承填料损坏 油枪接头和注油接头不配套，由此引起润滑脂渗出	更换管路，并排除泄漏 使用适合的管路接头
10	胶水泵不能供给足够的胶液	胶液流动控制阀打开不够 空气压力太低 胶液流动控制旋钮逆时针转动过多 胶液太冷，黏度太大	控制阀打开大一点 增加空气压力 按照要求，顺时针转动 增加胶液温度
11	胶水槽溢液	胶液回管堵塞 胶液太冷，黏度太大	疏通胶液回管 增加胶液温度
12	胶水泵产生气泡	胶桶中胶液不足 胶液太冷，黏度太大 空气进入胶水泵内	添加胶液 增加胶液温度 清除胶液回管
13	胶辊甩出胶液	刀上胶液太多 刮刀调节不正确 胶液的种类不合适 胶液温度太低或太高	清洗刮刀 正确调节刮刀 使用适合的胶液 调节胶液温度
14	胶水泵不运行	没有向胶水泵提供压缩空气 胶水泵控制阀没有打开 空气压力太低 胶液流动控制旋钮逆时针转动太多 胶水泵被堵塞 胶水泵中存有杂质	打开控制阀，卸掉接头，重新安装好 增加压力，至少 0.4MPa 以上 按照要求，顺时针转动 将胶水泵浸泡在硬度较小的温水中，清洗掉残余胶液 拆开胶水泵，清除掉杂质
15	标签脱落或在容器上"站起来"	胶辊上无胶液 胶液不合适 胶液的温度没有设置正确 胶桶中无胶液 毛刷装置或滚标装置已磨损 在转换操作过程中，转换了错误的传送部件 标签的质量太差 标签太干，并太脆 标签卷曲的趋势太强 标钩不在一个平面上，造成标签边缘没有涂上胶	检查并维修涂胶装置 使用适合的胶液 重新设置 重新灌注 更换磨损了的部件 转换正确的传送部件 使用保证质量的标签 改善储存条件，特别是湿度 换上新的标签 重新调整标钩
16	标签传送中的问题	标签传送点错位 夹指不能正确开、关 夹指上粘满胶液 标签的承受强度太弱（当标签被转鼓抓住时被撕裂）	调节标签台 检查夹指张力 清洗掉胶液 使用较好的标签

续表

序号	故障现象	原因分析	排除方法
17	容器丢失标签	标盒中标签数量不足 胶辊上没有胶液 标签太大,被卡在标盒中,使标签不能推到标钩处 胶液太冷,标签粘在标板上 标签释放开关太脏,标签不能被释放出来	添加标签 检查,并修理涂胶装置 使用尺寸正确的标签或重新调节标钩,整理好标签垛 增加胶液温度 清洁标签释放开关
18	标板一次粘取几个标签	标签太小,因振动从标盒中掉落 标盒的安装位置不正确 切割质量较差和印刷油墨没有充分干燥,使标签粘在标盒上	使用适当尺寸的标签或重新调节标钩 调整好标盒的位置 进行标签翻边。或更换新的标签
19	标签从标盒中掉出	标签太小或储存不当,产生弯曲 标签垛供给压力太大	将标盒调节到较小的尺寸上 标签应重新调节压力
20	标签在容器上变形	导板调节得不正确 容器的聚集压力太高 胶液干燥所需要的时间太长	按照要求,重新调节导板的高度 减小压力 使用易于干燥的胶液
21	因冷凝水的原因,标签离开瓶子	胶液不具有溶水性	使用溶水性胶液
22	容器没有进入机内,标签仍被粘取出来	标签太小或因振动,标签从标盒中掉下来 标签压板在导杆上卡住	使用适当尺寸的标签或重新调节标钩 进行清洁,并使用喷雾润滑器进行润滑
23	标签升高	标签高度已经超过容器的圆柱体 标签太干燥 胶液干燥得太快	减小标签尺寸 标签应当储存在相对湿度为70%的条件下 重新调节,涂抹较厚一点的胶膜
24	铝箔标的异常	铝箔标是一种特殊的标签,既薄又脆,需要特别地对待	对于其周期性、连续性以及偶然性的异常现象,铝箔标出现撕裂、掉角、皱褶等现象,参照相应的纸质标签的排除法

6.7　其他贴标机及其使用

6.7.1　容器直立直线式粘合贴标机

指容器向前移动呈直立状,并将涂有黏合剂的标签贴在容器指定位置。一般用于局部标签的粘贴。局部标签可用黏合剂粘贴在瓶子、坛子、纸板箱、盒子及其他包装件上面,由于标签在容器表面仅仅覆盖一个部分,所以在同一容器上可以贴两种以上的标签。局部粘贴的标签可做成不同尺寸、形状和图案,贴到瓶子的前面、背面、肩部、颈部或顶部,或是贴在箱子或纸板盒的某一面上,或是直接贴在硬的物料上,如盒式磁带上。

有些贴标机把预先裁切好的标签装入标盒里,由专门的取送标签装置取出标签;有些则采用印好的卷筒标签,根据需要由机器裁成一张一张的标签直接输送。有的标盒为固定式，有的标盒设计成前后摆动式以便于取标。

容器移动过程中将标签送到预定工位进行粘贴，使涂有黏合剂的标签与容器的移动速度同步，进行切线粘贴，并能同步地将标签粘贴瓶身、瓶颈和瓶肩等处，如图 6-18 所示。

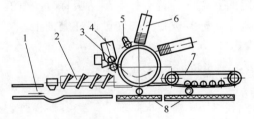

图 6-18　单片标签直线式粘合贴标示意图
1—板式输送链　2—供送螺杆　3—真空转鼓
4—涂胶装置　5—印码装置　6—标盒
7—搓滚输送带　8—海绵橡胶衬垫

被贴标的包装件由板式输送链 1 和供送螺杆 2 向前等间距输送到贴标工位，真空转鼓 3 绕自身垂直轴作逆时针旋转，将标盒 6 中的标签取出并由印码装置 5 进行背面打印，当真空转鼓 3 带着标签经过涂胶装置 4 时，涂胶辊靠近转鼓给标签背面涂胶，涂胶完毕，涂胶辊摆动离开真空转鼓 3，以防胶液涂到真空转鼓表面，标签继续输送到达贴标工位，当标签和包装件在贴标工位相遇时，真空转鼓 3 内通入大气，标签顺势粘贴到包装件或产品上，搓滚输送带 7、海绵橡胶衬垫 8 实施对标签的抚平整理，完成粘合贴标过程。

6.7.2　卷筒标签直线式粘合贴标机

图 6-19 所示为卷筒标签直线式粘合贴标机示意图。待贴标容器由板式输送带 8 送进，由分隔轮 9 分隔后，被锯齿形拨轮 10 拨送，标签自标签卷盘引出松展成带，绕经导辊组成的输送装置 4，输送对辊牵拉标签带由回转式裁切装置 5 进行裁切，标签在真空转鼓 6 处被吸持并在回转传送过程中完成背面涂胶，当标签传送到与锯齿形拨轮 10 拨送过程的容器相接触时，真空转鼓内的真空小孔被通入大气，于是无吸持力的标签就贴到容器表面，板式输送带 8 将容器送进施压衬垫板 11 和摩擦带 12 组成的标签抚平整理通道中，使标签抚平贴牢，最后由板式输送带 8 送出，完成贴标过程。

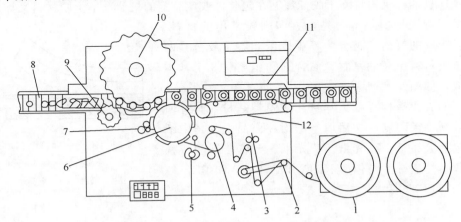

图 6-19　卷筒标签直线式粘合贴标示意图
1—卷盘标签　2—导辊　3—打印装置　4—输送装置　5—回转式裁切装置　6—真空转鼓　7—涂胶装置
8—板式输送带　9—分隔轮　10—锯齿形拨轮　11—施压衬垫板　12—摩擦带

该机中的真空转鼓圆柱面分隔为若干个贴标区段，每一个区段上都有起取标作用的一组真空小孔（直径为 3～4mm），当抽真空系统抽取气道中空气时，即在真空小孔内形成一定的真空度。若有标签到达吸标真空气孔分布所在表面时，由于标签正反两面存在着压力差，使标签被吸持在转鼓圆柱表面上。

6.7.3　滚动环贴贴标机

滚动环贴贴标机将瓶、罐类容器横卧，标签沿容器环贴一周，除顶部以外标签可以覆盖容器的绝大部分，也作为容器的颈标。

图 6-20 所示为滚动环贴贴标机原理示意图。当滚动的容器滚过浆糊涂敷装置时，容器就涂上了浆糊，涂浆糊的范围可以是一行圆点，也可以是宽的带形或是虚线状线条。当容器滚过标盒的顶部时，容器上的浆糊就粘住标盒最上面的一张标签，将其从标盒内拉出；容器在滚动的同时将标签包卷在容器身上；当标签卷到容器上被环封之前接缝浆糊涂在标签的后尾

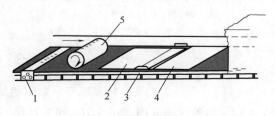

图 6-20　滚动环贴标签示意图
1—浆糊涂敷器　2—标签　3—接缝
浆狮涂敷器　4—接缝板　5—物料

边缘，当标签两头重合时就会粘在一起；当容器经过接缝衬垫板时，垫板一直对容器及标签保持轻压状态，将标签抚平并粘牢。

该贴标机应使浆糊沿标签的边缘涂敷，但距标签边缘留有 1.5mm 的空白不涂浆糊，以避免浆糊溢出标签之外。

6.7.4　不干胶标签机

这是通过加标机构将不干胶标签贴在包装件或产品上的机器。不干胶材料又称自粘材料、压敏材料、即时贴等，是标签印刷较常用的材料。一般按不干胶的表面基材分为不干胶纸和不干胶薄膜两种。不干胶材料由表面基材、黏合剂和剥离层 3 个基本单元组成，如图 6-21 所示。

常用的表面基材有纸类基材和薄膜类基材，其背面涂有黏合剂，经印刷模切后取下贴附在商品上。其中纸类基材包括涂布纸、亮光纸、荧光纸、金属箔纸和特种纸等；薄膜类基材主要包括 PET、PVC、PP 和 PE，一般以 PET 和 PVC 常见。

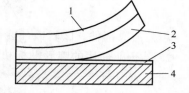

图 6-21　不干胶标签结构示意图
1—表面基材　2—黏合剂
3—硅油　4—剥离层

6.7.5　龙门式贴标机

龙门式贴标机有单排及多排之分。图 6-22 所示为单排移动式玻璃容器贴标机示意图，

由皮带送罐、粘胶贴标、辊轮抹标、储罐转盘、传动机构等组成。

由电动机通过皮带经齿轮、链轮、凸轮、连杆等带动各机构。标签储放在标盒 2 中，压标重块 3 压紧标签。取标辊 1 转动，每转一圈，从标盒 2 中取出最前面的一张标签，取出的标签逐张地向下通过拉标辊 4、涂胶辊 5，标签的背面即被涂上黏合剂，黏合剂是由涂胶辊 5 从胶水槽 7 中带到涂胶辊上的。随后标签沿标纸下落导轨 8 落下，待贴标的容器由输送带送入导轨时，由链钩带板将玻璃瓶等距推进，在通过标纸下落导轨 8 时，瓶子将标签粘取带走，经过毛刷 10 把标签抚平。

该贴标机仅适于圆柱形玻璃容器身标

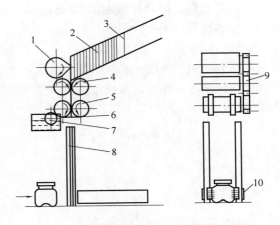

图 6-22　单排移动式玻璃容器贴标机示意图

1—取标辊　2—标盒　3—压标重块　4—拉标辊　5—涂胶辊　6—胶水槽　7—胶辊　8—标纸下落导轨　9—齿轮副　10—毛刷

的粘贴。由于标签在龙门导轨内是靠自重下落到贴标位置的，因此该机的生产能力受到一定限制，适合于中小型食品厂使用，生产能力一般为 1500～1700 瓶/h。

思　考　题

1. 总结并叙述回转式贴标机的工艺过程。

2. 请思考下列问题：

① 如何实现贴标机进瓶螺杆与进瓶星轮的同步调整？

② 如何实现贴标机出瓶星轮与压瓶组件的同步调整？

3. 日常情况下对贴标机应如何进行维护保养？

4. 现场观察一台贴标机，绘制其传动系统原理简图。

5. 贴标机输送带导板调整时，应使容器与导板之间的间隙保持在多少毫米？

6. 请思考、观察贴标机下列部件在装配过程中应该注意的问题：

①压瓶头部件；②转鼓部件；③取胶板部件；④传动螺杆与星轮部件；⑤标签盒部件

7. 某企业使用的啤酒贴标机欲更换产品瓶型，例如从 640ml 瓶变成 355ml 瓶，机器应该做哪些调整？

8. 贴标机的出瓶端输送出来的瓶子商标几乎都是歪歪斜斜，此时操作者应该主要检查哪些部位？

9. 简述不干胶贴标机工作原理。

10. 观察、记录超市货架上的瓶装产品，它们的容器结构形状、材料、标签纸类型、贴标形式等信息资料，分析总结所用的贴标机在原理与结构设计上可能有哪些异同点。

11. 如何在方形物体的两个长宽面上粘贴带有图案的标签？约束条件如下：

① 外形尺寸：长 38～70mm，宽 33～45mm，厚 5mm，即要求贴标机宽度可调。

② 生产效率：每分钟不少于 25 块。

③ 标签性质：不干胶标签。

④ 形状：方形。

⑤ 外形面积：宽度＝物料长度，长度＝2×物料宽度＋10mm＋2mm。

⑥ 贴标精度：标签定位精度不低于 0.5mm。

7 装卸箱设备的安装与维护

【认知目标】

♪了解装卸箱设备的类型、特点

♪理解常用瓶类容器装卸箱原理与工艺过程

♪掌握连杆式塑料箱装箱机的组成结构

♪会根据装箱机的技术图纸分析其组成结构

♪能对装箱机进行正确装配、调试

♪能对装卸箱机和热收缩裹包装机进行正确操作、运行管理

♪能对装箱机和热收缩裹包装机常见故障做出正确判断与处理

♪会对装箱机关键零部件的结构进行分析与改进

♪会对装箱机易损件进行判断与更换

♪会根据所学的装箱机知识，根据瓶箱不同进行设备改造

♪通过装卸箱机装配实践，养成严谨认真的工作作风，培养团结协作精神

♪通过装卸箱机操作运行实践，培养细致耐心的良好习惯

【内容导入】

本单元作为一个独立的项目，介绍装卸箱设备的功用、类型，选取常用塑箱装卸箱机为实例，按照塑箱装箱机认知→组成结构分析→安装与调试→操作运行与维护→常见故障分析与排除为主线组织内容，由简单到复杂，由单一到综合。在单元的最后安排有与之相关的热收缩裹包机的知识供选择学习，以扩大知识面。

通过学习机械连杆式塑料箱装箱机的工作原理、工艺过程、组成结构等知识，培养掌握装卸箱设备有关技术，通过相应的实践，具备对此类设备的制造安装、调试、故障判断、维修等岗位技术能力。

7.1 装卸箱设备的类型及应用

装卸箱设备适用于瓶罐型产品生产领域将玻璃瓶、金属罐等装入塑料箱、纸箱或卸出塑料箱用，这类设备的特点是由机械或气动抓头实现瓶子的抓、放，通过多连杆机械式运转、电气控制，把瓶子准确、可靠地从输瓶台上装入纸箱、塑料箱，或卸出塑料箱，以满足生产线的装卸要求。装卸箱设备分类如下。

7.1.1　按自动化程度分

（1）全自动装箱机、卸箱机　除故障处理外，全部装箱或卸箱的过程及其检测处理、安全保护都由机器完成，这种类型的装箱、卸箱机称为全自动装卸箱机。

（2）半自动装箱机、卸箱机　由机械和人工结合来完成瓶子的装箱或卸箱工作的机器称为半自动装卸箱机。

7.1.2　按运动形式来分

（1）连续式装箱机、卸箱机　瓶子和箱子在整个装、卸过程中，都处于连续运动状态的机型属于连续装卸箱机。

（2）间歇式装箱机、卸箱机　在装箱或卸箱的过程中，瓶子和箱子有一个停顿的过程，这种类型的装箱、卸箱机属于间歇式装卸箱机。

连续式装卸箱机具有运动连续、生产效率高，占地面积小等优点，但通常为专用型，其运动部件的加工精度较高，制造成本高。半自动装卸箱机结构简单，操作方便，维护容易，但其生产能力较低。

本章以玻璃瓶装入塑料箱的 ZX·Q 5/120 型装箱机为例，通过学习其工作原理、工艺过程、组成结构等知识，主要培养掌握此类设备有关技术知识，并通过相应的实践学习，具备对设备的制造安装、调试、故障判断、维修等岗位技术能力。

7.2　装箱机的工作过程

7.2.1　ZX·Q5/120 装箱机主要技术参数

ZX·Q5/120 装箱机是一种常用典型塑料箱装箱机，具有以下特点：

（1）由抓头充、排气实现瓶子的抓、放，通过机械运转、电气控制，去程工作可把瓶子、罐子准确、可靠地从输瓶台上装入塑料箱或纸箱，实现装箱功能；改为回程工作时，可把周转箱中的瓶子卸出，移送到输瓶台上，实现卸箱功能；

（2）通过多级双四连杆机构使瓶子提升、移动、降落，特别是平行四连杆机构保证瓶子在移送过程中姿态不变，工作时与气动、电控相结合实现自动化，动作协调，运行平稳；

（3）主传动采用变频调速或伺服驱动系统，生产过程中可根据生产需要，选择生产速度，与生产线协调运行；

（4）适用范围广，既可使用大型塑料箱生产，也可使用小型塑料箱生产，还可通过更换部件实现纸箱装入；

（5）可靠的气动装置和先进的电控技术，是典型的机械、气动、电控一体化的先进设备；

（6）设置安全保护罩，配备光电安全保护装置，操作者一旦误入危险区或遇故障，会自动停机，保护人机安全；

（7）采用无油润滑的气动元件，避免油污染，噪声低，符合卫生要求。

ZX·Q5/120 的主要技术参数见表 7-1。

表 7-1　　　　　　　　　　　　　ZX·Q5/120 装箱机主要技术参数

主要技术参数	参数值
生产能力（瓶/h）（12 瓶/箱或 24 瓶/箱）	36000～48000
抓瓶头组数（组）/抓瓶头个数/个	5/120
输瓶台宽/输瓶台高/mm	3555/1245
输箱带通道宽/输箱带通道高/mm	440/800
适用瓶子（GB 4544—96）直径×高度/mm	$\phi 75 \times 289$
箱子外形（长×宽×高）/mm（24 瓶啤酒箱/12 瓶啤酒箱）	500×355×310/350×270×310
气源压力/MPa	0.7～0.8
电机总容量/kW	10
整机外形尺寸（长×宽×高）/mm	9300×2700×2600
机器重量/kg	5300

7.2.2　装箱机的工作原理

图 7-1 是该机的工作过程示意图，上图表示横梁在最低位置，瓶子被放进箱子里；中图表示横梁在最前位置，瓶子前移到输送带上方；下图表示横梁在最高位置，瓶子从输瓶台上被提升，至一定高度后停机。

待装瓶子由输瓶带输送至本机的输瓶台上，被排瓶装置排列整齐并输送到待抓瓶的位置，同时输箱装置将箱子输送到待装箱位置，气动抓头将瓶子从瓶台上抓牢并提升，传动装置带动抓头前移、下降，将瓶子放入箱子，抓头返回，完成一次装箱过程。

7.3　装箱机的组成结构

图 7-2 是 ZX·Q 5/120 装箱机外形结构简图。整机由主体机架、举瓶传动装置、移瓶装置、排瓶装置、输瓶装置、输箱装置及电气控制系统等组成。

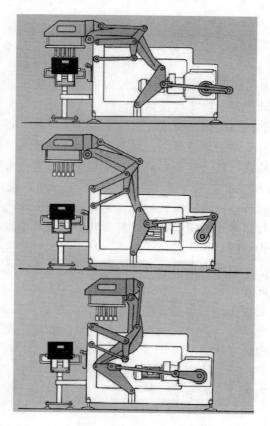

图 7-1　装箱机的工作过程示意图

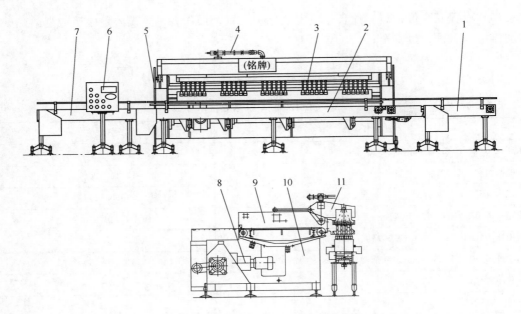

图 7-2   ZX·Q 5/120 装箱机外形简图

1—输箱装置Ⅰ   2—输箱装置Ⅱ   3—抓瓶头   4—气动系统   5—外罩与附件   6—电控系统

7—输箱装置Ⅲ   8—传动装置   9—输瓶排瓶装置   10—主体机架   11—移瓶装置

7.3.1   主传动系统

本系统由主传动装置和举瓶传动装置组成。如图 7-3 所示是主传动装置结构简图，主减速器电机 2 用收缩联轴器 3 直接与主传动轴 1 连接，带动曲柄 7 转动。收缩联轴器靠拧紧高强度螺栓使包容面间产生的压力和摩擦力实现扭矩传递。

采用无键连接，对主轴不会造成机械损伤和强度的削减，可承受变载和冲击载荷。主减速电机通过变频调速，保证机器与生产线运转协调。

如图 7-4 所示是举瓶传动装置简图，它是一个双四连杆机构。抓头抓牢瓶子后，此机构带动瓶子提升、前移、下降，把瓶子放入箱子里后，抓头返回。这个过程的运动轨迹由双四连杆机构实现，该机构可分解为两个四杆机构，即曲柄摇杆机构 ABCD 和双摇杆机构 DEFG。

曲柄 1 在主减速器电机带动下匀速转动，由连杆 2 带动三角形摇杆 3 周期性地摆动，同样，带动摇杆 6 周期性地摆动，在举瓶臂 4 的 H 点处形成符合要求的运动轨迹，移瓶装置和抓瓶头就悬挂在 H 点。在整个抓瓶运动过程中，瓶子必须始终保持垂直悬挂，避免摆动，为此，采用平行四杆机构实现，由平行杆 7 和平行杆 8 以及对称杆 5 实现抓瓶装置的平移运动。

7.3.2   输箱装置

输箱装置的作用是把空箱子输入装箱机主机前，待瓶子被装进箱子后，再把箱子输出。

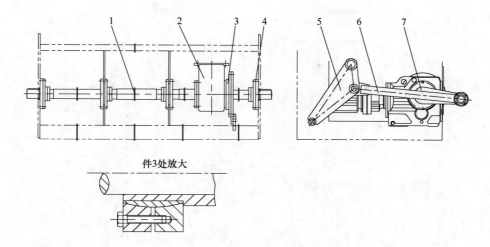

图 7-3　主传动装置

1—主传动轴　2—主减速器电机　3—收缩联轴器　4—轴承　5—三角形摇杆　6—连杆　7—曲柄

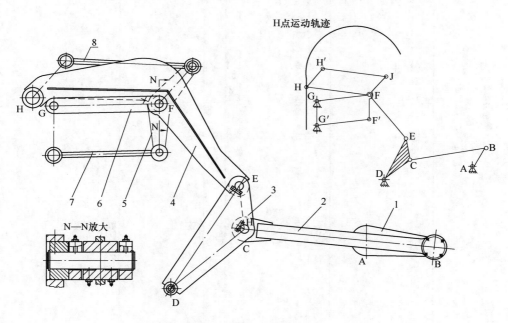

图 7-4　举瓶传动装置

1—曲柄　2—连杆　3—三角形摇杆　4—举瓶臂　5—对称杆　6—摇杆　7—平行杆Ⅰ　8—平行杆Ⅱ

分为输箱装置Ⅰ、输箱装置Ⅱ和输箱装置Ⅲ，它以平顶链作为输送带传送箱子，分别由三个变频减速机带动平顶链运行，如图 7-5 所示是输箱的工作过程。

　　箱子 7 不断地由生产线输送系统被送到输箱装置Ⅰ位置，输箱Ⅰ的摆动机构 4 下降使其输送平顶链表面低于输箱装置Ⅱ的输送平顶链表面，箱子被阻止停下来 [图 7-5（a）]；得到检测信号后摆动气缸 5 动作，使摆动机构上升，箱子又继续向前输送 [图 7-5（b）]，到达输箱装置Ⅱ位置时，输箱装置Ⅱ的挡箱机构 3 上升便挡住箱子，箱子停留下来等待装瓶 [图 7-5（c）]；瓶子被装入箱子后，挡箱机构下降，装满瓶子的箱子通过输箱Ⅲ送出机

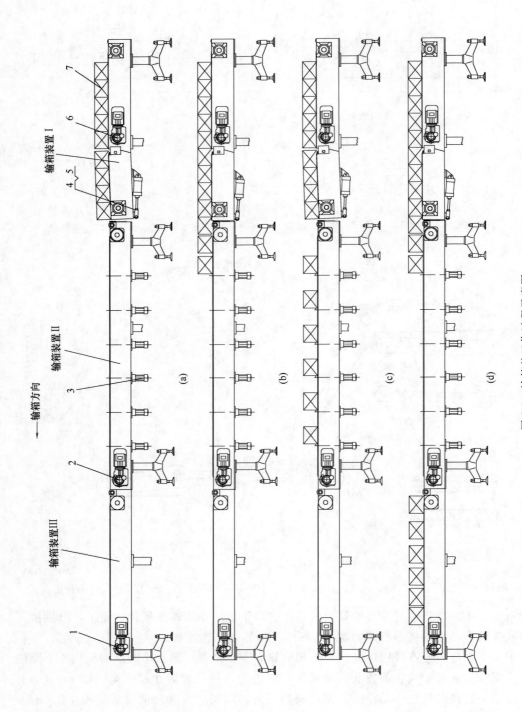

图 7-5　输箱的工作过程示意图

1—输箱Ⅲ电机　2—输箱Ⅱ电机　3—输箱Ⅱ挡箱机构　4—输箱Ⅰ摆动机构　5—摆动气缸　6—输箱Ⅰ电机　7—箱子

器［图 7-5 (d)］，此时，输箱装置 I 的摆动机构上升，空箱又输入进来。输箱装置就是这样周而复始地按照一定程序的要求实现箱子的输送。

考虑到与生产线配合，也可设计成全开放通行，让空箱子不装瓶子高速前进。在整个工作过程中，电机的开、停，或者出现箱子不到位、缺箱、箱子排列不整齐等故障时，机器的停、转等都由自动控制程序处理。

7.3.3 输瓶与排瓶装置

输瓶与排瓶装置的作用是把送入装箱机的瓶子排列整齐，输送到待抓瓶的位置。

如图 7-6 所示，瓶子不断地由生产线的输送带被送到装箱机的输瓶带平顶链板 4 上，减速电机 5 驱动输瓶带把瓶子向机内输瓶台上送进，在这个过程中，在摇瓶装置 10 的作用下，瓶子按照长短排瓶隔板组件 8 和 9 的间距一个挨一个自然成列，由排瓶板将零乱进入的瓶子排列整齐，直到被挡瓶栏杆 7 挡住，停在等待抓瓶的位置。抓瓶时电动机停止运转，输瓶带停下来以减少瓶子相互挤压和降低噪声。

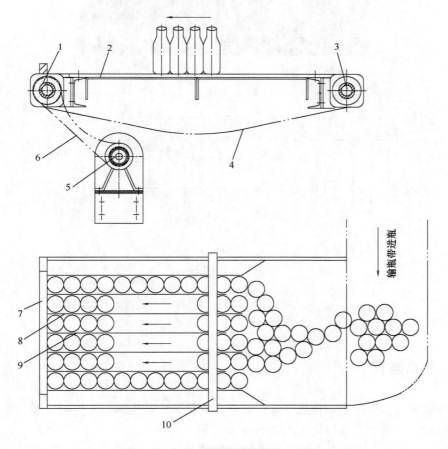

图 7-6 输瓶与排瓶装置

1—主动轮辊 2—链板垫条 3—从动轮轴 4—平顶链板 5—减速电机 6—套筒滚子链

7—挡瓶栏杆 8—长隔板组件 9—短隔板组件 10—摇瓶装置

当抓瓶头抓起瓶子并上提时，挡瓶栏杆在气缸的带动下前移一小段距离，消除瓶子间的挤压力，使瓶子能顺利地被提升，也避免擦伤商标纸。瓶子提升后，输瓶带的电机立即启动，又开始输瓶排瓶新循环。

为了使瓶子能够顺利进入排瓶装置，设置了一个排瓶隔板架摇动装置，通常称摇瓶装置，如图7-7所示，由摇动机构6驱动安装在方管2上的长短隔板组件4和5左右往复微小摆动，这样，瓶子便可按顺序进入排瓶装置。

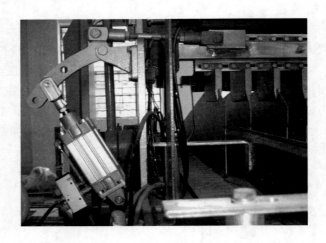

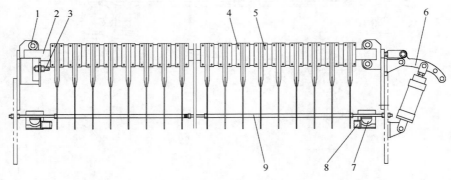

图 7-7　摇瓶装置

1—导向轮　2—方管　3—检测杆　4—短隔板组件　5—长隔板组件

6—摇动机构　7—挡瓶汽缸　8—挡瓶横梁　9—隔板连接杆

7.3.4　抓瓶装置

抓瓶装置包括抓瓶头和移瓶装置两部分，它是装卸箱机的一个关键装置，常用的抓瓶头有机械式、气动式，本机采用气动抓瓶头。

如图7-8所示，抓瓶头3按照箱子的内格排布情况，被成组的安装在瓶头支架2上，常见为24瓶一组（4×6）或12瓶一组（3×4），瓶头支架安装在移瓶支架1上，移瓶支架与举瓶传动机构相连接。

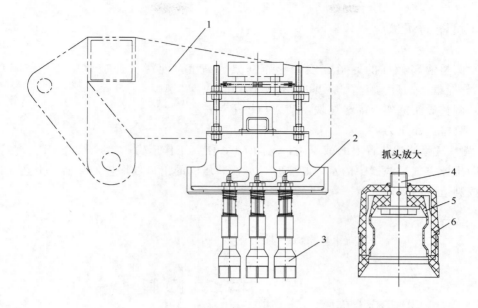

图 7-8　抓瓶装置

1—移瓶支架　2—瓶头支架　3—抓瓶头　4—通气空心螺钉　5—内套气囊　6—抓头座

抓瓶头工作时，气路系统由通气空心螺钉 4 向抓瓶头内通入压缩空气，气体的压力一般是 0.15～0.2MPa，抓头充气使内套 5 内涨变形抓牢瓶子，排气时抓头内套复原放开瓶子，抓头的进气、排气由电磁阀控制。

7.4　装箱机的安装与调试

7.4.1　机器的安装

如图 7-2 所示，安装时主要完成下列工作：

（1）主体机架 10 就位，调整好水平和标高；

（2）输箱装置Ⅱ就位，调整好水平和标高，用螺栓与主机连成一体；

（3）输箱装置Ⅰ和输箱装置Ⅲ就位，调整好水平和标高，用螺栓与输箱装置Ⅱ连成一体。用支脚调整主机及各段输箱装置的水平和标高，各个支脚必须受力均匀；

（4）安装气路系统，管接头为 $G1''$，挡瓶、挡箱、停箱装置的气路软管与相应的电磁阀接通；

（5）电控箱就位，按电气控制图接线；

（6）主机与输瓶系统相连接，将输瓶系统平顶链靠拢过渡板，表面平齐，使瓶子顺利通过过桥板，再装上排瓶板和光电开关；

（7）生产线的输箱系统与本机的输箱装置连接，使箱子能顺利通过，在输箱系统上出口处和进口处分别装上开关；

（8）清洗、润滑平顶链。

7.4.2   机器的调试

（1）调整输箱栏杆的通道宽度和导瓶框架的高度，使栏杆通道宽度比箱子宽度大10mm，导瓶框架高度与箱子高度间隙不大于15mm。

（2）调整导瓶框架上的导瓶块，使之与箱子对正。

（3）调整工作压力

① 调整气源处理装置上的减压阀，见图7-9，使其工作压力为0.3～0.6MPa。生产期间，定期排掉空气过滤器中的水，必要时，可在减压阀的出口处增接油雾器，上述元件的保养须按制造厂的规定进行。

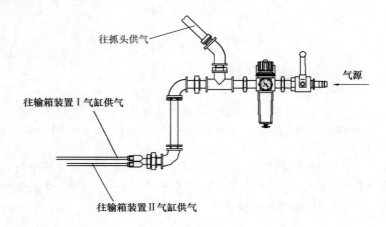

图 7-9   气源处理装置

② 调整抓头气路装置上的减压阀，见图7-10，使其工作压力为0.15～0.18MPa，保证夹瓶子稳固，为了延长抓头内套的寿命，应尽量调低抓头的工作压力。

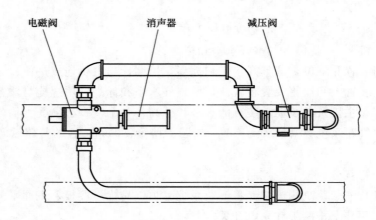

图 7-10   抓头气路装置

（4）调整光电装置，使所有的光电装置处于工作状态，光电开关的红灯亮时，说明光电装置处于工作状态。

（5）箱子规格更换时，须成套更换瓶头支架，重新调整排瓶装置、导瓶装置及输箱装置的位置，使抓头抓、放瓶符合要求。

7.5　装箱机的使用与维护

该机属典型的定位停车设备，机器正常停机的非工作时间段应处于停机状态，如图7-1下图所示的位置，即移瓶装置处于输瓶台上方位置。

机器的启动、停止以及其他的功能操作在操作箱的操作面板上进行。操作面板装有按钮开关和旋钮开关，且有状态指示灯，显示各种操作状态和故障状态。

7.5.1　开机操作顺序

（1）打开供气阀门，接通气源，合上电源开关，接通电控柜电源。
（2）打开带锁控制电源开关，接通控制电源。
（3）按输箱带的按钮开关，使输箱装置Ⅰ、Ⅱ、Ⅲ进入工作状态。
（4）旋动"快进箱"、"挡箱"旋钮开关至挡箱位置，使挡箱块进入工作状态。
（5）旋动旋钮开关至瓶带开的位置，启动输瓶带。
（6）按下"主机启/停"按钮，启动机器按自动程序控制工作。

7.5.2　停机操作顺序

（1）按启/停按钮，机器停转。
（2）停止输箱带、输瓶带。
（3）关闭带锁开关，切断控制电源。
（4）关闭供气阀门，断气。

7.5.3　其他按钮开关

（1）急停开关　生产中出现故障时，按下此开关，机器停止工作；故障排除后，将此开关拧转松开，重新启动。
（2）"主机正转"、"主机反转"　当出现故障后，需要改变主机位置时，可按动"主机正转"或"主机反转"按钮，实现主机正点动或反点动操作。
（3）手动进箱　按动此按钮开关，摆动台上升，挡箱块处于止箱位置。
（4）手动出箱　按动此按钮开关，挡箱块下降，可将箱子送出输箱Ⅱ。
（5）快速进箱　将此旋钮开关旋向启动位置时，挡箱块下降，摆动台上升，箱子即可快速由输箱Ⅰ经过输箱Ⅱ送出。
（6）复位按钮　当出现故障时，主机会立即停机，待人工处理后，需按动此控制重新启动。

7.5.4　装箱机的维护保养

　　装箱机投入使用后,应结合具体情况对机器进行维护保养,保证机器正常运行,延长设备使用寿命。一般按表 7-2 所列内容实施保养,具体操作时,须按照设备使用说明书要求维护保养机器。

表 7-2　　　　　　　　　　　　　　　装箱机的维护与保养

维护保养规程	维护保养内容
每日(或每 8 个工作小时)操作完毕后保养	① 按润滑要求加油润滑 ② 检查抓头及气动元件是否漏气,排除气水分离器的积水 ③ 检查抓头的工作压力和气路的工作压力是否符合要求 ④ 检查抓头的磨损情况 ⑤ 检查导瓶框架情况 ⑥ 给输瓶及输箱的平顶链板加润滑剂 ⑦ 清洁机器,清除玻璃碎片、纸屑等杂物,不能用蒸汽清洗机器,也不得使用致锈的清洗剂,以免损坏机器 ⑧ 用干净的软布擦净光电装置的透镜和反射镜
每周(或每 40 个工作小时)的保养	① 按日常保养条例保养 ② 检查传动滚子链的张紧程度,必要时加以调整,甚至可减去一节链 ③ 检查相连接的零部件,特别是运动中的零部件和重负载的零部件,把松动的螺栓或螺母拧紧
每月(或每 170 个工作小时)的保养	① 按每周工作条例保养 ② 检查主机减速器和摆线针轮减速器运转是否正常,油池是否需加润滑油
每季(或每 500 个工作小时)的保养	① 按月保养条例保养 ② 检查主电机的制动装置,须按制造企业的使用说明书进行必要调整 ③ 排掉大方管气室内的积水
每年(或每 2000 个工作小时)的保养	① 按季保养条例保养 ② 检查导轨等易磨损件的磨损情况,必要时更换 ③ 拆下传动链,清洗干净,涂上润滑油 ④ 更换减速器润滑油

7.6　装箱机故障分析与排除

　　装箱机具备完善的保护系统,为了保证正常生产,机器上所有电机及电器元件应注意防水。

　　现将生产中常见故障原因及排除方法加以归纳,见表 7-3。

表 7-3　　　　　　　　　　　　　　　装箱机常见故障与排除

故障现象	故障原因与排除
输箱装置不能输送箱子	① 电动机没有通电 ② 栏杆的宽度或导瓶框架的高度没有调整好 ③ 输箱装置Ⅰ可摆动部分、停箱装置不动作 a. 无压缩空气;b. 压缩空气管道损坏;c. 电磁阀损坏;d. 气缸损坏 ④ 光电装置失灵 ⑤ 摆线针轮减速器损坏

续表

故障现象	故障原因与排除
举瓶机构不动	① 电动机没有通电 ② 运动件的轴承损坏 ③ 减速器的齿轮损坏 ④ 电动机制动器刹车不能放松,其整流器失灵
移瓶停位不准确	① 主电动机制动器刹车失灵,制动器的间隙太大或摩擦片磨损 ② 接近开关等失灵
输瓶带不能输送瓶子	① 电动机没有通电 ② 瓶子卡死 ③ 接近开关、光电装置等失灵
瓶子不能通过排瓶装置	① 旁板变形 ② 倒瓶 ③ 玻璃碎片阻塞 ④ 瓶子的扫描装置没有调好
抓头故障	① 不能抓瓶 a. 没有压缩空气;b. 电磁阀失灵;c. 减压阀损坏;d. 接近开关失灵 ② 不能放瓶 a. 电磁阀失灵;b. 接近开关失灵 ③ 漏抓瓶 a. 抓头连接管漏气;b. 抓头内套漏气,更换抓头内套

7.7　热收缩膜裹包机及其使用

热收缩膜裹包机是随着市场对产品的包装要求而生产的一种连续式包装机,在食品包装机械制造领域里,人们习惯于将它和塑料箱装箱机、纸箱装箱机等通称为干包装设备。

热收缩裹包是利用热缩性塑料薄膜将产品(瓶、罐、盒及其他容器)裹包起来,然后送入加热通道,使薄膜受热收缩,紧紧包住产品。这种包装方法既可用于内包装,如单件收缩包装,也可用于外包装,如纸箱、塑料袋的集合包装,还可用于连同托盘的整体包装,广泛适用于啤酒、饮料、食品、医药等行业。其包装质量关键在于包装材料,即包装薄膜的各种物理机械性能、防护性能、加工性能等。

首先要求薄膜在纵横两个方面具有一定的收缩率(收缩率 $= \dfrac{L_1 - L_2}{L_1} \times 100\%$,$L_1$——原始长度,$L_2$——在120℃的甘油中,浸放1~2s水冷后的收缩长度)。根据热缩性塑料薄膜具有受热复原的特性,在由原料制成薄膜时预先进行加热拉伸,经冷却而成为收缩薄膜,这种薄膜再加热时就收缩复原。制造过程中的拉伸工艺可以从纵、横方面分别进行,也可以纵横方面同时进行。用于包装的热缩性塑料薄膜(收缩薄膜)在纵横方向上应具有50%左右的收缩率。其次,由于薄膜是先热封后再加热收缩,收缩时薄膜和封口要受到一定的拉力,因此,要求薄膜具有足够的热封强度和抗拉强度。此外,希望薄膜的热封温度和收缩温度都不要太高,否则,将对被包装的物品产生不利影响。为了保证包装的保护性能,要求薄膜具有一定的抗冲击强度,耐撕裂强度和适当的防潮性、耐油性等。目前应用较多的收缩薄膜有聚氯乙烯(PVC)、聚乙烯(PE)和聚丙烯(PP),还有聚偏二氯乙烯

（PVDC）、聚酯（PET）、聚苯乙烯（EPS）等。关于包装薄膜材料的性能可查阅有关塑料工程手册。

在此，仅对用于啤酒、饮料等食品行业的收缩膜裹包机作以简单介绍。

7.7.1　收缩膜包机工艺流程

热收缩膜包机工艺流程如图7-11所示。待包装的物品1（啤酒瓶、饮料瓶或罐等）经输送机被送进本机的输送带上，通过分送机构2按照包装的规格要求（目前包装规格为3×3瓶或3×4瓶）将物品进行分列分组，同时送板机构将纸垫板3送上。薄膜4由其输送系统送至裹包位置对物品进行裹包。被裹包后的物品5由输送机送至收缩机里进行热收缩。

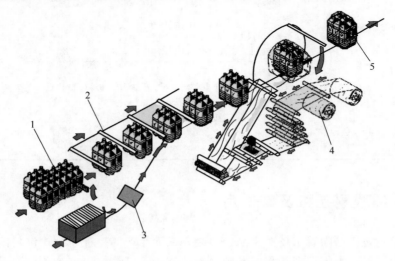

图7-11　裹包装机流程示意图

1—待裹包物品　2—分瓶杆　3—纸垫板　4—薄膜卷　5—裹包后物品

7.7.2　主要组成结构

热收缩膜裹包机外形图和结构总图如图7-12、图7-13所示，可分为三大部分：输送理瓶机、裹膜包装机和热缩隧道。

7.7.2.1　输送理瓶机

输送机包括对待裹包物品（瓶或罐）的输送和对纸板的输送。

它由送瓶装置、送纸板装置组成。送瓶装置与生产线上输送系统相连接，由可实现变频控制的减速电机带动。送板装置将排列成组的纸垫板步进地送到包装机口，由吸盘吸进输送链板。

7.7.2.2　裹膜包装机

本机的关键部分，由分瓶推瓶装置、护瓶检验机构、送板吸板装置、薄膜输送、导膜切膜装置等组成。分瓶推瓶装置按照包装规格的要求，通过分瓶杆及可以调节的排瓶板将要包装的物品进行分列分组。在分瓶机构的上方安装有检验机构，检验某一行是否缺瓶，

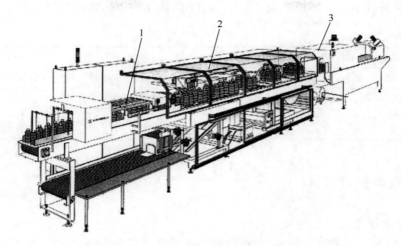

图 7-12　裹包装机外形图

1—输送机　2—包装机　3—热缩机

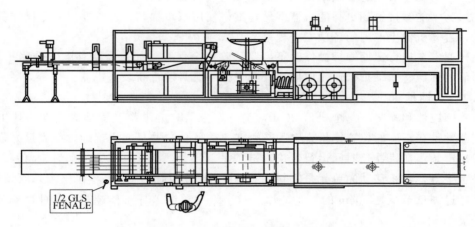

图 7-13　裹包装机结构总图

一旦发生缺瓶则检测元件发出信号，使输送停止。

薄膜输送的张力应可以调节，薄膜卷应做到容易安装，松卷和裁切必须由电子控制，裁切及牵引的相位与待包装物品的到达应准确同步。

7.7.2.3　热缩隧道

热缩隧道是利用热空气对收缩薄膜包装件进行加热的装置。它由内衬绝热材料和加热箱、输送装置和冷风机等组成。加热箱内设有加热元件和调温装置。裹包件由输送装置拖动穿过通道进行加热，为了使薄膜各处均匀受热，用电风扇对热空气进行强制循环，并由温度调节装置稳定保持箱内温度，温差控制在±5℃，包装件加热收缩后由冷风机吹风冷却，由输送链输出。

热缩隧道的性能是影响包装外观质量的重要因素，产品加纸板经裹包后进入热缩隧道内，在 180～200℃ 温度下进行收缩包装，从热缩隧道出来后要基本恢复至常温，因此，加热和冷却方法很重要，一般应做到能够调节。

各种薄膜有着不同的特性，表 7-4 给出了不同薄膜的加热收缩参数，要会正确选择。

表 7-4   加热收缩参数

薄膜种类	薄膜厚度/mm	通道温度/℃	加热时间/s	风速/(m/s)	备　注
PVC	0.02~0.06	140~160	5~10	8~10	因温度低,适用于食品包装
PE	0.02~0.04	160~200	6~10	15~20	紧固性好,宜于托盘包装
PP	0.03~0.10 0.12~0.20	160~200 180~200	8~10 30~60	6~10 12~16	收缩时间长,必要时停止加热,等待收缩

7.7.3　设备维护与保养

7.7.3.1　安全规范

（1）在进行机器的检修及润滑操作时必须处于停机状态，然后关闭电源。主隔离开关锁挂锁。

（2）进行维护操作的必须是认证的机修及电气人员。

（3）为了能够接触到更高的机器部件，最好使用双步梯，并且需要另一个操作员稳定地扶住，遵守机器生产国的各项安全规范。

（4）通常在进行定期维护操作时不需要移除安全保护，如果需要移除安全保护装置，应有明显的标识。在维护操作完成后，安全保护装置必须重新装入机器。

7.7.3.2　定期检查

（1）感应器和光眼　每个机器 200h，确认感应器和电眼都稳固地固定在支撑上。检查感应器都是在正确的位置；检查电眼是否在正确的位置并且能正确地发射到反光板上。

（2）链条　在机器长时间运行，检查链条是否张紧，有没有拉动传动齿轮。两个平行链条是否平行，防止移动的单元是倾斜的；一条链条磨损时，它已经在比较其原始长度。验证是通过测量至少是 50cm 的一个链片。对于新的单链差异不能超过 3% 而对于双链则不能超过 1.5%。

（3）气路系统　需日常检查进气系统中的排水单元，完成此操作时必须是在无压力条件下完成的。

7.7.3.3　总体定期检修

总体定期检修由专业维修人员完成，日常检查和维护由操作人员完成，必要时可请维修人员协同。

7.7.4　设备故障与排除

热收缩膜包机在使用过程中会因各种因素出现故障，常见故障与排除方法见表 7-5。

表 7-5   热收缩膜包机常见故障与排除方法

序号	常见故障	排除方法
1	报警信息	急停报警。机器响应:紧急停车
	现象与处理	有急停按钮被拍下。处理:查找被拍下的急停,确认后将急停复位

续表

序号	常见故障	排除方法
2	报警信息	安全门报警。机器响应:紧急停车
	现象与处理	安全门被打开(注:该报警需复位按钮复位)。处理:查看是否有安全门被打开,确认后将安全门关上
3	报警信息	推瓶杆受阻。机器响应:紧急停车
	现象与处理	推瓶杆离合器弹出。处理:确认推瓶杆离合器已弹出,手动转圆盘,直到听到一声"滴",表明离合复位,故障处理后,将报警复位
4	报警信息	气压不足。机器响应:紧急停车
	现象与处理	① 气压低。处理:确认气压是否已偏低,报警处理后,将报警复位 ② 气压正常(注:该报警需复位按钮复位)。处理:检测气压检测开关是否正常
5	报警信息	热通道门保报警。机器响应:停车
	现象与处理	① 热通道门被打开。处理:查看是否有热通道门被打开,确认后将热通道门关上 ② 热通道门未打开(注:该报警需复位按钮复位)处理:热通道门为常闭信号,安全门输入点位状态是否为1,若不为1,检测热通道门回路24V是否正常,热通道门回路是否有断路。如端子接触不良、安全门开关故障等
6	报警信息	膜杆受阻。机器响应:紧急停车
	现象与处理	① 膜杆离合器弹出。处理:确认膜杆离合器已弹出,手动转,直到听到"滴"一声,离合复位故障处理后,将报警复位 ② 膜杆离合器未弹出(注:该报警需复位按钮复位) 处理:检查膜杆离合器开关是否正常;查看开关是否会因机械抖动等造成误报警
7	报警信息	膜杆相位错。机器响应:停车(注:该报警需复位按钮复位)
	现象与处理	处理:膜杆可能没有和主机链同步,检查螺帽有没有收紧
8	报警信息	上膜推进相位错。机器响应:紧急停车(注:该报警需复位按钮复位)
	现象与处理	处理:手动状态下,按点动,重新设置相位
9	报警信息	风机电机过载。机器响应:紧急停车
	现象与处理	电机过载。处理:确认电机变频器有过载报警,将空气开关电流值调到比电机额定电流大一点,检查是否有东西使电机负载过大,故障处理后,将报警复位
10	报警信息	热通道变频器故障。机器响应:紧急停车
	现象与处理	① 变频器故障。处理:确认电机变频器故障报警,故障处理后,将报警复位 ② 变频器无故障(注:该报警需复位按钮复位)。处理:若检查电机变频器无故障,检查线路是否正常,端子接触是否有松动等
11	报警信息	入口变频器故障。机器响应:紧急停车
	现象与处理	① 变频器故障。处理:确认电机变频器故障报警,故障处理后,将报警复位 ② 变频器无故障(注:该报警需复位按钮复位)。处理:若检查电机变频器无故障,检查线路是否正常,端子接触是否有松动等
12	报警信息	推瓶区倒瓶报警。机器响应:紧急停车(默认)
	现象与处理	推瓶处有倒瓶 处理:确认推瓶处是否有倒瓶,检查瓶子通过时是否畅通,报警排除后,将报警复位
13	报警信息	包裹区倒瓶。机器响应:紧急停车(默认)(注:该报警需复位按钮复位)
	现象与处理	处理:检查是否上膜不畅,膜拉瓶;检查过渡是否顺畅

续表

序号	常见故障	排 除 方 法
14	报警信息	包裹无膜。机器响应:紧急停车(默认)
	现象与处理	处理:检查膜感应开关是否正常;检查是否有无膜挑上来;检查包裹区相位是否正确,故障排除后,按复位
15	报警信息	分瓶前倒瓶停分瓶。机器响应:紧急停车(默认)
	现象与处理	处理:检查分瓶是否顺畅;检查分瓶爪是否有刮到瓶子。故障排除后,按复位
16	报警信息	热通道超常。机器响应:紧急停车(注:该报警需复位按钮复位)
	现象与处理	处理:检查电机是否反转;检查温度是否设的太高
17	报警信息	分瓶1/2电机受阻。机器响应:紧急停车
	现象与处理	处理:分瓶曲线不对;扭矩过小。故障处理后,按复位
18	报警信息	出口堵塞。机器响应:紧急停车
	现象与处理	处理:检查感应开关是否正常;检查瓶子是否堆满

思 考 题

1. 现场观察一台装箱机,绘制其整机工艺流程简图。分析思考下列问题:

① 装箱机处于非工作状态时应停机在什么位置?

② 为什么应停留在此位置?

2. 总结多连杆式塑料箱装箱的工艺过程。

3. 日常情况下对装箱机应如何进行维护保养?

4. 装箱机设置摇瓶和挡瓶装置的作用是什么?

5. 装箱后的箱内瓶子有缺漏,此时操作者应该主要检查哪些部位?

6. 装箱机抓瓶装置常见的故障有哪些?

7. 分析装卸箱机输箱装置常见故障。

8. 思考观察装箱机下列部件在装配过程中应该注意的问题:

①抓瓶头部件;②输箱部件;③排瓶板部件。

9. 某企业使用的啤酒装箱机欲更换箱子规格,例如从每箱24瓶(4×6格)更换成每箱12瓶(3×4格),机器应该做哪些部位的调整?

10. 记录下在装箱机装配或使用过程中遇到哪些问题,怎么解决它?

11. 装卸箱机受到箱子、容器的规格影响变化,思考下列问题:

① 对于不同规格、材质的箱子,装箱机在结构设计上应重点改进哪些部位?

② 对于不同规格的瓶型,装箱机在结构设计上应重点改进哪些部位?

12. 分析膜裹包机的各类故障,分析为什么在故障消除后不能自动开机,必须由人工复位才能工作?

8 软包装设备的安装与维护

【认知目标】

- ☞ 了解软包装技术与包装设备的类型
- ☞ 掌握在线制袋软包装设备的工作过程、组成结构及特点
- ☞ 能对制袋包装机部件进行正确装配与调试
- ☞ 会对制袋包装机易损件进行判断与更换
- ☞ 理解无菌包装和无菌包装设备的含义
- ☞ 能对制袋包装机进行正确操作、运行管理
- ☞ 通过整机装配实践，培养团结协作精神
- ☞ 通过关键零部件装配，养成严谨认真的作风

【内容导入】

本单元作为一个独立的项目，按照包装袋型及软包装机分类→制袋包装机的工作过程→组成结构分析→机器的使用与维护→常见故障分析为主线组织内容，最后又介绍了其他无菌包装机及其使用，由简单到复杂，由单一到综合，阶梯递进。

通过学习制袋包装机、无菌软包装机的工作过程、组成结构等知识，培养掌握有关包装设备的技术，通过相应的实践，具备对此类设备的制造安装、调试、故障判断、维修等岗位技术能力。

8.1 软包装及其设备分类

所谓软包装就是将粉粒物料、液体、半流体等物料充填到用纸、铝箔、塑料薄膜等柔性材料制成的包装袋中，再进行排气（或充气）、封口和切断，完成包装的过程。

近年来，采用软包装技术的鲜乳、乳饮料、果汁饮料、浓缩饮料等液体产品发展很快，在饮食业中占越来越多的比重。另外，软包装也大量用来包装固体物料，与这些产品相关的袋装物品软包装设备在自动化生产线中应用越来越广泛。

软包装的具体类型有好多种，典型的软包装是用柔性材料制成袋子容器形状的包装。纸、铝箔、塑料薄膜及其复合材料因具有良好的保护物品的性能，且来源丰富、质轻、价廉，又易于印刷、成型封口、开启和回收处理，被制成的产品包装袋轻巧、美观、实用，已成为软包装常用的制袋材料。

软包装设备在欧洲一些国家研制较早，其技术处于世界领先水平，产品占据着国际主要市场，如瑞典的利乐公司、芬兰的依莱克斯德公司等。目前我国各乳品、饮料企业所使用的关键包装设备多数为进口设备，因此，掌握此类设备的组成结构、安装调试、运行维护及引进消化技术非常重要。

8.1.1 包装袋的基本类型及特点

图 8-1 所示是用各种软材料制成的包装袋的一些基本袋型。袋型及其大小主要取决于

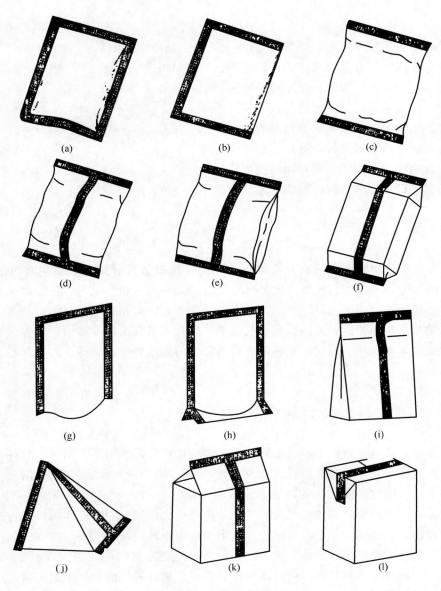

图 8-1 包装基本袋型示意图

被充填物料的性质、容量及包装材料的性能，并与制袋方法及商品流通的使用要求有直接关系。各袋型的结构名称如图 8-1 及图 8-2。

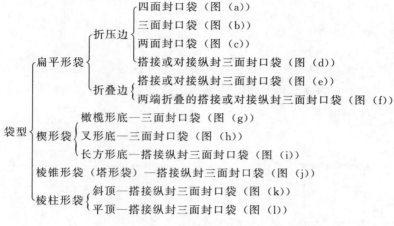

图 8-2　袋型说明图

一般地，中小尺寸的扁平袋适合充填粉粒料或半流体物料，多采用平放；中小尺寸的棱锥形和棱柱形袋适合充填粉粒料或液体物料，采用自立放置，便于外包装、销售和使用；楔形袋兼具上述两类袋型的某些特征。

从制袋来看，扁平袋和棱锥形袋比较简单，多用于成型充填封口机，因纵横接缝交接处的层数增加，封口的牢度受到影响，搭接比对接封口质量好。三面或四面折压边封口袋的制袋封口牢度较好，其主要缺点是，前者外形不够对称美观，后者材料利用率偏低。对于那些比较复杂的袋型如楔形袋等，则要预先制好空袋，所以，它多用于给袋充填封口机。

8.1.2　软包装设备的分类及特点

由于袋型多样化，包装设备的类型和结构也呈现多种形式。

（1）按自动化程度分　分为全自动包装机、半自动包装机。前者因机型一体化占地面积小，对操作人员要求少，设备投资较大；后者因多机组合占面积大，要求操作人员相对较多，但机器相对较简单，费用低。

（2）按照包装袋来源分　分为在线制袋和（预制）给袋包装两种。在线制袋包装机自动化程度高，技术要求复杂，根据制袋成型机理分为折弯、折叠、对合及截取成型等几种；给袋包装机需有供袋和开袋装置，通常袋子的结构复杂或包装物料较特殊。

（3）按照机器总体布局分　分为立式机、卧式机。主要工艺按上下排列的称为立式机，要求厂房高度高，被包装物料利用重力充填包装；主要工艺按水平左右排列的称为卧式机，方便操作维护，但占用厂房地面积较大。

（4）按照运动形式分　分为连续式、间歇式。连续式生产能力高，噪声较小，但是，封口质量不如间歇式好。

本章仅以 WRB40 型立式成型—制袋—充填—封口的在线制袋自动包装机为例进行学习。

8.2 制袋包装机的工作过程

8.2.1 主要技术参数

WRB40 型立式制袋包装机专用于包装液体物料的包装，是目前常见的软包装机之一，适用于巴氏杀菌牛奶或豆奶的塑料袋包装，也适于果汁类、半流质液体食品的包装，其主要技术参数见表 8-1。

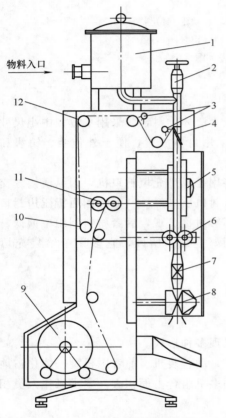

物料入口 →

图 8-3 立式制袋包装机结构图

1—物料平衡缸 2—流量调节阀 3—紫外线
杀菌灯 4—成型器 5—纵封器 6—牵引辊
7—充填阀 8—横封切断器 9—薄膜卷
10—张力平衡器 11—预牵引辊 12—导辊组

表 8-1   WRB40 型立式制袋包装机
主要技术参数

主要技术参数	参 数 值
公称生产能力/袋/min	80(容量 250ml)
灌装头数/个	2(左右布置)
包装容量/mL	250～1000 连续可调
使用包装材料/mm	PE 或 LLDPE 薄膜，膜厚 0.08～0.1；宽度 300～350
主机外形(长×宽×高)/mm	4000×1350×2900
成套设备占地/mm	6000×3200
装机总容量/kW	～20
总重/kg	～2500

8.2.2 工艺流程

如图 8-3 所示为立式制袋包装机结构图，其主要工艺流程可分为如下几步：

① 制袋。即包装材料的送进、成型、纵封，制成一定形状的筒形袋子。

② 物料的计量充填，排气或充气。

③ 横向封口与切断。

④ 检验、计数、输出。

薄膜由预牵引辊 11 从薄膜卷筒 9 上拉下，经导辊组 12 改变方向，再经过两道紫外线灯光 3 照射，实施与产品接触的一面杀菌处理后，再送到成型器 4。从成型器中出来的薄膜被折成扁筒状，薄膜间歇运动静止时刻，纵封器 5 对扁筒状袋的纵向接合处加压热封。薄膜牵引辊 6 间歇回转，使得料袋按照设定长度被牵引送进。张力平衡器 10 的作用是保持薄膜牵引阻力均匀。液体物料储存在机器顶部的物料平衡缸 1 中，流量调节阀 2 实现物料的供给流量，经充填阀 7 定量地进入料袋。横封切断器 8 在液面部位以下将袋口密封并同时切断，完成产品的包装全过程。

其工艺流程用图 8-4 所示框图表示，图中粗实线连接部分为基本工序，细线连接部分表示可选择的辅助工序。

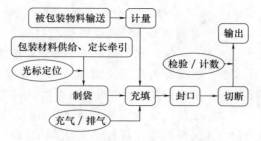

图 8-4　制袋包装机工艺流程框图

8.3　制袋包装机的组成结构

从制袋包装机的工艺流程看出，制袋—充填—封口是制袋包装机的基本工序，因此，其结构组成包括包装材料供给装置、牵引装置、被包装物料的输送、计量装置、制袋成型器、封口与切断装置等。

8.3.1　制袋成型器及应用

塑料薄膜或其复合材质包装材料是常见的包装材料，制袋成型器使塑料薄膜包装材料卷折成各种袋型的专用装置，是成型—充填—封口机上的关键部件之一，对包装的形状、尺寸、产品质量有直接的影响。

图 8-5 为制袋成型器示意图。常用的有翻领成型器 ［图 8-5 （a）］、象鼻成型器 ［图

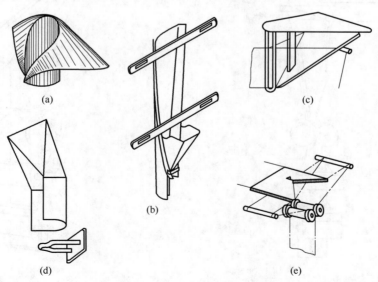

图 8-5　制袋成型器示意图

（a）翻领成型器　（b）象鼻成型器　（c）三角板成型器　（d）U 形板成型器　（e）缺口导板成型器

8-5（b）]、三角板成型器［图 8-5（c）]、U 形板成型器［图 8-5（d）]、缺口导板成型器［图 8-5（e）]。

WRB40 型立式制袋软包装机常见的制袋成型器有翻领成型器、象鼻成型器或 U 形板成型器。

（1）利用翻领成型器折弯成型　如图 8-6 所示为翻领成型器折弯成型机示意图。卷筒薄膜经导辊牵引至翻领型成型器 2，被折弯后再由纵封器 3 搭接成圆筒状。物料经计量装置（图中未画）计量后经加料管 1 落入袋内，横封器 4 在进行热封切割的同时，将袋筒间歇地向下牵引，最后形成搭接纵封三面封口扁平袋。

（2）利用象鼻成型器折弯成型　如图 8-7 所示为象鼻成型器折弯成型示意图。卷筒薄膜 1 经导辊牵引至象鼻成型器 2 被折弯成圆筒状，然后借等速回转的纵封辊 4 加压热合并连续向下牵引。物料经计量装置（图中未画）计量后，由加料斗 3 落入已封底的袋筒内。经不等速回转的横封辊 5 将该袋上口封合，再经回转切刀 7 切断后由输送装置运出机外。其袋型为对接纵封三面封合扁平型。

（3）利用 U 形成型器折弯成型　如图 8-8 所示为 U 形成型器折弯成型示意图。卷筒

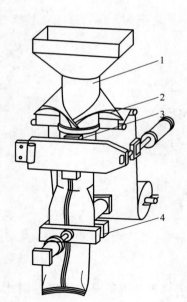

图 8-6　翻领型成型器成型示意图
1—加料管　2—翻领成型器
3—纵封器　4—横封器

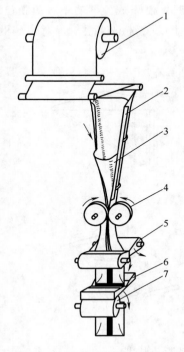

图 8-7　象鼻成型器成型示意图
1—卷筒薄膜　2—象鼻成型器　3—加料斗　4—纵封辊　5—横封辊　6—固定切刀　7—回转切刀

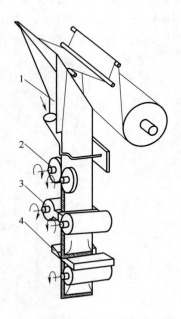

图 8-8　U 形成型器成型示意图
1—U 形成型器　2—纵封辊
3—横封辊　4—切刀

薄膜经导辊牵引至 U 形成型器 1 被折弯成 U 形筒状，然后借等速回转的纵封辊 2 加压热合并连续向下牵引。横封辊 3 对袋筒横向封接，物料经计量装置计量后，由加料斗落入袋筒内。已装好物料的包装袋继续下移，再经切刀 4 切断后由输送装置运出机外。其袋型为三面封合扁平型。

（4）利用三角板成型器折叠成型　如图 8-9 所示为三角板成型器折叠成型示意图。卷筒薄膜经导辊至三角板成型器 1 后被对折，薄膜在牵引辊 3 的牵引下前行，由纵封器 2 按

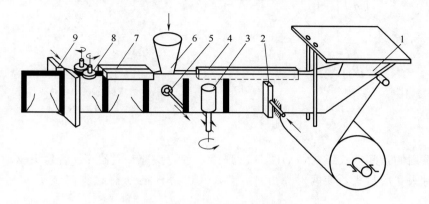

图 8-9　三角板成型器成型示意图
1—三角板成型器　2—纵封器　3—牵引辊　4—隔离板　5—开袋吸嘴
6—加料管　7—横封器　8—牵引辊　9—切刀

照一定的节拍纵向封接成筒状。隔离板将薄膜隔开一定的间隙以便开袋吸嘴 5 开启袋口，物料从加料管 6 注入袋内，横封器 7 对袋口横向封合，再经切刀 9 将包装袋从封接中缝切断，最后由输送装置运出机外。其袋型为三面封合扁平型。

（5）利用缺口导板成型器折叠成型　如图 8-10 所示为利用缺口导板成型器成型示意图。单卷薄膜经导辊及三角形缺口导板 1 被一固定剖切刀 2 等切，然后沿左右两侧同步相向运动，经汇流对合后，再依次进行纵封、充填、横封和切断。其袋型亦为四边封口扁平袋，常用于药片和糖块的单粒软包装。

8.3.2　纵封装置

纵封装置的作用是将折叠后的包装薄膜两侧边沿纵向热封为一体，形成圆筒状。根据热封器的运动方式不同，纵封装置分为连续式和间歇式两种。

连续式的热封器为滚轮结构，包装材料在两个滚轮之间运动时被加热封合。间歇式纵封装置也叫板条式纵封装置，其结构呈现板条状，如图 8-11 和图8-12

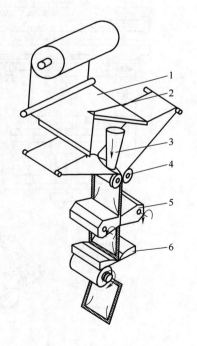

图 8-10　缺口导板成型器成型示意图
1—缺口导板　2—剖切刀　3—加料管
4—双道纵封辊　5—横封器　6—切刀

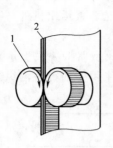

图 8-11　滚轮式热封装置

1—热封滚轮　2—薄膜

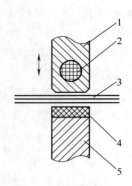

图 8-12　板条式热封装置

1—热封压板　2—电加热元件　3—薄
膜　4—耐热胶垫　5—压板

所示。

　　本机采用的是间歇式纵封，如图 8-13 所示。前封头驱动气缸 7、后封头驱动气缸 1 分别驱动前封头和后封头，使两封头相向运动，通过滑杆推动前封头安装板 3 和后封头安

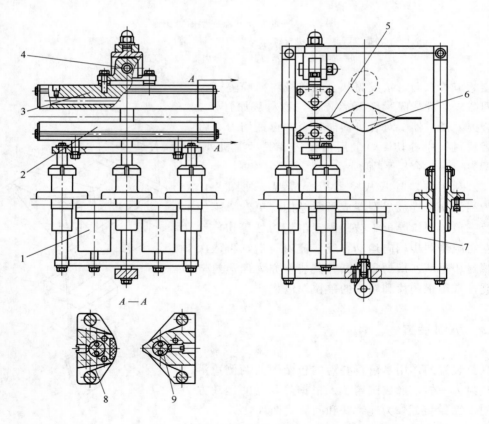

图 8-13　纵封装置

1—后封头驱动气缸　2—后封头安装板　3—前封头安装板联　4—自动对正销轴
5—包装膜　6—下料管　7—前封头驱动气缸　8—四氟布　9—加热棒

装板 2 往复移动，前封头安装板利用自动对正销轴 4 连接，能和后封头自动对平，使封口上下一致平整。当已呈圆筒状的包装薄膜筒停歇时，纵封装置对其叠合的侧边压紧并进行恒温热封，使其形成一道密合的纵向缝。纵封加热工作区域长度为成品袋长的 1.5 倍。

热封质量受到时间、温度和压紧力的影响，对于某一产量，热封时间基本固定，需调整温度和压紧力之间的最佳匹配，纵封温度的设定根据包装薄膜特性而定，常用五层复合包装膜设在 150℃ 左右，通过主电控柜中的温度控制仪调整；压力的调整方法是调整前后热封头的相对初始位置及驱动气缸的进出气流量。

热封头外包的聚四氟乙烯涂覆玻璃纤维布 8（又称特氟龙耐高温漆布，简称四氟布）是防止包装薄膜熔化后与热封头粘接，同时可以增加封合牢固。四氟布有条状和卷状两种。当四氟布烧焦或表面损坏时，必须及时更换，以保证封接质量。

8.3.3　横封及切断装置

横封及切断装置用于复合薄膜袋的横向封合及热熔切断，分为连续式横封和间歇式横封两种形式。软包装采用的是连续材料，纵封为筒状，横封切断后成为各个单元，横封时完成下袋的上边和上袋的下边同时封合并切开上、下袋。

连续式横封装置有两只横封辊在驱动机构的带动下作相向同速回转，横封辊工作部分对袋子施以一定的压力，根据加热管布置数量的不同（一般为 2 个），横封辊每转动一周，便完成对袋子的（两次）横封，横封辊的加热由安装在其内部的加热管完成。在一定的压力和温度下，某种材料的封合时间是一定的，因此，要求横封辊与该材料制成的袋子接触时间不小于封合时间。另外，在封合时间内，横封辊与袋子的运动速度要相等，否则，袋子会被拉长甚至于拉断或者起皱。如果生产规格改变（袋长度改变）或生产效率改变，匀速回转的横封辊就不能满足上述要求，因此，横封装置的驱动机构要采用特殊方式，如偏心链轮机构、转动导杆机构等。

薄膜的切断指将已经充填有物料并封口的包装袋从机器上分离，成为单个的袋产品，以方便销售和使用。根据分切原理的不同，分为热切和冷切两种，热切就是将包装薄膜加热熔化，用热切元件向熔化部分施加切断力使得薄膜袋分离；冷切就是用金属刀刃使得包装薄膜在横截面上受剪切力而分离。自动制袋包装机横封装置的发展趋势是横封与分切设计成一整体结构，即在热封的同时起到分切包装袋的作用。

图 8-14 为横封与切断装置结构简图。它主要由横封加热器 8 和后加热切断刀 7 组成，由气缸 2 驱动拉杆 3 和 5 前后运动，经转化连杆 4 使横封加热器和后切断刀相向运动，实现封合及熔断。

完成薄膜袋的封合及熔断，受到三个因素的影响：时间、压力和温度。横封的温度设定为 210° 左右，封口时间按工艺时间设定；调机时根据包装材料的性能调整封口压力，工作中通过调整温度便可达到封合、熔断要求。

横封加热块的四氟布每班必须更换，否则将导致封口质量不好。

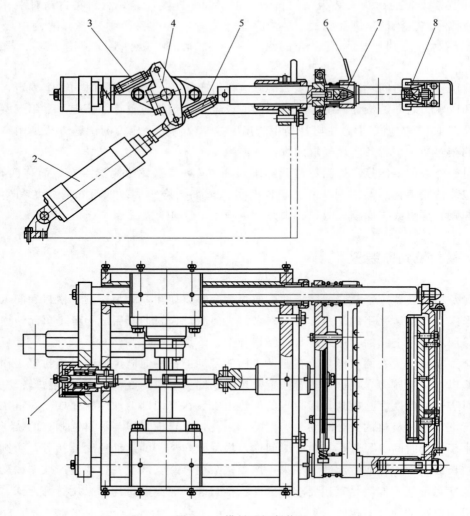

图 8-14 横封及切断装置

1—缓冲装置 2—气缸 3—后拉杆 4—转化连杆 5—前拉杆 6—导向板 7—切断刀 8—横封加热器

8.4 制袋包装机的使用与维护

机器使用时除严格按照操作规程进行外，对机器定期地维护、保养是使机器良好工作、延长机器使用寿命的关键。使用与维护管理从以下几个方面进行。

8.4.1 擦洗

机器在运行过程中所产生的灰尘、残留物、油污等都会影响机器正常工作。熔化了的薄膜会粘在筒辊表面，使其与薄膜形成点接触，薄膜在送进时就会产生爬行现象，有时甚至于使滚筒不能转动；热封器上粘上熔化的塑料，使封口质量不能保证；传感器上粘上灰尘、脏物会使得光电控制系统失灵；风扇和防尘罩上积聚脏物会阻碍排风，影响散热效果；传动链条和链轮上因常涂有润滑油容易积聚灰尘、脏物，必须经常擦洗、清理，防止异物卷入机器，发生故障。

8.4.2　润滑

仔细对照机器的润滑系统图，使用规定的润滑剂进行润滑。经常摩擦的部位，如凸轮机构等，每天都应加注润滑油；经常检查油池油面高度，使其保证在要求液面；轴承应定期充注油脂；应对机器的润滑系统加强管理，防止油管堵塞、油路损坏或其他原因导致机器润滑不到位而出现卡死现象，发生故障或事故。

8.4.3　调整

机器的调整包括以下几方面：热封温度调整、封口压力和保压时间的调整、袋子规格变换的调整、光电检测系统的调整。

8.4.4　检修及安全

机器工作时应经常注意观察，发现问题及时修复。擦洗加油润滑时认真检查是否有磨损、调整不当的零件，特别对于垫片的磨损、油路的泄漏、漏气的声音，应仔细检查。另外，正确安全地操作是保障操作者和相关人员生命安全的前提，开动机器前必须把所有防护罩、安全门全部装好，严格按照操作规章操作机器，安全生产。

8.5　机器常见的故障分析

制袋包装机的自动化程度较高，受到包装薄膜材料、被包装物料、控制系统、工作环境等各方面因素的影响，发生故障原因比较复杂，操作使用时要根据现场工作条件认真检查。机器常见故障分析如下。

8.5.1　横封切断位置不正确

主要是薄膜在牵引过程中定位不准确导致。对于袋长和封切位置有严格要求的产品，在包装薄膜上印有色标，用识别光电开关检验控制切封位置，此种情况，光线强度、光点大小及反射光位置都会影响检测结果。利用摩擦送薄膜时，送料辊或同步齿形带与薄膜间的打滑，也会影响封切位置不准，应适当增加送料辊或同步齿形带对薄膜的压力。

8.5.2　封口有烧结、起泡现象

出现这种现象的原因多数情况下是停顿加热过度或封口时间过长导致。应根据薄膜的特

性和厚度调准温度和封口时间。一般地，材料薄时停顿时间短，材料厚时停顿时间稍长。

8.5.3　封口不牢

通常情况下会出现以下两种原因：

（1）加热器的加热温度太低或加热时间太短　调试时先把热封头的温度控制器的温度适当调高些，进行热封，查看封口质量，如果塑料被熔化，则应该调低温度，调定温度的同时，可以适当改变加热时间，直到封口理想为止。

（2）热封器的工作面出现凸凹不平　应对热封头的加热表面进行修整，必要时更换热封头。

8.5.4　横封器切袋异常

出现袋袋相连而切不断现象时，很可能是横封头切断刀口磨损或有伤痕，应研磨刀口使其锋利或更换新刀，横封头粘有异物也会影响切断。

8.5.5　供液料不足或过量现象

主要是液体料定量泵定量不准的原因导致，应仔细检查供送泵。

8.6　无菌软包装机及其使用

大部分软包装是在自然状态下进行，对于易腐烂产品可采用无菌包装。无菌包装指待装物料、包装容器、包装材料及包装辅助材料灭菌后，在无菌环境中进行充填、封合的一种包装方法。无菌环境包括包装机械设备无菌和操作现场无菌。

待装物料、包装材料的灭菌一般采用加热灭菌、辐射灭菌和环氧乙烷气体灭菌等方法，广泛应用于牛奶、豆奶、果汁、蔬菜汁、茶类、酱油等液态食品、饮品的包装。

无菌包装机指为实现无菌包装的目的而采用的、能完成全部或部分包装过程的机械，一般包括杀菌和包装两大系统。它应具备自身工作环境、包装材料或包装容器灭菌功能，并确保事先经灭菌处理的物料在无菌状态下自动充填到自身灭菌的容器内且自动封合，使包装的产品在常温下能长时间保持新鲜不变质。

无菌包装机按照产品形状可以分为砖形无菌包装机、枕形无菌包装机、三角形无菌包装机、屋形无菌包装机等。它们的工作原理共同点是将预先印制好的复合纸，经整理、打印日期（批号）、灭菌处理，制成筒状纸容器或纸盒，在无菌状态下进行定量充填和封合、切断、成型、送出；或送盒再次灭菌、定量充填、封合送出和折角成型。

8.6.1　砖形无菌包装机

砖形无菌包装机可分为立式中缝全自动、立式侧缝全自动、卧式中缝半自动和卧式侧缝半自动无菌包装机四大类。

立式中缝全自动砖形无菌包装机的主要技术参数见表 8-2，其工作过程框图如图 8-15 所示，组成结构如图 8-16 所示。

表 8-2　　　　　　　　　　　　立式中缝全自动砖形无菌包装机技术参数

公称生产能力/袋/h	1000～1200、1200～1500、1800～2500
包装容量/mL	200、250、330、500、750、1000
适用包装产品	牛奶、豆奶、果汁、茶类等不含气体的液体食品与酒类
产品外形尺寸	单向正面中缝，呈砖形
产品保鲜期	12 个月以上
产品卫生质量	符合国家 GB 27591—1996 标准
适用包装材料	PE/纸/PE/铝箔/PE 五层或六层复合纸
额定操作工人	1～2 人
用电频率/Hz	50～55
额定电压/V	220、380
额定功率/kW	动力 2，电热 10
外形尺寸/mm	2300×2880×4390
总重量/kg	～2500
生产方式	全自动连续式

卷筒复合纸由放卷装置 12 按控制系统恒定张力的指令间歇放卷，经导膜机构 11 整理后去除薄膜上可能存在的皱褶，经打印日期装置 10 印好日期批号，由传动系统牵引至机器的中部，经双氧水（H_2O_2）槽浸洗完成复合纸的灭菌，经滚压把多余的双氧水挤压回双氧水槽，再用无菌热空气烘干；经折叠成型机构完成复合纸的折叠后继续往上移动，到达机器顶部转

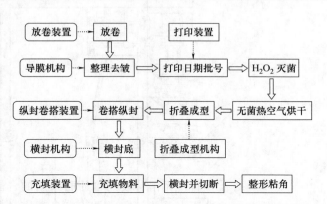

图 8-15　立式中缝全自动砖形无菌包装机工作过程框图

折向下，由纵封卷搭装置 7 渐渐卷成筒状并纵封成型，完成中缝搭接粘合成筒状后继续往下移动，到达下止点时停下，让横封剪切机构的下半部进行横封，成为圆筒袋；随即由充填装置 6 在控制系统的监控指令下按设定的物料量向纸筒里充填饮料，横封剪切装置根据控制系统的指令进行横封并切断，送至整形粘角机构，周而复始。

砖形无菌包装机的车间按无菌室要求建造，包装材料经双氧水浸洗消毒后，由无菌热空气烘干，成型的纸管内的物料液面由辐射热保持包装容器处于无菌状态，产品于液面下横封，保证满包，不存空气。待包装的物料经超高温（UHT）瞬时灭菌，通过预先灭菌的封闭式管道，送至预先灭菌的封闭式储料罐，在充填装置的控制下定时定量充填于纸筒内，确保经灭菌后的物料不发生二次污染。与包装材料和物料接触部位用不锈钢材料

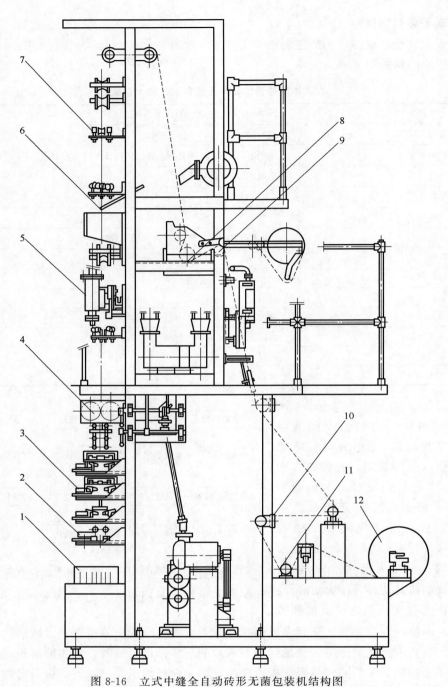

图 8-16 立式中缝全自动砖形无菌包装机结构图

1—整形粘角 2—切断 3—横封成形 4—牵引装置 5—纵封装置 6—充填装置 7—纵封卷搭装置
8—灭菌槽 9—机架总成 10—打码装置 11—导膜机构 12—放卷装置

制造。

与上述无菌包装机类似的还有立式侧缝全自动、卧式中缝半自动、卧式侧缝半自动等砖形无菌包装机。其与立式中缝机不同之处是包装材料成筒形时侧缝机一般采用对接形式，而中缝机采用搭接形式。

砖形无菌包装机应用广泛，选择时应该根据实际情况和待包装物料的要求来选择。例如，要求完全灌满包且不存空气的，选用立式、卧式机均可实现；若包装带有粒状物料或不需要灌满包，宜选用卧式机；常温或低温灌装的产品，立式、卧式机都适用，但半流体和膏体产品选用卧式机较好，蛋白质含量高的产品宜选用自动化程度高的机型。

砖形无菌包装机要求放置车间应保持清洁干燥，以免影响电器及机器的使用寿命，应定期保养，防止锈蚀。一般地，机器使用 6 个月应保养一次，12 个月后应进行一次全面的检查大修及保养。对于一些易损件应经常检查，发现磨损较严重的应更换，确保机器正常运行。

机器安装调试正常后，即可投入使用，在生产过程中，应注意以下事项：

（1）结合机器使用说明书及生产中的实际情况进行操作。每班开机前应检查润滑情况和绝缘情况，减速机运动 1000h 后，应更换润滑油；轴承运行 2000h 后，应更换润滑油；齿轮和转动部分，每工作 8h 加润滑油一次；铜套、活动部分，每工作 4h 加注润滑油一次。经常检查机器活动零部件的磨损情况，发现异常应及时调整或更换。注意保持机内卫生清洁，防尘、防潮、防锈，长时间不用应严加遮盖，恢复使用时应认真检查和保养，无异常后再使用。班前班后彻底清洗管道、集水槽、泵、罐等。

（2）机器运行一段时间后，应检查双氧水槽里的双氧水液位，并及时补充。配料无菌车间要保证充填料的供应，以提高机器的生产效率。

（3）停机时要及时把贴条、纵封加热器拉出，以免烫伤复合纸及密封条，发现粘结物及时清除。若停机时间较长，关掉充填控制系统的手动阀，重新开机时要预先打开手动阀。

（4）对于自动制盒机，卸下主传动皮带，启动主电机，检查机器转动方向与机器标注转向是否一致，确认转向正确后，再装上皮带。试验各种电器，如有异常立即排除。各操作按钮和操作手柄应处于停机状态，接通电源后先启动主动开关，无异常后空车运转 5～10min，观察有无异常。

对于自动制盒机、无菌充填机的加热预热，注意分级升温，每升高 30～50℃，停止 5～10min 再往上升，以延长发热元件的寿命。各区加热至合适温度时启动制动器和主电机即可开始负载运行，试灌装时注意盒面有无烫伤，盒内有无空气，若发现与要求不符，应立即停机查明原因，调整到符合要求。

8.6.2　枕形无菌包装机

枕形无菌包装机是以纸、塑料、铝箔等五层复合纸纵向缝合，上下横封，比砖形包装材料稍薄，所包装的产品形状如同枕头形，故而得名。枕形无菌软包装机是比塑料薄膜袋高级的一种新包装。

其工作原理与立式砖形无菌包装机基本相同，只是没有成型、粘角部分，主要特点是包装产品后无须再成型，充填、封合、切断送出即可装箱入库，包装速度比砖形包装机快。

枕形无菌包装机可分为中缝搭接式和中缝对接式两大类。

中缝搭接式枕形无菌包装机是在立式砖形无菌包装机的基础上改变后半部分的功能而设计制造的，它保留了砖形包装机的切断以前的全部机构及功能，去掉了预成型、成型、粘角的机构，增加平面输送装置，将包装切断的枕形产品送出，人工装箱。

中缝对接式枕形无菌包装机与中缝搭接式枕形无菌包装机基本相同，差异是无须贴条机构，包装材料无须密封条搭配，成型时纸的切口全部在外，纵封机构复杂些，包装产品后，中缝纸边外露，包装的产品形如中封的薄膜袋。

枕形无菌包装机广泛应用于牛奶、豆奶、果汁、蔬菜汁、茶类等液体、流体食品及化工产品，不适用于有颗粒的液体包装，宜常温或低充填，不宜包装高于 45℃ 的产品。

8.6.3   三角形无菌包装机

三角形纸包装饮料（也称三角包）近年来很受欢迎，其工作过程是将卷筒的薄型纸塑铝 5 层复合纸无菌处理，经成型器卷成筒状，经纵向搭接粘合后成为圆筒的纸容器，筒内保持持续灭菌，底部横封后即可边自动充填，边横封和切断，制得四个三角面的包装产品。

可分为立式全自动和卧式半自动两类机。

立式全自动三角形机在立式砖形包装机的基础上改型设计，不同之处是改变了侧面横向封合和裁切机构，增加了平面输送产品装置。卧式半自动三角形无菌包装机是在卧式中缝砖形无菌包装生产线基础上改型设计的，由卧式中缝制盒机和无菌充填封合机组成。

三角形无菌包装机适用于对鲜奶、乳饮料、果蔬汁、茶类等液体食品的无菌包装，尤其是包装"学生奶"，既卫生又有新奇感。立式机适宜低温或常温充填，不宜超过 45℃，卧式机适宜中温或高温充填，选用时应根据工艺要求来选择机型。另外，厂房的高度也是选型时要考虑的重要因素之一，若厂房低于 4.5m 应考虑选择卧式机型。

8.6.4   屋形无菌包装机

屋形无菌包装机所包装的产品叫屋顶包，因其形状相似屋子而得名。其主要特点是采用无菌包装工艺，将卷筒复合纸板制成纸盒，经灭菌、充填、封合，得到相应的产品。确保容器完全灌满，不存空气，从而获得较长的货架期（即保质期）。小包装还设有饮管孔，消费者把饮管插入盒内可方便地饮用，无须撕开纸盒。

屋形无菌包装机不具备制盒功能，使用半成品纸盒，有全自动、半自动之分。全自动屋顶无菌包装机能够自动地完成开盒、封底、灭菌、充填、顶部成型与封合以及将成品送出机外全过程，由机身、电控箱、主传动、间歇传动、储盒箱、成型封底、消毒、定量充填、顶部成型封合、送出等主要机构组成。

屋形无菌包装机对于流体半流体的物料有较好的包装性能，适用于纯牛奶、酸奶、含乳饮料、植物蛋白饮料、果汁等液体食品的无菌包装，但不能包装含气的产品。一般地，包装 500mL 以下的产品可增加贴吸管设备，500mL 以上的可以增加加盖设备。

8.6.5　各类无菌包装机常见故障

各类无菌包装机的常见故障分析见表8-3～表8-6。

表 8-3　　　　　　　　　　　　立式/卧式包装机的常见故障及排除方法

故 障 现 象	产生的主要原因	排 除 方 法
机器转而纸不动	① 放卷张力过大 ② 牵引机构打滑	① 调小张力 ② 加大牵引辊的压力或用粗砂布横擦牵引辊
卷纸拉断	① 放卷张力过大 ② 封口器过小 ③ 复合纸有胶块	① 调低张力 ② 调整封口器 ③ 剪掉带胶块的复合纸
图案搭接不正	① 送纸左右不均匀 ② 搭接不顺当	① 调整放卷,使两边平衡 ② 人工适当调整
中缝渗漏	① 纵封温度过低 ② 密封条没贴牢 ③ 成型器内小轮损伤	① 适当提高温度 ② 适当提高贴条温度或调校纵封器位置 ③ 调换小轮
中封走偏	供纸不正中	① 调整两边距离 ② 人工辅助纠偏 ③ 调整滚轮
横封渗漏	① 温度偏低 ② 压力不足 ③ 两道封口不重合 ④ 切口错位	① 适当提高温度 ② 适当调大压力 ③ 调整封口装置 ④ 调整位置
热风器温度老升不起来	① 电热元件接触不良 ② 电热元件烧坏 ③ 风量过大	① 紧固接头 ② 更换电热元件 ③ 适当减少风量
纸筒内封口起皱不平滑	① 封口器小滚轮有纸粘住 ② 内小滚轮弹力过大	① 清除粘物 ② 适当调小内小滚轮弹力
容量不足	定量装置过严紧	调阔容量调节装置
容量超标	空量装置过阔	调近定量调节装置
产品盒长短不一致	① 光探头接触不良 ② 放卷张力过大	① 调校光探头与光标接触距离或擦净探头光管的灰尘 ② 调低张力
拉盒和切盒动作不配合	剪切机构凸轮移位	调正凸轮位置并锁紧
裁盒不断或切口不光滑	切刀吻合不良或刀口已钝	调整上下刀,更换刀片或磨刀
切刀不动作	纸屑卡住	拧松切刀护板剔除纸屑
切口不平	上滑压板压力不够	调整压力
电动机不转	① 接触不良或保险丝烧毁 ② 电动机烧坏	① 拧紧接触点或更换保险丝 ② 更换电动机

表 8-4　　　　　　　　　　盒子起棱屈角机常见故障及排除方法

故 障 现 象	原　因	排 除 方 法
上下模有误差	① 定位装置弹簧过松 ② 伞齿轮间隙过大 ③ 间歇槽轮轴芯紧固键松动 ④ 模具紧固螺栓松动	① 调整弹簧压力 ② 调小间隙 ③ 更换紧固键 ④ 紧固螺栓
侧边、角耳不够服帖	折边、抹角机构行程或压力不够	调大行程或压力
盒顶损伤	上模下行程过大	调小下行程
盒身内或外伤	上模与下模间隙过小	调大间隙
有的机构不工作	凸轮打滑	校正紧固凸轮
盒子棱线不分明	横推盒模推力不足或行程不够	加大推力或行程
裂包	模压力过大或行程过多	调小压力或行程

表 8-5　　　　　　　　　　自动无菌充填包装机常见故障及排除方法

故 障 现 象	原　因	排 除 方 法
灌装量不足	定量泵活塞行程不够或密封圈磨损	调整行程或更换密封圈
灌装量过多	定量泵活塞行程过大	调小行程
封口不牢	温度不足或压力不够	加温或加大封口压力
封口有漏洞	封口器夹板有焦炭残渣或不平衡	清除炭残渣或调整夹板平衡力
封口高低不平	放盒歪斜	注意把盒放平稳
盒子表面变色出现花点	蒸汽消毒时间过长或料液温度过高	适当缩短蒸汽消毒时间或降低料液温度
封口处严重烫伤	封口温度过高	适当调低温度
盒内有空气	排气机构不当	调整排气机构
实际温度与指示不符	热电偶接触不良或有焦炭	紧固热电偶、清除焦炭
控温打灵	控温仪损坏	更换控温仪
温度不升	保险丝烧毁	更换保险丝
机器不动	熔断芯烧毁	更换熔断芯

表 8-6　　　　　　　　　　屋形无菌包装机常见故障及排除方法

故 障 现 象	产 生 原 因	排 除 方 法
供盒空缺	盒子储备与送盒机构衔接不好	调整两者衔接机构
充填容量不足	定量泵行程不足	适当调大行程并锁紧
充填容量超标	定量泵行程过大	适当调小行程并锁紧
顶部成型角度不足	成型机械手行程不够	调大机械手行程
顶部外表烧伤	封合温度偏高	适当调低封合温度
顶部外表有焦物	封合件有积炭	清除积炭
顶部封合线歪斜	① 放盒不平稳 ② 封合元件移位	① 调整卸盒机构 ② 调正封合元件

续表

故 障 现 象	产 生 原 因	排 除 方 法
盒底/盒顶部封合不牢	① 封合温度不足 ② 封合压力不足 ③ 封合件不平衡 ④ 封合件有积炭 ⑤ 电热元件烧毁	① 适当调高温度 ② 适当调大压力 ③ 调整至平衡 ④ 清理积炭 ⑤ 更换电热元件

思 考 题

1. 总结无菌包装机械设备的维护管理常识。

2. 叙述立式中缝全自动砖形饮料无菌包装机的工作原理。

3. 立式无菌包装机使用及维修时应注意哪些问题？

4. 简述液体物料立式袋成型—充填—封口机的工艺流程及主要组成结构。

5. 液体物料立式袋成型—充填—封口机常见故障有哪些？

6. 观察一台制袋包装机，绘制其传动系统原理简图，画出其工艺流程框图。

7. 某企业使用的立式袋成型—充填—封口机欲更换产品规格，机器应该做哪些调整？

8. 从包装机出口处送出来的包装袋，其封口处有不平整与烧焦现象，此时操作者应该怎么办？

9. 自己在包装机装配或使用过程中遇到过哪些问题？应怎么解决？

10. 观察、记录超市货架上各类袋装产品，思考下列问题：

① 当袋长规格改变时，机器应做哪些调整？

② 当袋宽规格改变时，机器应做哪些调整？

③ 纯色包装袋与彩色图案的包装袋相比较，其包装机在结构设计上最大的突破点在哪里？

9 气调包装设备的安装与维护

【认知目标】

   ∞了解气调包装设备的应用与分类

   ∞理解气调包装的原理与工艺过程

   ∞掌握真空、充气包装机的组成结构

   ∞能对真空、充气包装机进行正确装配、调试

   ∞能对气调包装机常见故障做出正确判断与处理

   ∞会进行正确操作、运行管理

   ∞通过气调包装机的操作运行实践，培养细心观察、认真的工作的好习惯

   ∞通过气调包装机装配实践，培养团结协作精神

【内容导入】

本单元为一个独立的项目，按照气调包装机的工作过程分析→组成结构分析→安装与调试→常见故障分析与排除为主线组织内容，任务具体明确，由单一到综合。

通过学习真空、充气包装机的工作原理、组成结构等知识，培养掌握气调包装机有关技术，通过相应的实践，具备对此类设备的制造安装、调试、故障判断、维修等岗位技术能力。

9.1 气调包装及其设备类型

9.1.1 气调包装及其应用

气调包装主要用于改善食品包装容器内的气体结构，以破坏容器内霉菌和需氧细菌的生存环境，达到灭菌和延长保存期的目的。也有利用气调原理使活体产品在相对密封容器中生存的条件。给容器中充入的常用气体有氮气、二氧化碳气体，还有氧气，有时根据需要也充入几种气体的混合体。

气调包装的实质是抽气（抽真空）和充气，其中包装容器的气密性很重要，常用的容器材料有金属、玻璃和复合塑料等。

9.1.2　气调包装机的分类

根据要包装的产品特性和保护的具体要求不同，气调包装机有下列类型。

（1）按主要功能分　可分为真空包装机、真空充气包装机。真空包装机只完成对容器内空气排气功能。真空充气包装机需完成抽真空和充气交替作用，有充气气源和气体混合装置，可实现抽气—充气—抽气包装，也可实现抽气—充气—抽气—再充气包装，两次充气的成分和比例可以不同，由气体混合装置完成。

（2）按排气原理分　分为抽气式、挤压式和热排气。热排气方式仅用于耐热产品，利用加热使空气外流或热蒸汽气流置换空气。

（3）按工作时产品的移动方式分　可分为人工操作式和输送带运送式。

（4）按照抽、充气方式分　分为插管式和腔式。插管式相对简单，通常需手工完成，腔式是有一个抽充气室，可自动完成各工艺流程。

下面主要介绍生产实际中常用的操作腔式和输送带式包装机。

9.2　操作腔式气调包装机

9.2.1　气调包装机的结构

腔式气调包装机也称真空充气腔式包装机，通常为半自动操作，待加工产品由人工放入加工腔室中，也称操作式真空充气包装机。

操作腔式气调包装机外形如图 9-1 所示，有小型台式和落地式。按真空室数量分为双室机和单室机两种，单室机如图 9-1（c）所示，真空室由室座和室盖组成。双室型机又分为双盖型［图 9-1（a）］和单盖型［图 9-1（b）］两种。双室型机的两个真空室是轮换工作的，共用同一套真空设备和电器系统，由室盖的开合动作控制行程开关转换工作状态。

双室型机可以两室轮换工作，使操作更加紧凑，缩短等待时间，工作效率明显比单室机高。双室型机的应用更为普遍，因为双室型机和单室机一样，只需要一套真空设备和电器系统，因此，其制造成本只比单室型机略高一些。

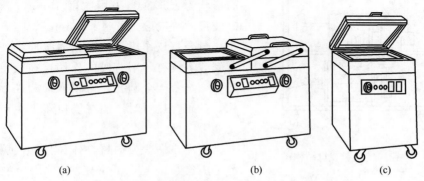

（a）　　　　　　　　　　　　（b）　　　　　　　　　　　　（c）

图 9-1　操作腔式气调包装机外形图

（a）双盖型　（b）单盖型　（c）单室机

9.2.2　设备型号和技术参数

真空充气腔式包装机的生产厂家很多，型号规格也较繁杂，包装机的生产能力按循环次数来表示。表 9-1 列举常用的几例，供生产设计时选用参考。

表 9-1　　　　　　　　　腔式气调包装机的型号和技术参数

技术参数		DZQ-400	DZQ　400/2S	DZQ　800/2S
真空室最低绝对压力 p/kPa		1.33	1.33	1.33
真空室有效尺寸/mm $l \times b \times h$		460×460×100	420×460×100	150×850×150
热封条有效尺寸/mm($l \times b$)		400×10	400×10	800×10
每室热封条数量		2	2	2
包装能力 次数/min	真空包装	2	4	2
	充气包装	1	3	2
泵电机功率 P_0/kW		0.75	0.75	1.5
热封功率 P/kW		0.5	0.75×2	1.0×2

9.2.3　组成结构和工作原理

如图 9-2 所示，真空充气包装机主要由机身、真空室、室盖起落装置、真空系统和电控设备组成。由电控和气控实现包装动作，操作安全方便。

9.2.3.1　主要组成结构

（1）真空室装置　如图 9-3 是真空室的结构图，真空室由室盖 1 和室座 8 盖合组成。在室盖 1 或室座 8 的周边镶嵌有一条密封条 7，用以密封接合的端面以防漏气。室盖两边紧固有夹持槽 2，分别夹持着一条封合胶垫 3，材料为软硅胶，截面形状为方形。当采用宽度 10mm 的热封带时，硅胶尺寸一般取 16mm×16mm。

封合胶垫作用是：①作为缓冲垫使压合热封紧密。②具有印字打码的作用，在胶垫的一面加工有一排若干个圆孔，可以嵌入圆柱形凸字模胶粒，在压合热封时，能在袋口印下生产日期或保质期等字样。

室座 8 一般为铝材整体铸件，气膜室的上部与室座连在一起，下室座 13 可用金属或高强度塑料加工，目前大多数为塑料材料，其密封较好。热封部件 10 靠自重（或外加弹簧力）以及

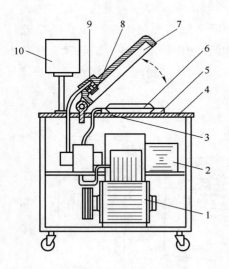

图 9-2　腔式气调包装机结构图

1—真空泵　2—变压器　3—加热器　4—工作台板　5—工位盘　6—包装产品　7—真空室盖　8—压紧器　9—小气室　10—控制箱

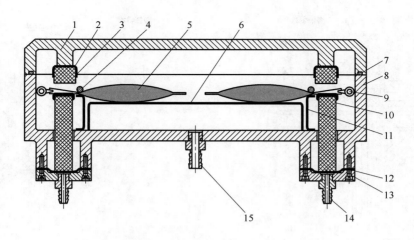

图 9-3　真空室结构图

1—室盖　2—夹持槽　3—封合胶垫　4—压紧杆　5—包装产品袋　6—垫板　7—密封条　8—室座　9—充气管
10—热封部件　11—护板　12—膜片　13—下室座　14—气膜室气嘴　15—真空室气嘴

气膜室上部长孔槽定位，安装在真空室内。长孔槽与热封部件的板座间间隙以不大于1mm 为宜，以保证热封部件既能灵活的上下运动又不至于向两侧过度偏摆。热封部件 10 和封合胶垫 3 的中心线应基本一致，在合盖后两者间的间隙以 5～8mm 为宜。间隙过大则在压合时热封部件向上运动的距离长，容易出现偏差而影响封口质量，间隙太小则安装调整困难。

　　真空室内还设置了一个垫板 6，用以调整包装件的位置，使其袋口能轻易地放在热封部件和封合胶垫的间隙之间，其高度根据包装件的大小而变。图中压紧杆 4，用以压平包装袋口，起到定位以及保证封合质量的作用。

　　包装时，真空室的左右热封部件同时工作，也即两边可以同时放置包装件，并能同时完成真空充气封合包装。

　　（2）热合密封装置　气调包装工艺全部在真空室内完成，包装件须在真空室内完成抽真空、充气工序，抽真空及充气后，在真空室放气前及时进行热合密封，以保证完成包装后的物品处于密闭的真空或充气环境中。真空包装中的热合密封很关键，热合密封需要一个压合的进程，所以在真空室内设计专门的装置完成这一动作。在真空包装机中，这一装置设计很巧妙，完全由气路控制实现压合动作。

　　热合密封装置包括两部分，分别为加压装置和热封组件。加压装置应用于真空充气包装机上主要有两种形式，分别为气囊式加压装置与室膜式加压装置。

　　如图 9-4 所示是气囊式热封加压装置。热封部件安装在卡座 3 间，由罩板 1 支承。紧贴罩板底下藏有一个长管型密封气囊 2，气囊用软橡胶制造，气管接头 12 与真空室外气路连通。进入热封工序时，真空室内处于低压状态，此时只要由导气管通入大气，利用其气压差迫使气囊膨胀，就可以产生压力，推动热封部件完成压合动作。

　　室膜式热封加压装置如图 9-5 所示。主要由膜片与室座组成，膜片 3 为软橡胶材料，具有良好的弹性，通过螺钉紧固夹持在上下室座之间，膜片与下室座之间形成了一个密闭的下气囊室。热封部件由气囊室上部嵌入，靠自重或外加弹簧力压住气囊膜片，被下室座

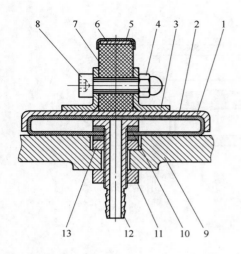

图 9-4　气囊式热封加压装置结构图

1—罩板　2—气囊　3—卡座　4—螺母
5—热封胶布　6—电热带　7—板座
8—螺钉　9—真空室　10—胶垫
11—锁母　12—气管接头　13—垫圈

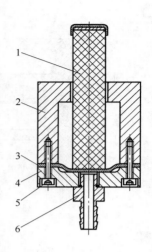

图 9-5　室膜式热封加压装置结构图

1—热封部件　2—上室座　3—膜片
4—下室座　5—螺钉　6—气嘴

承托。进入热封工序时，只要通过气嘴 6 把大气导入下气囊室，利用气压差，使膜片 6 上胀，就可以推动热封部件完成压合动作。

图 9-4 和图 9-5 中所示的加压装置均安装在真空室的下部，也可以安装在真空室的上部，即真空室盖上。但前者的应用更广泛，结构也较紧凑、简便。

热封组件通常有固定座、加热封带和热封胶布组成。固定座一般由电木材料加工而成，选用一定厚度的板料加工。固定座上平直的装上一条金属加热封带，厚度 0.15～0.25mm，宽度一般为 5～15mm，其中以 5mm 和 10mm 的规格应用最广泛。热封带长度视机型而定，有效长度主要有 400mm、500mm、800mm、1000mm 等，其中以 400mm 的规格使用最为广泛。热封带的两端以螺钉紧固并作为电源输入端。热封带的材质以镍铬合金为主，要求电阻率大、强度大，并且在高温条件下不易氧化。

适合制作电热带的材料有多种。热封带上覆盖有热封胶布，材质为聚四氟乙烯，其作用是使需要热封的包装袋口受热均匀，封合平滑牢固，而不至于袋口热熔与热封条粘连。

（3）室盖起落联动装置　双室真空包装机，两个真空室交替工作，因此需要一个联动机构以转换真空室的工作状态。联动机构有多种样式，图 9-1（a）包装机中常用的一种联动装置如图 9-6 所示，可实现室盖起落联动。支承杆 15 两端紧定在室座轴孔上，分左右两支，支承杆上套有铰座 2，可在杆上灵活转动。左右室盖分别由螺钉紧固在两个座上（图中只画出了靠中间的起联动作用的铰座，处于两边的另外两个铰座没有画出）。因此，室盖的揭起（开盖）或压下（合盖）都是通过铰座 2 以支承杆 15 为支点转动的。

在图示状态，当右边室盖揭起（开盖）时，铰座 2 随室盖以支承杆 15 为支点向上转动，同时通过叉块 Ⅰ 和 Ⅱ 使右边起落杆 5 向上运动。左右起落杆分别通过叉块连接着摇板 12 的两端。当右起落杆 5 向上运动时，带动摇板 12 绕支座 11 的支点逆时针转动从而导致左起落杆向下运动，通过叉块 Ⅰ 和 Ⅱ 带动铰座使得左室盖压下（合盖）。同样，当揭起

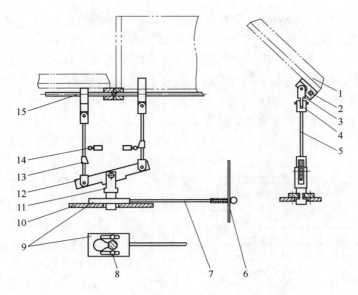

图 9-6　室盖起落联动装置

1—室盖　2—铰座　3—上叉块　4—下叉块　5—起落杆　6—机箱壁　7—拉杆　8—定位销

9—滑座　10—机架　11—支座　12—摇板　13—动触块　14—行程开关　15—支承杆

左室盖时，会引起摇板 12 顺时针转动，使得右室盖压下。因此，两室盖实现联动。

支座 11 的下部加工有一个缺口，在工作状态时（图示状态），缺口刚好卡入滑座 9 的长孔内，起到定位和支承作用。当停止工作，需要把两个盖同时合上时，可以把任一室盖揭起超过开盖状态（一般为 45°），使支座 11 对滑座 9 的压力减少，此时向右拉出拉杆 7，同时放下室盖，使支座 11 下部圆柱位进入滑座大圆孔，摇板也随之下降并处于平衡状态，两室盖均合上。拉杆 7 上的弹簧的作用为：在开盖时，推动拉杆使滑座自动复位并卡入支座 11 的缺口，回复工作状态。

左右起落杆上分别固定有一个动合触块 13，在上落时可以触动行程开关 14，实现两室工作状态转换。

（4）真空充气系统　如图 9-7 所示为真空充气系统原理图。整个系统由真空泵、真空电磁阀、真空表、管路及真空室组件构成。图中 ZB 为真空泵，普遍采用单级旋片式真空泵，其优点是运转平稳、噪音低。泵的吸气口配有自动隔离截止阀，当泵停止工作时，进气口通过隔离阀自动与真空室隔离，防止泵油返入被抽容器。

当启动真空泵时，通过三位三通电磁阀 YV1a 和 YV1b 选择 A 室或 B 室抽气，同时对室内气囊 a_1，a_2 或 b_1，b_2 抽气。当

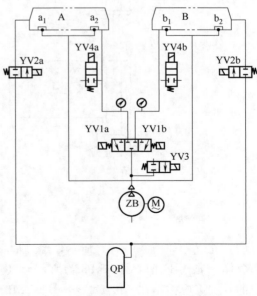

图 9-7　真空充气系统原理图

真空室达到预定的最低压强时，真空泵停转，系统转入充气程序，由二位二通电磁 YV2a 或 YV2b 接通气瓶 QP 充气。充气到一定程度后关闭气源，同时电磁阀 YV3 接通大气，从而使气 a_1，a_2 或 b_1，b_2 因气压差而膨胀，启动热封装置进行热封。热封结束后，快速充气 YV4a 或 YV4b 动作接通大气，取消真空，完成整个包装程序。

9.2.3.2　工作原理

腔室式包装机的工作原理简化如图 9-8 所示。

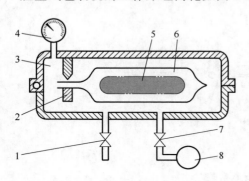

图 9-8　腔室式包装机的工作原理

1、7—阀门　2—热封器　3—腔室　4—真空表　5—包装物　6—包装袋　8—真空泵

真空充气包装工序流程如图 9-9 所示。气膜室的上部与真空室相通，热封部件 2 嵌入气膜室内，两侧被气膜室上部槽隙定位，可上下运动。当包装袋装填物料后，被放入真空室内，使其袋口平铺在热封部件 2 上，加盖后可见袋口处于热封部件 2 和封合胶垫 1 之间。包装工作流程分为四个步骤：

（1）真空抽气　如图 9-9（a）所示，真空室通过气孔 A 被抽气，同时下气膜室也通过气孔 B 被抽气，使得下气膜室和真空室获得气压平衡，避免下气膜室压强高于真空室形成压差，使膜片 3 胀起，推动热封部件 2 上行夹紧袋口以至不能抽出包装袋内空气。经抽气后的真空度应达到 $-0.098\sim-0.097$MPa。

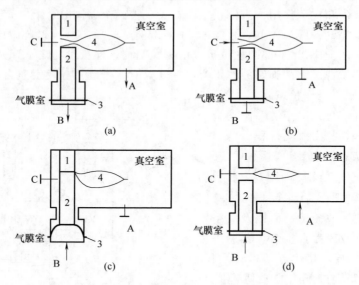

图 9-9　真空充气包装流程示意图

1—封合胶垫　2—热封器　3—膜片　4—包装袋　A—真空室气孔　B—气膜室气孔　C—充气气孔

（2）充气　如图 9-9（b）所示，经过抽真空后 A、B 封闭，C 气孔接通惰性气体瓶，充入气体。充气压强以 $3\sim6$kPa 为宜，充气量多少以时间继电器控制。经充气后，真空室内的真空度应控制在 $-0.094\sim-0.097$MPa。

（3）热封合、冷却　如图 9-9（c）所示，A、C 关闭，B 打开并接通大气。由于大气压和真空室内的压差作用，使橡胶膜片 3 胀起，推动热封部件 2 向上运动，把袋口压紧在封合胶垫 1 之下。在 B 通气的同时，热封条通电发热，对袋口进行压合热封。热封达到一定时间后，热封条断电自然冷却，面袋口继续被压紧，稍冷后形成牢固的封口。

（4）放气　如图 9-9（d）所示，C 关闭，A、B 同时接通大气，使真空室充入空气，与外界获得气压平衡，可以顺利打开室盖并取出包装件，完成真空包装。

9.3　输送带式气调包装机

9.3.1　主要技术参数

输送带式气调包装机是将待加工产品用输送带输入加工区域进行抽气和充气加工，也称作输送带式真空充气包装机。与操作腔式真空充气包装机的主要区别在于采用链带步进送料进入真空室，室盖自动闭合开启。工作时需要自动或人工排放包装袋，包装袋必须排列在热封条的有效长度内，以便于顺利实现真空及充气封合，其自动化程度和生产率均大大提高。如图 9-10所示为输送带式气调包装机结构图。

常用的输送带式气调包装机有两种规格，表 9-2 列出了其技术参数。

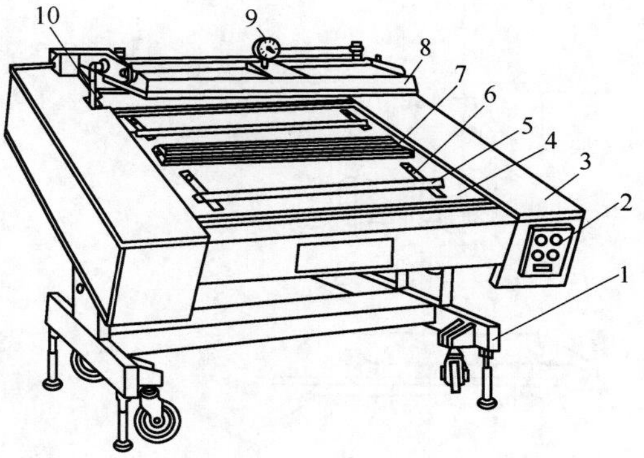

图 9-10　输送带式气调包装机结构图
1—机座　2—控制器　3—机体　4—输送带
5—承托板　6—导向条　7—夹袋充气装置
8—室盖　9—真空表　10—拉盖杆

9.3.2　主要组成结构

如图 9-10 所示，输送带式气调包装机主要由输送带、真空室盖、机体、传动系统、真空充气系统、水冷与水洗系统以及电气系统组成。整台机体的操作可按需要倾斜布置，以适应黏液、半流体、粉料等物品的包装。

表 9-2　　　　　　　　输送带式气调包装机的技术参数

技术参数	机型 I	机型 II
真空室最低绝对压力/kPa	1.33	1.33
真空室有效尺寸($l\times b\times h$)/mm	1080×400×100	850×400×100
热封条有效尺寸($l\times b$)/mm	1000×(10~15)	800×100
包装能力/次/min	2~3	3
泵电机功率 P_0/kW	4	4
热封功率 P/kW	2.5~3	2.2
真空泵抽速 u/L/s	30	30
电源	380V,50Hz	380V,50Hz
外形尺寸($l\times b\times h$)/mm	1800×1440×150	1600×1440×1150
整机重量(参考)/kg	600	500

9.3.2.1　传动系统

输送带式气调包装机的传动系统如图 9-11 所示。整机采用两个电机驱动，分别为输送带驱动电机 1 以及室盖开闭驱动电机 4。机器的运行包括以下两方面。

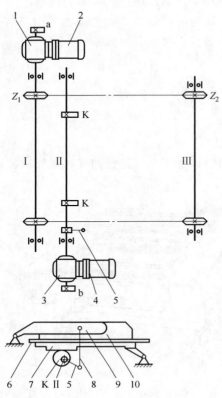

图 9-11　输送带式气调包装机传动系统图
1—电机一　2，3—减速器　4—电机二　5—曲柄　6—输送带　7—承托板　8—连杆　9—支臂　10—室盖　a，b—凸轮　K—偏心轮

（1）输送带步进运动　输送带的运行由电机 1 驱动。电机 1 经减速器 2 输出动力，驱动轴 I 旋转，再通过链传动 Z_1、Z_2 带动输送带 6 运行。设计时，使链轮 Z_1 的齿数与输送带工位之间的链节数相等，使得链轮 Z_1 转一圈时，输送带刚好送进一个工位。轴 I 的一端装有凸轮 a，轴 I 每转一圈，凸轮 a 压合行程开关一次，以切断电机 1 的电源，使输送带停止并定位，从而实现输送带的循环步进运动。

（2）室盖开闭运动　输送带式真空充气包装机的真空室由室盖和承托板构成，如图 9-11 所示，它们分别绕各自的铰支转动。室盖开闭由电机 4 驱动。电机 4 经减速器 3 输出动力，驱动轴 II 旋转，轴 II 上安装有两个偏心轮 K。当轴 II 顺时针转动时，轴上曲柄 5 带动连杆 8 将室盖 10 拉下，同时偏心轮 K 将承托板 7 顶起。室盖 10 与承托板 7 压合，将输送带 6 夹持在中间，形成一个密闭的真空室。反之，当轴 II 逆时针转动时，室盖被连杆顶起，承托板随偏心轮 K 下降，令真空室开启。轴 II 一端装有凸轮 b，正反转时，分别触碰两个行程开关，以切断电机 4 的电源，限制室盖开启和闭合的角度。一般情况下，室盖的开启和闭合都

在轴 II 的 1/4 转中完成。

9.3.2.2　输送系统

输送系统是机器的主体部分，如图 9-12 所示，主要由输送带构成。输送带一般由耐磨夹布橡胶制造，采用分段装配的形式，相互间以铰链 1 连接。

每一段输送带构成一个包装工位，如图示有 5 段输送带，即此机有 5 个包装工位供循环使用。每段输送带上装配有相同的构件，分别为包装袋承托调整装置、袋口夹持充气装置等。包装袋承托调整装置如图中 III 所示，直角形托板 16 用于承托包装袋的尾部，根据包装袋的长度可调整托板 16 与封合胶座 8 之间的距离。托板 16 的下边有长缝形缺口，在长度方向上左右各一条，分别穿过一条塑料导向条 11。按动压块 12 的上部，压缩弹簧 14，压块将绕销轴 13 顺时针转动，解除对导向条 11 的压合，可以顺利前后移动托板。松开压块 12 时，在弹簧力的作用下，压块将导向条压紧在托板上，使托板难以沿导向条滑动。

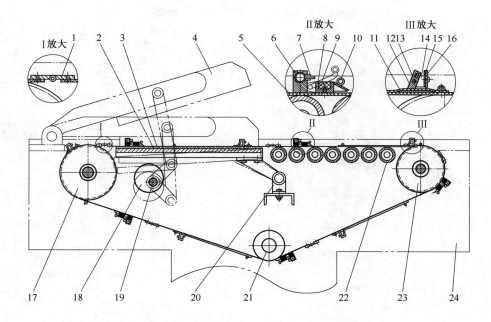

图 9-12　输送带式气调包装机输送系统图

1—铰链　2—承托板　3—耐磨板　4—室盖　5—输送带　6—充气管座　7—充气管嘴　8—封合胶座　9—封合胶垫
10—压杆　11—导向条　12—压块　13—销轴　14—弹簧　15—角座　16—托板　17—驱动链轮　18—偏心轮
19—轴Ⅲ　20—铰支座　21—张紧轮　22—托轮　23—从动链轮　24—机体

包装袋口由压杆 10 夹持在封合胶座 8 上，此机的热封部件装在室盖上，当室盖合上时，热封部件刚好与封合胶座 8 对应。当需要充气时，可利用充气管座 6 上的充气管嘴 7 进行。

操作时当包装袋口对正充气管嘴时，设定好的保护性气体由室盖引入，如图9-13所示。室盖 10 合上，管接头 7 刚好压合在充气管座 5 上，其间由胶垫 6 封合，形成一条连通管路，使室外的保护性气体进入充气管 3，并分流至各个充气管嘴 4，实现充气。

9.3.2.3　真空充气气路系统

输送带式真空充气包装机的真空充气系统比较简单，相当于单室式真空包装机系统，其气路原理如图 9-14 所示。电磁阀 YV1 控制真空室与真空泵 ZB 的接通与切断；YV4 控制气囊与真空泵的连通以及转接外界大气；YV3 控制充气管路的通断；YV2 和 YV5 为放气阀。

输送带式真空充气包装机的规格较大，所采用的真空泵抽速较高，配套电机功率也较大，真空泵作为外置设备独立控制，因此不宜频繁启动。

9.3.3　工作过程

包装机的工作过程如图 9-15 所示，工作时由电气控制循环完成，其主要工序流程是：
输送带步进→真空室盖闭合→抽真空→充气→封合→冷却→取消真空→空盖开启。

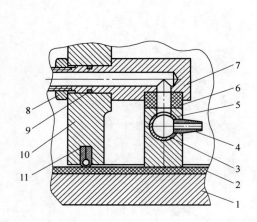

图 9-13　充气导入结构图

1—承托板　2—输送带　3—充气管　4—充气管嘴
5—充气管座　6—胶垫　7—管接头　8—锁紧螺母
9—密封圈　10—室盖　11—密封条

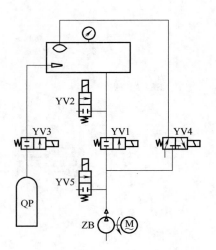

图 9-14　输送带式气调包
装机气路原理图

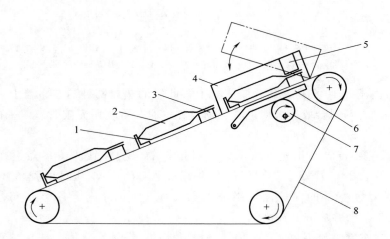

图 9-15　输送带式气调包装机工作示意图

1—托架　2—待加工包装袋　3—耐热胶垫　4—真空室盖　5—热封杆　6—活动平台　7—凸轮　8—输送带

9.4　气调包装配气系统

9.4.1　功用和组成

　　配气系统的功用是给气调包装供给按一定比例混合的多种气体，通常作为气调包装机的辅助系统，有多种机型。在此介绍常用的 GM 型气体比例混合系统，如图 9-16 是 GM 型气体比例混合装置的结构及原理简图。由气体钢瓶，减压阀，充 O_2、N_2、CO_2 的电磁阀，各种电磁阀，压力传感器，混气桶，混气风机，排气阀，真空泵，贮气桶及供气压力

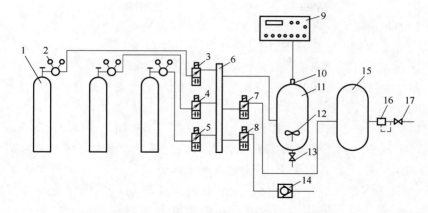

图 9-16　GM 型气体比例混合装置结构原理图

1—气体钢瓶　2—减压阀　3—充 O_2 电磁阀　4—充 N_2 电磁阀　5—充 CO_2 电磁阀　6—连接管

7—放气电磁阀　8—真空电磁阀　9—控制器　10—压力传感器　11—混气桶　12—混气风机

13—排气阀　14—真空泵　15—贮气桶　16—供气压力调节阀　17—供气量调节阀

调节阀和供气量调节阀组成。其原理采用压力控制法，即通过控制混合气体各气体分压的比例实现混合体积比。并将混合好的气体送入贮气桶内，随时供真空充气包装机使用。

GM 型气体比例混合装置有如下特点。

（1）叠加比例混合　气体混合桶只需在首次配气时，由真空泵排除桶内空气。一旦投入工作状态后，当贮气桶内混合气体消耗至压力降至下限值时，不需要再使用真空泵排除桶内原有气体再配气，可以连续进行配气。新充入的气体可与贮气桶内原有混合气体叠加，保持各气体的体积百分比不改变，且输入的混合气体保持恒定的压力与流量，气体混合精度不会受气源和供气端压力变化的影响。简化操作程序，实现连续不断地供气。

（2）可改变配气量　通过调节充气压力改变供气量，使供气量能满足不同充气包装机的耗气量要求，所以该装置具有通用性。

（3）混合精度高　该混合器的气体比例在 0～100％范围内，混合精度误差为±1％。

（4）数码显示屏　显示当前压力值、各种气体的百分比设定值、抽真空值。

（5）省去真空泵　当气体比例混合装置与真空包装机联机时，可利用真空包装机的真空泵给装置抽气。由于仅需在首次配气时使用真空泵，这样不影响气调包装机的操作程序，一泵两用，节省气体比例混合装置的制造成本。

（6）自动保护功能　为避免包装机较长时间不用气，使电磁阀过热引起故障，在一定时间内包装机不用气时可自动停机。若钢瓶气压过低可自动报警。

9.4.2　操作流程

GM 型气体比例混合装置的工作流程如下。

（1）在控制器的显示屏上输入气体混合桶真空值，2～3 种气体的气体比例混合值。

（2）控制器启动，真空泵启动，通过真空电磁阀将气体混合桶和贮气桶内的气体排至设定的真空值。

（3）控制器根据输入的气体比例混合值，依次开启各充气电磁阀，将各钢瓶气体充入气体混合桶，直至达到规定的总压力值。

（4）将达到预定总压力的混合气体送入贮气桶。

（5）调整供气压力调节阀及供气量调节阀，使贮气桶与真空充气包装机连接并向包装机供气。

（6）显示屏显示压力值达到上限值时，各充气阀自动关闭，放气电磁阀自动开启，将混合气体送入贮气桶。当混合桶内混合气体送入贮气桶后，压力降低至一定值时，放气电磁阀自动关闭，控制器再次使各充气电磁阀依次开启，再次向混气桶送入气体，并与桶内剩余混合气体进行叠加混合。混合气体的气体体积比例仍保持不变。反复自动重复上述程序，直至显示屏压力不再变动，表示混气桶与贮气桶压力平衡，即可开启充气包装。

GM 型气体混合器的气体混合是间断进行的，但因贮气桶体积较大且对真空充气包装机也是间断充气操作，因此，其供气量可以满足气体包装机所需要的耗气量。

该装置不仅可以与真空充气包装机联用，还可以用于其他场合。如可实现对各种袋、盆、桶、箱、罐等容器的直接充气包装，还可以用于微生物试验时厌氧菌检测所需的 H_2、N_2、CO_2 气体的混合。当用于上述包装容器时，这些容器要具有良好的密封性，应备有气管接头，以实现抽真空和充混合气体。

9.5　设备的安装使用与维护

前面所述两种气调包装机的使用和维护基本相同，本节一并介绍。

9.5.1　安装及使用

（1）机器要求放置在地面平整，周围环境通风良好、干燥、灰尘少、无腐蚀性气体的场所使用。

（2）使用前，检查机盖盖下时是否将真空室密封。

（3）检查真空泵油量，按真空泵说明书要求从加油口注入真空泵油（常用 1 号机械真空泵油）。

（4）如需要充单一保护气体，可配备所需气源钢瓶，装上减压阀，压力调至 0.1MPa（不得大于 0.12MPa）；如需要混合保护气体，可安装相应气体混合系统。

（5）将所有调节旋钮调至最低值。插上电源插头，电源指示灯亮，表明已通电。接通电源开关，选择包装方式（"真空"或"真空充气"），压下机盖，真空泵开始抽气，观察真空泵运转方向是否正确，若不正确，按下紧急制动按钮，使机器停止工作，将电源插头三相接线并列的两根接头对调一下，然后选择一个较短的抽真空时间，重新压下视盖，机盖应被自动吸住，表明正常工作。若不能吸住，检查机盖与真空室密封是否良好。

（6）必须选择气密性高的合适的复合塑料薄膜作包装袋，否则达不到真空（或真空充气）包装的效果。

（7）根据包装袋的品种、厚薄、大小要求，调节适宜的封合温度及封合时间以达到最佳封合效果。

（8）袋中所装物品不宜过多，袋口应留有适当余量，以利封口牢固。抽真空前应注意袋口是否平服，包装后袋口冷至室温时检查封口是否平整牢固，发现封口有折皱重叠时，应注意有漏气的可能性。

（9）为保证封口牢固可靠，在向袋内装物品时，应避免污染袋口，尤其应注意防止油污沾染。

（10）包装好的物品，应轻拿轻放，以免擦伤破裂漏气。

（11）调节旋钮幅度要小，要从低到高。特别是热封温度调节更要注意，避免温度突然升高而导致烧坏聚四氟乙烯带。

（12）切勿随意拆卸机器各部件，特别是真空室盖座，以免密封不良或损坏内部零件。

9.5.2　维护与保养

设备的完好使用，应重视日常维护和保养，具体做到以下几点。

（1）定期检查真空泵的运转情况，经较长时间使用后真空度抽不上时，除检查机盖与真空室的密封情况外，还应检查真空泵油是否混浊变质，及时更换真空泵油。具体维护可参照有关真空泵的使用说明书。

（2）热封部件上的聚四氟乙烯带，应经常保持清洁，以确保热封效果。

（3）机器不用时应擦净，将升降机构放下，盖好真空室盖，加盖防尘罩，保持真空室的清洁。

（4）如出现零部件损缺，应排除故障后才能继续使用。

（5）对于输送带式真空充气包装机还应注意，在工作前必须接通水源，以冷却热封装置，而且有些真空泵也要求水冷。工作结束后，要用喷淋管清洗输送带，清洁后擦干机器。

9.5.3　常见故障及排除

表 9-3 是气调包装机常见故障及排除方法，其中真空泵是气调包装机的主要组成部分，各机配套的型号不尽相同，其维护检修方法应参照随机配套说明书。

表 9-3　　　　　　　　　　　气调包装机的常见故障及排除方法表

故障现象	产生原因	排除方法
不能封口	① 热封选择开关未接通 ② 热封熔断器烧坏 ③ 电热带两端联接导线松脱 ④ 电热带短路或烧断 ⑤ 热封板座卡紧不动作 ⑥ 连接气囊电磁阀不动作 ⑦ 封口接触器故障	① 选择热封开关 ② 更换 ③ 上紧 ④ 检修或更换 ⑤ 重新调整复位 ⑥ 检查接线，烧毁须更换 ⑦ 检修或更换

续表

故障现象		产生原因	排除方法
封口不良	不牢固	① 热封时间或电压选择不当 ② 热封压力不足 a. 热封板座卡滞动作不灵活 b. 气囊阀开启不灵活 c. 气囊或其连接管泄漏 d. 充气时间过长导致真空室压强过高 ③ 聚四氟乙烯布焦化、破损 ④ 包装袋质量不好或袋口不洁	① 调整 ② 调整 检修 检修 调低充气时间 ③ 更换 ④ 重新选用
	不平整	① 热封压力不足 ② 冷却时间短	① 见上述 ② 调长
	纹路不均	电热带松动	张紧
抽真空时爆袋		热封板座复位不好,或与封合胶垫间隙过小,导致夹紧袋口使真空排气不畅	修复、调整,使其活动灵活
不能抽真空		① 真空泵未启动 ② 抽真空电磁阀未开启 ③ 真空时间继电器损坏 ④ 真空室盖未完全合拢	① 检查、启动 ② 检查、修复 ③ 更换 ④ 按压室盖
真空室达不到极限真空度		① 抽真空时间不足 ② 抽气管泄漏或管接头松动 ③ 气囊气泄 ④ 真空室密封破损 ⑤ 电磁阀泄漏 ⑥ 真空泵故障 ⑦ 盖与室座不平行,合盖不严	① 调长 ② 更换、拧紧修复 ③ 修补、更换 ④ 更换 ⑤ 检修或更换 ⑥ 检修真空泵 ⑦ 调整
不放气,室盖打不开		放气电磁阀失灵	检查、修复
不充气		① 充气嘴未插入袋口 ② 充气管松脱或堵塞 ③ 充气电磁阀不工作	① 重新装袋 ② 修复 ③ 检查、修复
充气不达标		① 充气时间不足 ② 充气压力过低 ③ 充气电磁阀开启不稳定 ④ 封口不牢固,漏气	① 调长 ② 调高 ③ 检查、修复 ④ 见上述
跑袋(袋子移位)		① 袋未压好 ② 充气压力过高	① 重做 ② 调低

思　考　题

1. 思考下列问题:

(1) 真空腔不密封如何实现调整?

(2) 充气不足或过量如何调整?

2. 日常状况下对气调机应如何进行维护？重点应检查哪些部位？

3. 分析操作腔式气调机与输送带式机在结构设计上有哪些不同？

4. 现场观察一台气调包装机，绘制其工作原理，画出流程简图。

5. 观察分析配气系统，如何实现气种比例的实现？

6. 思考在机器装配或使用过程中会遇到哪些问题？应怎么解决？

10 热成型包装设备的安装与维护

【认知目标】

- ∞ 了解热成型与设备的类型及特点
- ∞ 理解热成型机的工作原理及工艺过程
- ∞ 掌握热成型机的组成结构及特点
- ∞ 会根据热成型机的技术图纸分析其组成结构
- ∞ 会对热成型机零部件的结构进行分析与改进
- ∞ 能对热成型机进行正确装配与调试
- ∞ 能对热成型机进行正确操作与运行管理
- ∞ 能对热成型机常见故障做出正确判断与处理
- ∞ 通过热成型机整机装配实践，培养团结协作精神
- ∞ 培养机器装配、运行过程中细心观察，及时发现故障并排除的思想意识

【内容导入】

本单元作为一个独立的项目，按照热成型设备的功能→工作原理→认知该类机器工作过程→组成结构分析→安装与调试→操作与维护→常见故障分析与排除为主线组织内容，由简单到复杂，由单一到综合。

通过学习热成型包装设备中的泡罩机和贴体机的工作过程、组成结构等知识，培养掌握利用塑性热加工包装设备的有关技术，通过相应的实践，具备对此类设备的制造安装、调试、故障判断、维修等岗位技术能力。

10.1 热成型包装及设备类型

10.1.1 热成型包装及其设备类型

热成型包装是以热塑性塑料片材为主要原料，采用加热变形来制作容器，然后装填物料，再以薄膜或片材对容器封合的一种包装形式，其关键是片状塑性材料的热成型。

热成型包装设备是指将成型、装填和封合作为一体的自动化机械。工作时，首先将一定尺寸的塑料片材夹持在成型模版间，将其加热到热弹性状态，利用片材两面的气压差或借助机械式压力等方法，迫使片材深拉成型并贴近模具型面，取得与模具型面相仿的形状。成型后的片材经冷却定型并脱离模具，即成为包装物品的装填容器。也有利用被包装物品的外形来成型，不需要专门的模具。容器通常是盘座，也可以是上罩，一般为半壳形，其深浅度按包装物料形态、性质、容量及其包装形式确定。热熔加工片材的厚度通常在 1mm 以下，全自动热成型包装机中采用卷筒材料实现连续成型封装，其成型材料厚度以 0.2～0.4mm 居多。

实际应用中，热成型包装设备根据包装物品和包装材料不同，有多种结构类型，较常用的有下列几种。

10.1.1.1　根据成型特点和形式分

(1) 泡罩包装　泡罩包装是将被包装物品封合在由透明塑料薄片形成的泡罩与衬底（用纸板、塑料薄片、铝箔或它们的复合材料制成）之间的一种包装方法。

(2) 贴体包装　贴体包装是将被包装物品放在能透气的、用纸板、塑料薄片制成的衬底上，上面覆盖加热软化的塑料薄膜或薄片，然后通过衬底抽真空，使薄膜或薄片紧密地包住物品，并将其四周封合在衬底上的包装方法。

这两种包装方法都是用衬底作为基础，也叫作衬底包装或卡片包装。其特点是包装件具有透明的外表，让使用者可以清楚地看到物品的外观，同时，衬底上可印刷精美的图案和商品使用说明，便于陈列和使用。另一方面，包装后的物品被固定在薄膜薄片与衬底之间，在运输和销售中不易损坏。这种包装方法既能保护物品，延长储存期，又能起到宣传商品、扩大销售的作用。市场上主要用于包装形状比较复杂、怕压易碎的物品，如医药、食品、化妆品、文具、小五金工具和机械零件，以及玩具、礼品、装饰品等物品，在自选市场和零售商店里最为常见。

(3) 托盘包装　其底膜采用硬质膜，上膜采用软质膜，底膜热拉伸成各种样式的托盘，并保持一定的形状。托盘包装比较适合流体、半流体、软体物料及易碎易损物料，因为它在某种程度上保护包装物不被挤压。常见的布丁、酸奶、果子冻等均采用此包装形式。在包装鲜肉、鱼类时可充填保护气体以保持其色泽及延长货架期。当采用 PP 材料作底膜，铝箔复合材料作密封上膜时，包装后可进行高温灭菌处理。

(4) 软膜预成型包装　其包装的底膜与上膜均使用较薄的软质薄膜。包装时，底膜经预成型以便于装填物料，可进行真空或充气包装。软膜包装比较适合于包装那些能保持一定形状的物体，如香肠、火腿、面包、三文治等食品。这种包装的特点是包装材料成本低，包装速度快。当采用耐高温 PA/PE 材料时可作高温灭菌处理。

用于热成型的塑性材料主要品种有：各类型聚苯乙烯、高密度聚乙烯、聚丙烯、聚酰胺、聚碳酸酯、聚氯乙烯、苯二烯-丁二烯-丙烯腈共聚物等。

10.1.1.2　根据自动化程度分

(1) 全自动化热成型—充填—封合分切一体机　全自动热成型包装机中，要求在一机上完成热成型、充填及热封，通常主要采用卷筒式热塑膜，由底膜成型，上膜封合。

(2) 半自动　速度较慢或形状特别的产品包装需人工参与生产。

10.1.1.3　按结构形式和运动状况分

(1) 直线型和回转型。

(2) 间歇运动型和连续运动型。

（3）立式和卧式。

10.1.2　热成型包装产品的特点

热成型包装较早用于药品包装，解决了玻璃瓶、塑料瓶等瓶装药品服用不便的问题，现在，不仅药品片剂、胶囊和栓剂等采用此类包装，在食品和日用品等物品的包装中也得到广泛的应用。

这种包装的特点是可以保护物品，防止潮湿、灰尘、污染、盗窃和破损，延长商品储存期，并且包装是透明的，封盖或衬底上印有使用说明，可为消费者提供方便。如日常药品按剂量封装在一块铝箔衬底上，铝箔背面印着药品名称，服用指南等信息，国外称为PTP（press through pack）包装，国内称为压穿式包装。因为在服用时，用手按压泡罩，药品即可穿过衬底铝箔而取出，或直接送入口中，避免污染。小件商品如圆珠笔、小工具、化妆品等采用纸板衬底的泡罩包装，衬底可以做成悬挂式，挂在货架上，十分明显，起到美化和宣传作用，有利于销售。如图10-1所示是热成型包装的几种形式，其中托盘包装和泡罩包装基本类似。

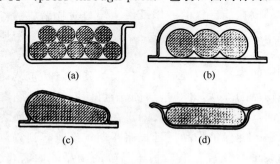

图 10-1　热成型包装式样
（a）托盘包装　（b）泡罩包装　（c）贴体包装　（d）软膜预成型包装

热成型包装设备应用普遍，广泛应用于食品包装和非食品包装领域，种类型号较多。本章以某公司生产的 MRB320 全自动热成型包装机为例，主要介绍全自动的泡罩包装和贴体包装设备。

10.2　热成型包装机工作过程

10.2.1　主要技术参数

某公司生产的 MRB320 全自动热成型包装机的技术参数如表 10-1 所示。

表 10-1　　　　　　　　　MRB 320 全自动热成型包装机主要技术参数

序号	主要参数项目	参数值
1	底膜宽度/mm	220～320
2	最大成型深度/mm	100
3	最大步进长度/mm	300
4	卷膜最大直径/mm	上卷膜 300，下卷膜 350
5	包装速率次/min	10～12 个工作循环
6	整机功率/kW	3～6
7	真空泵抽速　m³/h	10～25

续表

序号	主要参数项目	参数值
8	压缩空气耗量 L/min,压力/MPa	约 30,0.6
9	冷却水耗量(循环)L/h,/MPa	约 72,0.2
10	外形尺寸($l \times b \times h$)/mm	3400×800×1800
11	设备重量/kg	700

10.2.2　工艺流程

如图 10-2 所示是热成型泡罩包装流程框图，图 10-3 是其包装工艺过程示意图，主要工艺过程为：片材加热→薄膜成型→充填物品→封口料/衬底→热封→切边修整。

整机属于卧式间歇步进的生产方式，由下卷膜供成型，真空成型，上卷膜作封口。

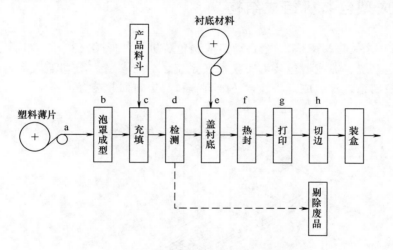

图 10-2　热成型泡罩包装流程框图

图中各工位功能分别是：

（1）a 工位　将卷筒塑料薄片材向前送进。

（2）b 工位　将薄片加热软化，在模具内用压缩空气压制或用抽真空吸制成泡罩。

（3）c 工位　用自动上料机构装填入物品。

（4）d 工位　检测泡罩成型质量和装料是否合格。在快速自动生产线上，常采用光电检测器，出现不合格产品时，将废品信号送至记忆装置，在后续工序中将废品自动剔除。

（5）e 工位　将卷筒衬底材料覆盖在已装料好的泡罩上。

（6）f 工位　用板式或辊式热封器将泡罩与衬底封合在一起。

（7）g 工位　在衬底背面打印号码和日期等。

（8）h 工位　切边后形成包装件。如果装有剔除废品装置，则在切边工序之后，根据记忆装置储存的信号剔除废品。

全自动包装生产线适合于品种单一，生产批量较大的产品，生产效率高、成本低，而且符合卫生要求。

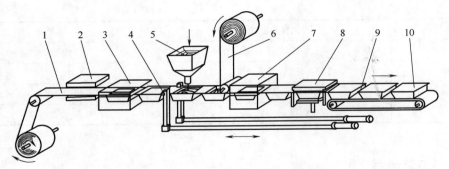

图 10-3 热成型泡罩包装工艺过程示意图

1—卷筒塑料薄片 2—加热器 3—成型器 4—推送杆 5—定量装料器

6—卷筒衬底材料 7—热封器 8—裁切器 9—传送带 10—包装件

10.3 热成型包装机组成结构

如图 10-4 所示是 MRB 320 全自动热成型包装机的外形图。其基本组成包括：片材及封口薄膜输送系统、热成型包装由底膜预热系统、封合装置、分切装置、薄膜牵引系统、色标定位及控制系统等组成。另外，还配有碎料及边料回收装置。

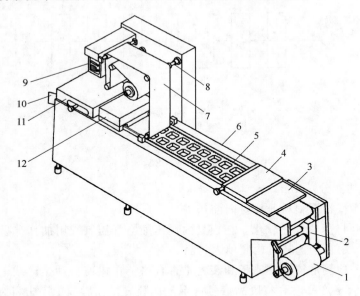

图 10-4 MRB320 热成型包装机外形图

1—下片材卷料 2—导引张力控制装置 3—预热区 4—成型区 5—输送链夹 6—定量装填区

7—上封口卷膜 8—上膜导引 9—控制器 10—成品出口 11—裁切区 12—封口区

如图 10-5 所示是 MRB 320 全自动热成型包装机的结构示意图，各组成装置安装在由型钢构成的机架上，按功能整机划分为三大区域。

（1）热成型区 机器的前段，装置有下膜辊 16 及其制动器 17，下膜导入辊 15 及一系列导辊机构等，主要部分为热成型系统，由预热部件 13、成型部件 12 及加热部件 11 组成。

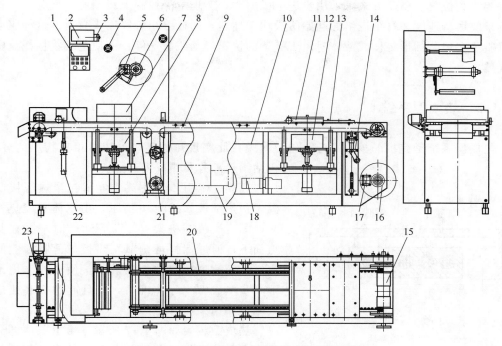

图 10-5　MRB320 热成型泡罩包装机结构图

1—控制器　2—制动架　3—上膜制动装置　4—导辊　5—摇辊机构　6—上膜辊　7—封合室座　8—托模装置
9—输送链　10—托板　11—加热部分　12—成型部件　13—预热部件　14—浮辊机构　15—底膜导入辊
16—下膜辊　17—底膜制动器　18—真空泵　19—循环冷却水泵　20—链夹　21—主传动装置
22—横切机构　23—纵切机构

（2）定量装填区　机器的中段，作为前后部分的自由联接段。这一部分的长度可按装填工作量的要求设计，可选用自动定量装填机或人工装填，根据不同的物料需配备不同的装填方式，也可安装多个装填机实现多种物料混装一起。

（3）封切区　机器的后段，也是机器的主体段。这一部分装置有封合装置 7、8 以及横切机构 22、纵切机构 23、上膜退纸辊 6 及系列导辊等。全机的电控系统及主传动装置均安装在这一部分。另外边料回收装置也安装在此处，分切过程中的边条薄膜由收集器收集，根据薄膜的材质和分切方法的不同可采用真空吸出、破碎收集或割线绕卷的方式。

三个区域用输送链 9 联为一体，装在输送链上的夹子夹持成型好的罩壳（或托盘）间歇步进到各工位完成指定工序。

10.3.1　片材及封口材料输送系统

该机采用卷筒薄膜材料成型包装，需要薄膜牵引输送装置。工作中，下底膜由预热成型至封合分切的全过程中均受到夹持牵引作用，其动力来自沿机器纵向两侧配置的传送链条。链条上每一节距均装配有一个夹子，这些夹子可自动将底膜夹住并由始至终。传送链条以步进的方式将下底膜从机器始端送到终端。标准机型的链条由一个双速三相电机驱动，进给时采用高速，在每个步进停止前自动切换成低速运行，使其能准确地停止在每个步进的终止位置。驱动方式可采用步进电机驱动，实现电子控制无级调速。该驱动方式可使链条的运行速度在每个进给的起始阶段均匀加速，而在终止阶段逐步减速。这种驱动方式可避免在包装圆形物体或液体时由于链条的快速启动或急速停止而使包装物从托盘中滚出或溅出。

10.3.2 热成型系统

热成型系统是整机的核心部分，包装薄膜在此实现热成型，形成可填充物料的容器。包括预热部分及热成型部分。

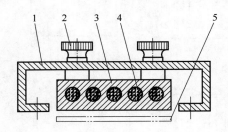

图 10-6 预热部件

1—罩体 2—调节螺杆 3—发
热板 4—电热管 5—底膜

底膜受牵引步进，首先停留在预热区接受加温。预热部件如图 10-6 所示，由罩体和发热板组成，固定安装在机架上。薄膜运行时平贴在其发热面下，通过螺杆可调节发热板与薄膜表面的距离，从而达到理想的加温效果。预热的作用是为下一步热成型工序作准备，并且起到提高热成型效率的作用。

热成型装置如图 10-7 所示，由上下两部分组成，上部分是加热部件，下部分是成型部件。加

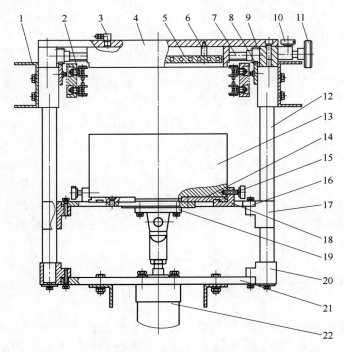

图 10-7 热成型装置

1—机架 2—输送链 3—气嘴 4—室座 5—发热板 6—螺柱 7—轴 8—齿条 9—齿轮
10—锁紧轮 11—调整轮 12—导杆 13—成型模 14—托板Ⅰ 15—紧固螺钉 16—托板Ⅱ
17—滑座 18—紧固卡座 19—连接板 20—柱座 21—安装板 22—气缸

热部件的主体由室座 4 和发热板 5 以及调整装置等组成。发热板 5 由螺柱 6 固定在室座内，底膜运行时贴近发热板通过，使已预热的薄膜继续升温并达到适宜的成型温度。旋转调节轮 11，通过轴 7 可带动两侧齿轮 9 旋转，并沿机器两侧固定齿条 8 滚动，可带动整个加热部件作前后移动，以适应薄膜运行的步距，并且与下部分成型模对中。

成型部件的主体为成型模 13，决定薄膜成型的形状。成型模 13 安装定位在托板Ⅰ上，托板Ⅰ和托板Ⅱ紧固联接。成型模可在托板Ⅰ的卡槽中纵向滑动，用来调整成型模在机器上的纵向位置。当成型模滑动时，通过左右紧固螺旋 15 可带动紧固卡座 18，紧固螺钉 15 与紧固卡座 18 为螺纹联接，紧固卡座 18 滑动勾合在托板Ⅰ的两侧卡槽。当旋紧左右紧固螺钉 15 时，可使左右紧固卡座 18 向外拉紧，与托板Ⅰ锁定，固定成型模。托板Ⅱ的四周固装滑座 17，与四支导杆 12 滑动配合。在气缸的作用下顶升托板Ⅱ，带动托板Ⅰ使成型模上升直至与上部加热部件的室座压合，模框周边与室座框边贴合，形成一个密封的加热成型室。当薄膜被加热到适宜温度时，由电控操纵气阀通气，使密封室内形成气压差，迫使薄膜成型。

应用于热成型包装机上的成型方法主要有真空/压缩空气成型法，如图 10-8 所示。

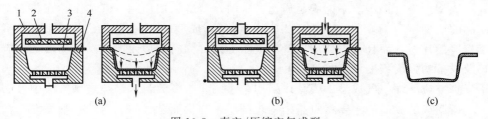

图 10-8　真空/压缩空气成型
（a）真空成型　（b）压缩空气成型　（c）成品切面
1—加热室　2—发热板　3—片材　4—成型模

冲模辅助压差成型法和冲模成型法分别如图 10-9，图 10-10 所示，另外还有预拉伸回

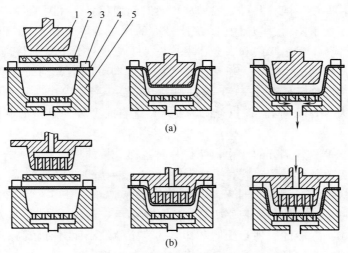

图 10-9　冲模辅助压差成型
（a）冲模辅助真空成型　（b）冲模辅助气压成型
1—冲模　2—发热板　3—压框　4—片材　5—成型模

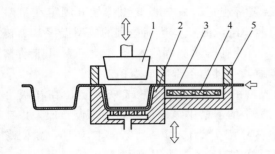

图 10-10　冲模成型
1—阳冲模　2—阴模　3—片材　4—发热板　5—压框

吸成型法等。这几种成型方法均可设计成不同的模块，根据成型要求置换。采用真空或压缩空气成型的方法是一种差压成型方法，也就是使加热片材两面具有不同的气压而获得成型压力。

在图 10-8 所示的真空成型（a）和压缩空气成型（b）工作原理图中，首先，片材被夹持在成型模与加热室框上，当片材加热到足够的温度，可使用三种方法使片材两面具有不同的气压：其一是从模具底部抽真空；其二是从加热室顶部通入压缩空气；其三是两者兼用。在压差的作用下，片材向下弯垂，与成型模腔贴合，随后经充分冷却后成型。最后用压缩空气自成型模底吹入，令成型片材与模分离。

采用抽真空成型的方法，其最大压差通常为 0.07～0.09MPa，这样的压差只适于较薄的片材成型。当这个压差不能满足成型要求时，就应采用压缩空气加压。在热成型包装机中使用的成型压力一般在 0.35MPa 以下。与真空成型相比，采用压缩空气成型不仅可以加工较厚的片材，而且可以使用较低的成型温度，同时成型效率提高。当然，相应的成型模具及设备的强度程度要求更高。

用于真空或压缩空气成型的模具以采用单个阴模为多数，这是热成型方法中最简单的一种，它所制成的成品的主要特点是结构较鲜明，与模面贴合的一面较精细光滑。在成型时，凡片材与模面贴合时间越长的部位，其厚度越小。

影响热成型的主要因素是片材的加热温度。将片材加热到成型温度所需的时间，一般约为整个成型工作周期的 50%～80%。因此，尽量缩短加热时间是提高工作效率的关键。在包装机中采用预热装置正是为了缩短成型时的加热时间。

不同的片材，厚度不同，其成型温度和加热时间均相异。片材的最佳成型温度有一定的范围。成型温度的下限值是以片材在拉伸最大的区域内不发白或不出现明显的缺陷为度，上限值则是片材不发生降解和不会在夹持框架上出现过分下垂的最高温度。为了提高工作效率，获得最短的成型周期，通常成型温度都偏向下限值。例如，采用 ARS 片材成型时，其低限成型温度可低至 127℃，高限则达 180℃。当采用快速真空成型法浅拉伸制品时，成型温度为 140℃左右，深拉伸时为 150℃；当成型较为复杂的制品时，则偏高限值为 170℃。

成型时，由于模具各部分的变化，使得片材各部分拉伸情况并不一样，这样易造成制品的厚薄不均。为改善这一情况，可采取两种手段：一是设计模具的通气孔要合理分布；二是针对成型时拉伸较为强烈的部分可用适当的花板遮蔽，让其少受热，令该处温度稍低，如此可使成型制品的均匀性稍好些。但这种制品由于内应力的关系，在稳定性和机械性能方面都有影响。一般的表现是受遮蔽部分的稳定性较小而且有较高的抗冲强度。提高全面的成型温变能减少制品的内应力和取得较好的稳定性。

影响制品厚薄不均的另一个因素是拉伸和拖曳片材的快慢，也就是抽气、气胀的速率，或成型模具、辅助冲模等的移动速度。一般地，速度应尽可能地快，这对成型本身和缩短成型周期均有利。因此，可将通气孔加工成长而窄的气缝。过大的速率，会因塑料流动的不足使制品在偏凹或偏凸的部位呈现厚度过薄的现象。反之，过小的速率又会因片材的先行冷却而出现裂纹。拉伸的速率依赖于片材的温度，薄型片材的拉伸一般都应快于厚型片材，因为较薄的片材在成型时温度下降较快。

此外，为了获得较佳的成型质量，成型模具和辅助冲模应根据不同的塑料片材而采用适当的温度。

10.3.3　封合装置

底模经热成型制盒后，接受充填物料，被牵引进入封合室。在封合室内，成型盒被覆盖上膜，即密封膜，作封合准备。封合装置主要由上下两部分组成，下面是托模部件，上面是压封室座，两者组合成一个封合室。

托模部件承托模的内腔以能够合适地套入成型盒为宜。承托模安装定位在托板上，可容易地拆卸并更换，以适应不同形状的成型盒。当气缸动作时，经托板带动承托模沿导杆上下升降，上升到最高点与压封室座的室框扣合形成密封室。压封室座的结构如图 10-11 所示。

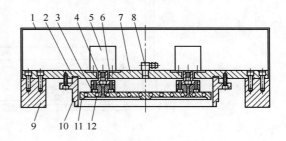

图 10-11　压封室座
1—室罩　2—橡胶垫　3—连接板　4—法兰盘
5—气缸　6—密封圈　7—座板　8—气嘴
9—支承座　10—室框　11—热封板　12—电热

压封室座主体是室框 10 和座板 7，均为铝合金铸件，两者以螺钉联接，其间用橡胶垫 2 密封。在座板上安装有两个薄型气缸 5，这是热封合的驱动装置。室框内装置有一块热封板 11，热封板通过连接板 3 和法兰盘 4 固定在气缸活塞轴头下。当气缸动作时，带动热封板上下运行，完成热封合动作，使上膜与底盒热融压合在一起。

当盛载物料的成型盒步进送到压封室座下，同时上膜已覆盖其上。此时，承托模被气缸顶升，套住料盒并将其周边压合在室框下，形成四周密封的封合室。根据工艺要求，可对料盒实行抽真空及充气工序，如图 10-12 所示。抽真空时，开启上下气阀，压封室座与承托模同时抽气，即料盒的上下均需抽气，否则存在压差，影响封合质量。抽气后，可转换气阀，充入保护性气体。图示上下膜宽度并不一样，上膜比下膜稍窄。承托模与压封室座扣合时只将下膜边缘压合，而上膜两边却留下空隙，这个空隙正是用作盒内排气及充气的通道。一般要求下膜比上膜宽 20mm。当料盒完成抽真空及充气工序后，上气缸同时动作，将热封板压下，完成热熔封合动作。热封板的温度由测温头测定，并通过温控表控制。完成封合后，承托模下降，封合的料盒进入裁切工序。

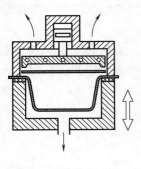

图 10-12　真空充气
封合示意图

热封温度和热封时间由电控设定，以适应薄膜的不同厚度或不同材质。

10.3.4 分切装置

片材经热成型，装料及封合后，形成了一排排连体的包装，必须经分切整形才能成为单个完美的包装体。分切装置包括有横切机构、切角机构、纵切机构等，每一个机构均可作为独立的整体成为一个模块，按需装配到包装机上。

（1）横切机构 其作用是将封合的多排料盒横向切断分离，如图 10-13 所示。整个机构由横梁 3、支承座 4、支承板 18 及两支导杆 15 联接成一个刚性的框架。

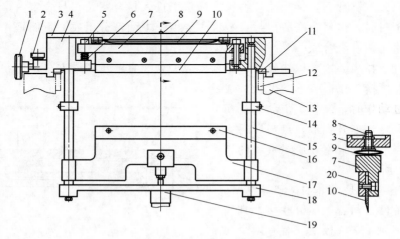

图 10-13 横切机构

1—调整轮 2—锁紧轮 3—横梁 4—支承座 5—滑杆 6—弹簧 7—上刀座 8—气嘴 9—气囊
10—切刀 11—齿轮 12—齿条 13—机架 14—定位块 15—导杆 16—底刀
17—底刀托座 18—支承板 19—气缸 20—压板

在支承板 18 中间安装有一个气缸 19，气缸活塞轴头联接底刀托座 17，托座中间开槽，装配有底刀 16，由螺钉固定。底刀的上升和下降运动通过气缸实现。

左右支承座 4 的凸台装有滑杆 5，作为上刀座 7 的支承和导向。上刀座 7 上安装有切刀 10，通过螺钉由压板 20 紧固。因此，上刀座 7 可带动切刀 10 沿滑杆 5 上下移动。滑杆 5 上还套有弹簧 6，作为上刀座复位之用。在上刀座 7 和横梁 3 之间夹持着一个长条形橡胶气囊 9，其两端用螺钉固定在横梁上。

当封合后的料盒进入横切位置并定位后，横切机构开始工作，步骤如下：

① 气缸 19 动作，顶升底刀 16，直至接触料盒边缘，停顿。位置由定位块控制。

② 连接气囊 9 的阀门开启，充入压缩空气，气囊瞬间膨胀，冲击上刀座 7，令其带动切刀 10 迅速向下运行，铡断薄膜。

③ 气阀换向，气囊 9 排气，上刀座 7 由两侧弹簧 6 作用复位。

④ 气缸下降，带动底刀 16 复位。至此，完成一个冲切过程。

横切刀宽度小于底膜，以不碰到两侧链夹为限，因此，横切后，沿机器纵向每排的料盒并未完全分离，依靠两侧未切断的边缘相连，由链夹牵引带到纵切工位。

　　旋转调整轮 1，通过横向转轴（图中未标出）可带动两侧齿轮 11 旋转，并沿固定在机架两侧的齿条 12 滚动，使整个横切机构沿机器纵向移动，达到调整切断位置的目的。

　　切角机构的工作原理与横切机构一样，切角机构的作用是冲切圆角及修整盒边缘等。

　　（2）纵切机构　该机构一般作为后道工序，将单个包装体完全或部分分离。经横切后，料盒已形成一排排带横切缝的包装体，只要经纵向切断即可分离。

　　纵切机构的结构如图 10-14 所示。由微电机驱动，纵切机构装置有若干把圆盘刀片 11，按每排成型盒数而定，例如一排成型盒数有 3 个，则需要装配 4 把刀片。圆盘刀片的外圆刀刃有连续型和锯刺型，锯刺型刀切割后不分离，使用时轻拉即可分开。圆刀片由螺丝固定在刀座 12 上，刀座可在长轴 13 上滑动，调整位置后由紧定螺丝固定。长轴 13 的两端与轴头 I 和 II 的凹凸位联接，通过弹簧 9 的压力由滑座 8 套合固定。因此，电机可通过联轴器带动轴头 I 驱动长轴 13 旋转。当需要换刀时，将左右滑套向内拨动，压缩弹簧，令滑套脱离轴头 I、II，则可顺利将长轴连同刀座刀片取出。

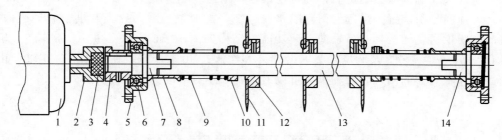

图 10-14　纵切机构

1—微电机　2—半联轴器 I　3—连接块　4—半联轴器口　5—安装座　6—轴承　7—轴头 I
8—滑套　9—弹簧　10—定套　11—圆盘刀片　12—刀座　13—长轴　14—轴头 II

　　经纵切之后分离出单个包装个体，同时也切除出底模两边剩余边料，边料被收集。

10.3.5　薄膜牵引系统

　　薄膜牵引系统主要包括链夹输送装置、薄膜导引装置以及幅宽调节装置等。

　　（1）链夹输送装置　包装机的纵向两侧分别装配有一条长链条，链条每一节距均装配有弹力夹子。底膜的传送，正是依靠两侧链夹的夹持牵引。底膜从导入到完成包装分切输出的全过程均被夹子夹持。由于夹子在链条纵向分布，数量众多，因此可将底膜平展输送，即使在成型和充填工序，底膜也能保持平整。

　　当卡子销轴底部受到向上作用力时，卡子上升并通过紧定片压缩弹簧。此时，卡子圆头与卡座顶面间露出间隙 h，足以插入薄膜边缘。当卡子销轴底部作用力取消时，卡子受弹簧力作用复位，夹紧薄膜。

　　链夹牵引底膜的工作过程如图 10-15 所示，图示是底膜导入的初始位置。链条由动力驱动作步进运行，方向如图所示。链夹在进入偏心轮套之前及脱离偏心轮套之后，其卡子和卡座均处于夹紧状态。当链夹进入偏心轮套 A 点，其卡子销轴底与偏心轮外圆接触。在环绕偏心轮套运行的半圆中，受偏心轮的作用，卡子顶起使链夹张开，到 C 点为最高点。底膜由 B 点导入，脱离 C 点后，链夹闭合，将底膜夹紧。工作初时，由人工将底膜

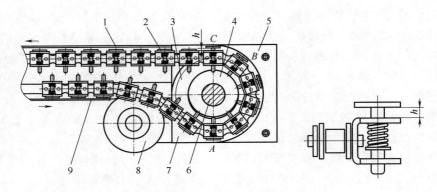

图 10-15　链夹工作示意图

1—上链轨　2—链夹　3—链轮　4—偏心轮　5—轮套　6—驱动轴　7—安装座　8—托轮　9—下链轨

导入，当底膜前端被链夹夹持后，即可连续自动输送。

（2）薄膜导引装置　采用卷筒薄膜材料包装，需配置一系列导辊及供膜制动机构等。本机的薄膜供送辊结构具有带轴向调节功能，结构如图 10-16 所示。主要由定轴 8、辊筒 9、挡盘 10、法兰套 12 及调位轮 2 等组成。法兰套 12 由螺栓安装在机体上，定轴 8 由法兰套固定。辊筒 9 的两端装有轴承，可以沿定轴 8 左右滑动。

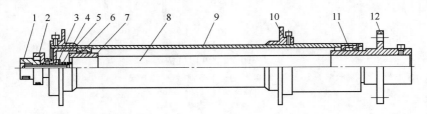

图 10-16　薄膜辊结构

1—锁紧套　2—调位轮　3—螺套　4—弹簧　5—定位套　6—轴承　7—内套
8—定轴　9—辊筒　10—挡盘　11—轴承　12—法兰套

当卷筒薄膜套入后，由挡盘 10 固定在辊筒上。旋转调位轮 2，可令螺套 3 转动，通过定位套 5 推动或拉动辊筒 9 向右或向左移动，调整卷筒薄膜的轴向位置，以便于对中输送。

供膜辊的制动采用特殊的气膜施压形式，附设在摇辊机构上，如图 10-17 所示。在此，摇辊机构充当容让辊，保证薄膜输送过程中适当的张力。主要由摇板 2、导辊 3、转轴 14 及其支承座 12、气腔座 15、制动套 5、弹簧 6、制动块 7、膜片 9 和压片 10 等组成。气腔座 15 固装在支承座 12 侧面，两者联接处压紧一块橡胶膜片 9。气腔座内滑套着制动套 5 及压片 10，而制动套内紧套着一个圆柱状橡胶制动块 7。

膜片与支承座紧贴的一面与通气孔相连，压缩空气可通过气孔输入。当气压加大时，膜片膨胀，推动制动套迫使制动块施压在退纸辊筒壁上，实现制动；取消气压后，制动力减弱。由此可见，调节气压的强弱可改变制动力的大小。这一特点更有利于自动化控制的实施。

当薄膜松卷时，气压减弱或取消，供膜辊转动自如，卷筒薄膜可顺利引出。当松卷达到设定长度时，施加气压，令供膜辊因制动力加大而抱紧，膜卷停止引出。这周期性的一张一弛，通过光电装置检测摇辊摇动角度来自动实现。

本机采用连续步进的工作方式，每一次步进前，要求卷筒薄膜预先松卷引出一段自由长度，以减少牵引阻力。松卷的动力有两种方式：一是利用摇辊自身的重力；二是在摇板上附加一个气缸压力。一般上膜较薄，卷筒直径较小，重量较轻，因此只采用摇辊重力式松卷即可。而下膜由于较厚，直径较大，重量较大，可附设一个气缸顶压。

松卷供膜的工作过程如下：

① 气腔座气压减弱或取消，膜辊无制动，摇辊依靠重力或受气缸顶压向下摇动，从而带动卷筒松卷。

② 摇辊向下摆动到一定角度，受光电检测的监控，达到预设要求时，气阀接通，气腔座通入气压，给予膜辊制动力，摇辊停止下摆。被牵引出的薄膜受摇辊重力而张紧。

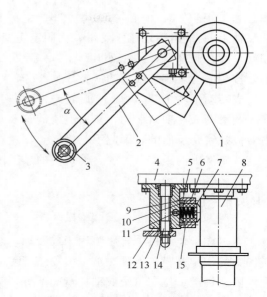

图 10-17　摇辊机构及供膜制动原理
1—缓冲胶　2—摇板　3—导辊　4—机体　5—制动套　6—弹簧　7—制动块　8—膜卷辊　9—膜片
10—压片　11—气嘴　12—支承座
13—轴套　14—转轴　15—气腔座

③ 输送链夹起动，带动薄膜步进，预拉出的薄膜受牵引向前运行，同时将摇辊提升，直至完成一个步距停止。此时，摇辊已摆至一定角度。

④ 气腔座气压减弱或取消，膜辊无制动。摇辊重新下摆松卷，开始另一周期。

（3）幅宽调节装置　采用两侧输送链夹持牵引底膜的送膜方式。沿机器纵向左右各有一条输链，两条链横向的距离决定了适用底膜的宽度。当需要改变底膜宽度时，两链横向距离必须同时改变，才能使两侧链夹紧底膜的边缘。要适应多种规格幅宽的薄膜，须要设计一个幅宽调节装置，即两侧缝距的调节装置。

如图 10-18 所示是导入辊机构。底膜松卷退纸后，经摇辊及系列导辊，由此辊导入链夹。导入辊主要由滑动套筒 11、固定套筒 12、轴 13 以及固定座 1、圆螺母 2、支承座 3、

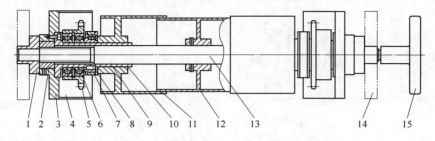

图 10-18　导入辊机构
1—固定座　2—圆螺母　3—支承座　4—偏心套　5—链轮　6—轴承　7—偏心轮　8—键
9—滑套　10—挡圈　11—滑动套筒　12—固定套筒　13—轴　14—机架　15—手轮

偏心套 4、链轮 5、偏心轮 7、滑套 9、手轮 15 等组成。

　　轴 13 两端由固定座 1 支承，而固定座安装在机架上。轴 13 左右各有一段螺纹，旋向相反，配合圆螺母 2。圆螺母 2 与支承座 3、偏心套 4、及滑套 9 通过螺钉联接。在滑套 9 上，按顺序套装有带轴承的链轮 5、偏心轮 7 以及滑动套筒 11，其中偏心轮以键定位。

　　当转动手轮 15 时，轴 13 旋转，带动左右圆螺母 2，使固装在一起的支承座 3、偏心套 4 及滑套 9 在轴向滑动，从而迫使链轮 5、偏心轮 7 及滑动套筒 11 同时移动。轴 13 左右两段螺纹是反向的，因此手轮旋转时，左右两部分构件可同时向内或向外移动，这样可改变两侧链夹的距离。另外，输送链的链轨固装在支承座 3 上，可以随同链轮同时移动。

10.3.6　色标定位

　　在热成型包装机中，底膜用于成型，一般采用无色标的空白膜，而上膜则采用有色标带图案的印刷薄膜。上膜在被牵引输送过程中，有一个光电定位装置识别其印刷光标，使上膜图案标准定位在每个成型托盘的上方，实现精确包装。

　　在包装过程中，存在两个定位问题，其一是底膜成型的定位，其二是上膜图案的定位。

　　底膜在热成型区成型，变成一定形状的托盘，由链夹牵引按一定步距步进，进入热封区。对应于热成型区的成型模，在热封区中有一个承托模，当片材由成型模成型后步入热封区；必须要被承托模准确承托，才能顺利完成封合。如果成型盒步进后不能准确定位在承托模上，在封合动作时将会被承托模压坏。

　　设承托模与成型模间的距离为 L，则有 $L=n\times l$，其中 l 为输送链运行步距，n 为正整数。

　　成型模与承托模间距离 L 可通过手动调整准确。而薄膜输送的步距 l 根据选择的驱动方式不同，有多种控制形式，其中以步进电机控制系统可达到最精确灵活的定位。作为经济的设计方案，可采用三相双速电机经减速器配置电磁离合制动器的控制方式，驱动输送链条的输出轴装置光栅检测器，由光电传感器检测转位角度，再控制电磁离合制动器动作，使输送链条按要求运行、停止，实现准确定位。

　　在底膜成型盒进入热封区后，上膜随即覆盖其上，必须保证每一次上膜图案能准确的定位在盒面正中位置，否则影响包装质量。这主要通过光电检测控制系统来完成。

　　上膜与下膜封合后并不马上切断，而是粘合在一起受链夹牵引前行，因此，本机采用单向补偿的光电检测控制系统定位上膜。为此，机器设置有一个上膜制动装置配合光电定位，如图 10-19 所示。装置也采用气囊制动的方式。上膜由导辊 8 和制动胶 5 之间的间隙 k 穿行，当气阀通入压缩空气后，气囊 3 膨胀，迫使压力座 4 推动制动胶 5 右移，压紧薄膜于导辊上。

　　当上模色标被光电眼检测到位时，通过电控使上模制动器动作，立刻制动上模。色标间的容许偏差通过薄膜的轻微伸展而获得

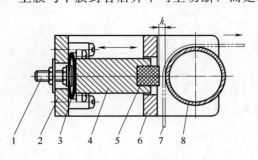

图 10-19　上膜制动装置

1—气嘴　2—安装座　3—气囊　4—压力座
5—制动胶　6—导板　7—薄膜　8—导辊

补偿，保证印刷图案总是处于已完成装填的包装盒的同样位置。上膜的首次导入，必须保证与底膜成型盒准备对位，否则，影响以后的图案定位。

另外，在上膜进入热风区之前，可装配一个打印装置，一般为自带动力的热墨轮印字机，通过电控实现同步日期及批号的打印。

10.3.7　控制系统

全自动热成型包装机整机采用模块化组合式结构设计，每一模块为一对相对独立的整体。包装过程中，各模块结构之间的运动关系应相互精准定位、协调衔接。电控系统采用编程控制器（PLC）或微处理器（MC）。将包装程序通过控制器键盘输入存储器中，机器启动后，控制器就根据储存的程序来控制机器的运作。主要数据如压缩空气压力、真空度、成型温度、批量号等参数可修改，以适应工作状态的变化。

图 10-20 是简化的 MRB 320 全自动热成型包装机的气动原理图，仅供参考。

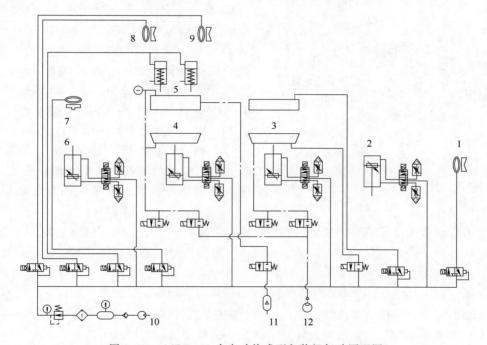

图 10-20　MRB 320 全自动热成型包装机气动原理图

1—下退纸辊制动　2—松卷气缸　3—成型模顶升机构　4—承托模顶升机构　5—压封机构　6—横切顶升机构
7—冲切气囊　8—上退纸辊制动　9—上膜运行制动　10—压缩气源　11—充气气源　12—真空泵

10.4　热成型包装机安装使用与维护

10.4.1　安装与使用

全自动热成型包装机是一个复杂的综合系统，在使用前应进行培训，掌握设备操作要点，熟悉控制屏上的各个仪表功能。以下对 MRB 320 机型操作要点加以阐述。

操作参数通过控制屏输入或监测。控制屏上设置如下仪表和调整钮：显示器、温度调节器、"更换工具"和"禁止输入"的切换键、进给计数器、单个独立部件和功能的开关切换键、时间输入键、模拟流程图、紧急停止按钮、开始和停止键。

根据实际情况选用成型模具和成型方法，装配合适的充填机和切割器等，设定包装工序参数。彻底检查设备状况，在确保安全的情况下使机器处于"试机"状态，接通电源，按照如下步骤进行操作：①固定所有的安全罩在正确的位置；②打开主开关；③打开压缩空气阀；④按下"机器正在运转"的按键；⑤轻轻地把某些安全罩提起一点，然后再放回原位，这样做可触动保险开关从而检验安全电路的灵敏度；⑥打开真空泵及其控制器；⑦按下"停止"按钮；⑧调整薄膜进给装置；⑨调整温度调整器；⑩调整热成型和封合模具；⑪启动需要的模块及其功能；⑫为单个模块设定时间。当所有的成型部件达到所需的温度后，机器可以开始工作。

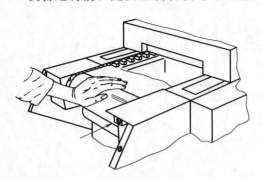

图 10-21 底膜导入链夹操作示意图

设备运行前，先要正确装载与导入薄膜，按以下的步骤执行：①按下手动进给按钮，使输送马达从自动进给转换到手动操作；②将下卷膜安装到膜辊架上，固定挡膜盘，旋动微调旋钮，调整卷膜轴向位置，锁紧；③轻提摇摆辊，令膜辊可以用手转动，充分地展开薄膜并拉过导辊；④将薄膜拉到如图10-21所示的位置，导入链夹，然后按下步进点动按钮，薄膜将会被夹紧前行。

上卷膜的安装与下卷膜相似，在装上膜辊架后，应拉出足够的长度以便穿过热封室，并与成型底膜接合。在第一次封合之后，上膜将随底膜步进前行。

接着应调节光电传感器的位置，以便准确识别薄膜的图案，保证精确包装。在底膜模腔充填物料后，进入热封室，立即被上膜覆盖，根据生产需要，可于热封前进行抽真空或充气等处理。

实际生产中，应参照具体机型配套的操作说明书进行必要的调整。理论上，全自动热成型包装机可针对固体、半流体、液体等物料进行真空、充气、贴体等包装，但由于包装工艺参数的调整非常复杂，所以具体各个机型会有所侧重。

10.4.2 保养与维护

保养和维护通常是由操作人员完成，按每日、每周和每月进行具体保养。

10.4.2.1 每天的保养

（1）用清洁抹布清洁整台机器。注意不能用软管浇水或喷射，不要用高压力的清洁器直接清洗机器的表面。可用食用油、无酸性的油或防腐蜡清洁整台机器以防腐蚀。

（2）工作后，清除残余的薄膜，特别要清查链条和剪裁装置部位。

（3）检查自动清空装置，排空积水，清洁滤水器元件。

10.4.2.2　每周的保养

（1）检查链条是否被腐蚀，按需要添加链条专用油。注意，夹薄膜的链夹部位不要上油。

（2）检查密封装置和密封圈，把薄膜碎片和沉积物清除掉，更换坏了的密封垫圈。

（3）清洁热封装置　把热封装置加热到120℃，并用木的或塑胶的刀子刮掉热封装置本身的或与机器缝隙中的薄膜沉积物。

（4）清洁发热板　把发热板加热到120℃，并用木的或塑料的刀子刮掉薄膜沉积物。

（5）彻底检查冷却液回路。

10.4.2.3　每月的保养

（1）检查空气压缩系统，必要部位加注润滑油。

（2）检查真空泵的油量和是否有污染物。定时检查油量水平，注意观察油量窗口旁边的最大最小刻度。当泵运行不连贯时，油量水平可能处于低位。换油时，应在泵已经停转但还热的时候把油排出，从入油口把新的油灌入。运行时，应看到驱动马达有可见油雾。漏油或耗油量过大时要更换化油器里的过滤器。实际使用应按配套真空泵的使用说明书进行维护。

（3）给轴承加油，按提供的润滑图用油脂喷枪在每一处注油。对于极端的运行环境来说，例如潮湿或者有腐蚀性的物质，经常加油是必要的。

10.5　热成型包装机故障及排除

机器采用微机程序控制，其运行参数及故障信息都会显示在控制屏的显示器上，可以此为依据对整个控制系统进行监测。

下面介绍一些主要的故障信息和调整排除的方法。

（1）空气压力过低　原因是压缩空气的供应不足，压力开关没有打开。

按下"停止"按钮，如果显示器上的信息立刻消失了，就可以重新开始；否则，应检查压缩机、维护单元及压力开关，确认无误后再次按下"停止"按钮。

（2）保险装置不起作用　顺次提起一些安全罩然后再放回原位。观察控制屏上的发光二极管，判定哪一个安全装置没有处在适当的位置或出现故障。检查保险开关及其电路是否被破坏，作出修复或更换。

（3）驱动电机不动作　检查熔断器是否烧断、电机过热保护装置是否起作用。当确认线路均无故障后，应检测电机。

（4）包装不能抽真空　检查真空泵、真空控制阀及其开关是否打开，软管和密封圆是否有损坏。修复或更换损坏的控制阀、软管和密封圈后，机器就可以再启动。

（5）成型模、密封模不能到达正确位置　检查以下项目：限位开关是否正常的动作，控制器上相关的信号输出卡输出线路是否中断，接线端的保险丝是否烧断，气缸阀门是否正常启动。

（6）底膜成型不理想　原因可能有成型温度太低，加热板与薄膜间隙太大或发热不均，成型模进排气不顺畅。应按实际情况调整。

（7）冲切刀具没有下降或行程不足　应检查相应的限位开关和气阀有没有正常动作，

气囊是否破损，应及时修复或更换。

（8）横切、纵切不理想，最终单个包装不能分离　原因可能是刀刃磨钝或切缝不准确。解决方法：重磨刃口，调整纵切圆盘刀间距。

（9）进给计数器错误信息　原因是预设进给信号不合适。预设进给信号太大，即慢速行程范围比总的进给范围还要大，必须减小；预设进给信号太小，必须增大。

（10）不能热封　发热板不通电或电热管断路，需修复、更换。

（11）夹持薄膜链条过热　链条进给速度太快，降低驱动电动机的进给速度。

（12）温度调整不正确　故障原因可能是温控表没有接通电源或损坏，温度传感器损坏，加热元件烧坏。按实际情况接通线路、修复或更换器件。

10.6　其他热成型包装机

10.6.1　连续滚筒式热成型包装机

连续滚筒式 PTP 自动包装生产线工艺过程示意图如图 10-22 所示。图中卷筒塑料薄片 1 输送到成型滚筒 3 上，在加热器 2 区间加热，用吸塑成型法制成泡罩 4，在连续传送过程中用料斗 5 装入物品，同时，覆盖用的衬底材料 6 由热压辊 7 封合在泡罩上，封盖后的泡罩经剥离辊 8 和裁切辊 9 后成为包装件 10，从传送带 11 输出。这种自动包装生产线的生产速度可达 1500～5000 片/min，是医药和食品行业对片、粒状产品的主要包装形式。

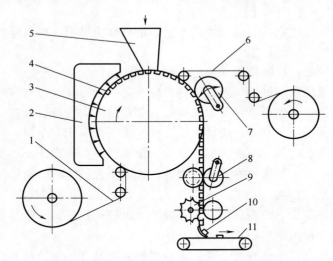

图 10-22　连续式 PTP 自动包装线工艺过程示意图

1—卷筒塑料薄片　2—加热器　3—成型滚筒　4—负压成目的泡影　5—料斗　6—衬底材料
7—热压辊（停车时摆开）　8—剥离辊　9—裁切辊　10—包装件　11—输出传送带

10.6.2　间歇式平板型热成型包装机

图 10-23 为间歇式平板型 PTP 自动包装生产线的工艺过程示意图。

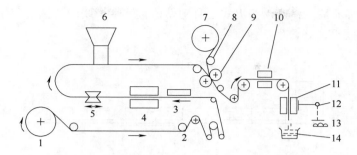

图 10-23　间歇式 PTP 自动包装线工艺过程示意图

1—卷筒塑料薄片　2—调节辊　3—加热器　4—成型器　5—输送辊　6—供料斗　7—衬底材料　8—输送辊
9—热封辊　10—印码装置　11—冲切装置　12—吸头　13—包装件　14—边料回收箱

卷筒塑料薄片 1 经调节辊 2，通过加热器 3 间接加热，用压塑成型法在平板式成型器 4 上制成泡罩，成型时，薄片停歇不动，成型后的薄片由输送器带动前进一个步距，其距离等于加热器的长度，然后输送器返回原始位置，成型的泡罩在供料斗 6 处装入物品，同时，覆盖用的衬底材料 7 经输送辊 8 送至热封辊 9，封合在泡罩上，封盖后的泡罩经过印码装置 10 和冲切装置 11 完成相应的工序，切下的边角余料用回收器回收或落入废料箱 14 中，包装件 13 由吸头 12 输出。工作速度相对较慢，通常为 600～1800 片/min，但结构简单，方便变化，适用面较广。

10.6.3　贴体包装工艺及设备

贴体热包装不需要成型模具，包装形状取决于产品的基本外形，贴体包装原材料可用卷筒料或挤出料。如图 10-24 所示是卷筒料贴体包装工艺过程。图 10-24（a）中卷筒塑料薄膜 1 由夹持架 2 夹住，上方的加热器 3 对塑料薄膜加热，被包装物品 4 放在衬底 5 上，被送到抽真空的平台 6 上。图 10-24（b）中夹持架 2 将软化的薄膜压在物品上，开始抽真空。图 10-24（c）中抽真空后，薄膜紧紧地吸附在物品上，并与衬底封合在完整的包装，此时上方的加热器 3 停止加热。图 10-24（d）中完整的包装件被传送出去。

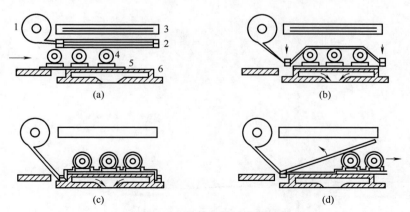

图 10-24　贴体包装工艺过程

1—卷筒塑料薄胶　2—夹持架　3—加热器　4—被包装物品　5—衬底材料　6—抽真空平台

如图 10-25 所示是一种连续挤出式全自动贴体包装生产线的工艺过程示意图。自动化程度很高，包装效果很好，生产速度为 5~6m/min。

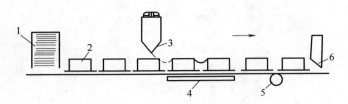

图 10-25　连续挤出式全自动贴体包装工艺过程

1—衬底供给装置　2—待包物品　3—塑料薄膜挤出头　4—抽真空装置　5—切缝器　6—切断刀

贴体包装设备有手动式、半自动式和全自动式几种。手动式操作过程中，用手将物品放在衬底上，将薄片夹在夹持器中，然后进行吸塑加工。半自动式操作过程中，除放置衬底和物品外，其余过程均由机器自动进行，小型手动和半自动机器每分钟可运行 2~3 张小纸板，较大的机器每分钟运行 1.5~3 张大幅面纸板。

思 考 题

1. 什么是热成型包装工艺？分析该类包装工艺使用哪些材料？
2. 结合实例说明热成型包装的工艺特点和方法。
3. 对比说明几种热成型包装的原理及特点，分别适用于哪些产品包装？
4. 热成型包装中成型方法有哪些？
5. 何为 BTB 包装，有哪些特点和应用？
6. 简述热成型包装机的安装和使用步骤。
7. 简述热成型包装机的常见故障和排除方法。

11 裹包设备的安装与维护

【认知目标】

- ∞ 了解裹包设备的应用与分类
- ∞ 理解折叠和扭结裹包的原理与工艺过程
- ∞ 掌握折叠和扭结裹包机的组成结构
- ∞ 能对折叠和扭结裹包机进行正确装配、调试
- ∞ 能对裹包机常见故障做出正确判断与处理
- ∞ 会对裹包设备进行正确地操作和运行管理
- ∞ 通过裹包机的操作运行实践，培养细心观察的良好习惯
- ∞ 通过裹包机装配实践，培养团结协作精神

【内容导入】

本单元为一个独立的项目，按照裹包装设备的类型和工作过程分析→组成结构分析→安装与调试→常见故障分析与排除为主线组织内容，任务具体明确，由单一到综合。

通过学习不同类型的裹包设备工作原理、组成结构等知识，培养掌握裹包机的有关技术，通过相应的实践，具备对此类设备的制造安装、调试、故障判断、维修等岗位技术能力。

11.1 裹包设备应用及分类

裹包是用片状的包装材料将产品通过折叠、扭结、缠绕等方式全部或部分包装起来的一种工艺。其包装材料通常是柔性的，也有用一定强度的片状材料经模切压痕包裹产品的。在不同行业的产品中，裹包式包装占有一定的比例，是一种比较常见的包装形式。裹包装的适应性广，对颗粒状、块状、棒状等固体物品均适用，如糖果、香烟、肥皂、礼品、书籍，面包、糕点、饼干类食品，还有像各种折叠卫生手纸等广泛采用裹包式的包装。

裹包采用柔性材料，通常以卷筒（盘）式材料为主，在包装机上实现包装材料分切、产品包裹以及封口等工序。根据包装产品的形状，其包装形式也多样，可对单件物品进行个体包装，也可以进行多件物品的集合性包装。前者如糖果、肥皂的包装，后者如香烟、饼干、多件糕点的包装等。另外，还可以对盒装或托盘式的包装物件进行外层裹包式包装。

裹包包装所用的柔性材料品种多样，如纸类的各种包装纸、涂蜡纸、涂塑纸以及玻璃纸、塑料薄膜、铝箔和各种复合材料等，如图 11-1 所示。具有一定强度的材料主要是各类纸板，如图 11-2 的纸板裹包成箱。多件产品的集合裹包如图 11-3 所示。

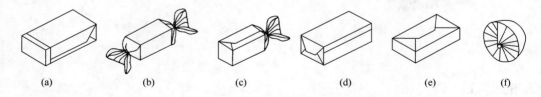

图 11-1　柔性材料裹包产品的形式

（a）半裹包式　（b）双端扭结式　（c）单端扭结式　（d）端部折叠式　（e）底部折叠式　（f）褶形折叠式

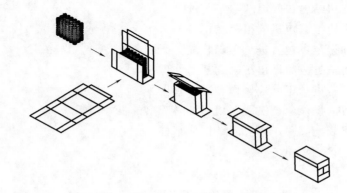

图 11-2　纸板裹包产品示意图

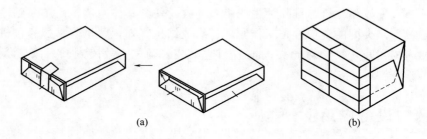

图 11-3　多件产品的全裹包和半裹包示意图

（a）典型的香烟裹包装　（b）多件产品的集合半裹包

根据包装物品不同，所选用的包装形式和包装材料也各式各样。因此，裹包式包装机的结构型式也多样化。裹包设备的分类有多种方式，概括起来主要有以下几种：

① 按形成包装的方式分为折叠、扭结和缠绕。

② 按封口形式来分，有胶粘、热熔和扭结变形。

③ 按裹包的范围分为半裹包和全裹包。

生产实际中常用的是折叠式和扭结式裹包机，本章主要介绍这两种包装机的工作原理、安装使用和维护。

11.2　折叠式裹包机

11.2.1　工作原理和形式

折叠式裹包是使用最普遍的一种方法，其基本工艺过程为：从卷筒材料上切取一定长度的包装材料，或从贮料架内取出一段预切好的包装材料，然后将材料包裹在被包装物品上，用搭接方式包装成筒状，再折叠两端并封紧。根据产品的性质和形状、表面装饰和机械化的需要，可改变接缝的位置和开口端折叠的形式与方向。

折叠式裹包工艺有多种，按接缝的位置和开口端折叠的形式与方向分类，可分为两端折角式、侧面接缝折角式、两端搭折式、两端多褶式、斜角式等。

裹包机按成型运动过程分为直线式和回转式，通常都是间歇运动。

11.2.1.1　两端折角式

这种方式适合裹包形状规则方正的产品。包装时先裹包成筒状，接缝一般放在底面，然后将两端短侧边折叠，使其两边形成三角形或梯形的角，最后依次将这些角折叠并封紧。

两端折角式裹包工艺较简单，机械作业较易实现，但接缝通常在背面，包裹的紧密性、密封性较差。此外，接缝在背面一定程度上影响了装潢图案的完整性。

如图 11-4 所示，人工操作时，接缝可采用卷包接缝，包裹较紧密，包装件表面平整。机械化包装作业时，因工作原理不同，折角顺序和产品移动方向各有不同。如图 11-5 所示为上下和水平移动的折叠顺序方向。

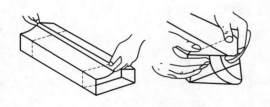

图 11-4　手工折叠裹包示意图

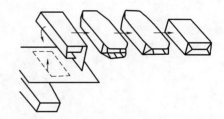

图 11-5　机械折叠裹包示意图

如图 11-6 所示为回转折叠式裹包工作过程，用于块状黄油两端折角式机械化裹包。卷筒包装材料 1 由送料辊 2 送至裁切辊 3 处分切为单张片材，再由传递辊 4 送至裹包工位，到达转盘 11 的隔板位置，黄油由加压料斗 6 经定量泵 5、成型筒 8 成型，用钢丝刀 7 切成块状黄油 9 落在裹包材料上，掉在转盘 11 的隔板中，由内侧折叠器 10 和固定的外侧折叠器 12 共同作用将黄油裹成筒状，在工位 18/1、18/2 和 18/3 处折叠两侧，再经弧状压板 16 将两侧压平封合，包裹好的物品 13 从滑道 14 落在传送带 15 上输出。

11.2.1.2　侧面接缝折角式

侧面接缝折角的特点是折叠重合接缝及包封封口在包装体的三个侧面。这种裹包方式将包装裹包得较紧密，包装体正面、背面完整，可保证装潢图案的完整性，弥补两端折角式裹包存在的缺陷，同时特别适应高速全自动裹包作业。

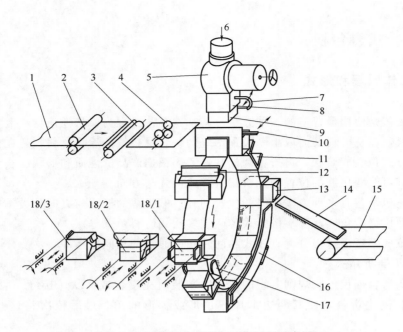

图 11-6 两端折角式裹包工作过程示意图

1—卷筒包装材料 2—送料辊 3—裁切辊 4—传递辊 5—定量泵 6—加压料斗

7—钢丝刀 8—成型筒 9—块状黄油 10—内侧折叠器 11—转盘 12—外侧折叠器

13—包装好的物品 14—滑道 15—传送带 16—弧形压板 17，18—两侧折叠

如图 11-7 所示为直线折叠式侧面裹包工作过程。卷筒料经导向辊 1、主送料辊 2 和涂

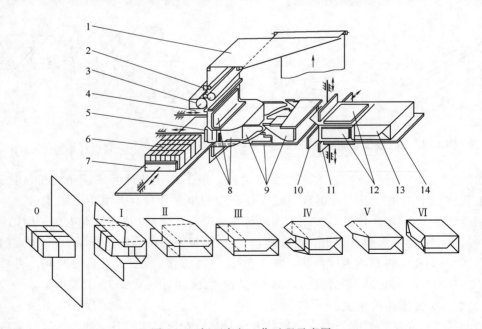

图 11-7 侧面裹包工作过程示意图

1—导向辊 2—主送料辊 3—涂胶辊 4—切断工位 5，7—推杆 6—被包装物 8—固定折板

9—折叠工位 10—侧折板 11—上，下前折板 12—压板 13—包装件 14—工作台

胶辊 3 送到裹包工位，被包装物 6 在工作台上整理排列后，由推杆 7 推向前方，再由椎杆 5 推向右方，在固定折板 8 的作用下，折成图 I 所示的形状，裹包纸定长裁切后，推送到折叠工位 9 处，由三个固定折板折成图 II 与图 III 所示的形状，继续向前推行，由侧折板 10 折侧面（图 IV），上、下两个前折板 11 折前面（图 V），用压板 12 压平，最后形成包装件 13（图 VI），从工作台 14 输出。

香烟的小包装是典型的侧面接缝折角式软包装，又称香烟裹包式。普通香烟的小包装，在国内分为简装、精装和外表裹玻璃纸的三种，最内层的是浸沥青纸或裱纸铝箔，采用的是侧面接缝折角式包装。印有商标图案的一般为外层，采用侧面接缝折角式裹包，最后在开口处贴封签。也有商品如录音磁带、盒装药片等，为了零售方便在裹包时也采用侧面接缝折角式，但包装面只有五面，露出一面方便察看。

11.2.2　主要组成结构

11.2.2.1　包装机的外形图

如图 11-8 所示为某型号回转折叠式裹包机的外形结构图，有 8 个回转工位，工作时转盘逆时针转动。包装物堆放在加料器导槽中，供料推进器（链条型）将最底部的包装物品（包件）推送出去，其余包件在自重的作用下填补到下一位置。被推出的包件在推进过程中与切下的包装材料相遇，在前方上下挡板的作用下，包装材料成右框形包在包件的三个平面上，一起被送入转塔的回转盒中，此时两端面的一角边被折叠。

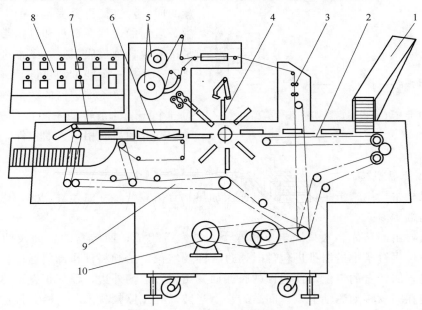

图 11-8　回转折叠式裹包机结构

1—装料机构　2—推料机构　3—包装材料进给机构　4—间歇回转机构　5—包装材料
6—端面折叠机构　7—整列排除机构　8—电器控制箱　9—传动装置　10—电机

回转盘由间歇机构驱动，8 个工位每转 45° 为一个动作周期，若最右边工位定为 0°，当转动到 90° 正上方位置作间歇停顿时，由两折叠爪完成长侧边口的折叠和加热定型，下一动作周期转到 135°位置，进行加热粘合，至此，长侧边的折叠塔接粘合已经完成。

再转到 180°停顿时，此时包件已调头，两卸料杆将包件从转盘中卸出，由排料推进器送往端侧面折叠装置进行侧面折叠热封。首先折叠两端面的另一短角边，随着包件被推进，包件端面的上边被折叠，接着下边也被折叠，至此折叠全部完成。其后是侧面热封，转向叠放，最后由输送带送出，从而完成整个包装过程。

11.2.2.2　调速与控制

折叠式裹包机通常采用无级调速，以使调整时采用慢速，也可清楚地观察到整个包装过程的具体动作，根据情况进行调整，然后缓慢加速，再调整，使包装效果、效率处于最佳状态。通常采用直流电机调压变速，也有采用交流变频调速的。

各部位热封使用电热器加热。调节温度控制器，设定所需的温度值，其热封温度便被自动控制在该温度上。

裹包机在两个主要部位装有过载保护装置，当出现卡包或其他使负荷过载的故障时，会立即自动切断电源而使机器停止工作，在故障排除之前，启动按钮不会起作用，只有排除故障后才能启动。

折叠式裹包机一般都有计数器，它的读数采用累加，显示的是实际包装数量。重新计数时需手动复位清零，计数准确可靠。

11.2.2.3　加料供料部分

如图 11-9 所示被包装物品（简称包件）由输送带送入加料器，转 90°层叠堆放。最底层的包件在链条推进器推动下，被送进转盘的回转盒进行折叠裹包，前一个被送走后，后面的包件在自重和输送带的推动下紧接着填补到最底层。链条推进器按包装速度一个接一个地推动包件，进行连续的自动包装，链条推进器的数量一般情况下为五个，即链条转动一圈推动五个包件。对于宽度和高度相当大的包件，推进器的数量应取四个。

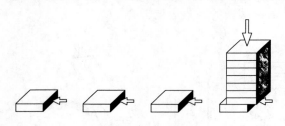

图 11-9　折叠式裹包机加料供料示意图

11.2.2.4　转盘机构

转盘机构主要用来折叠包件的长侧面及加热粘合搭接处，并使包件调头，以便下一步折叠粘合两端侧面。

转盘主要由回转体、八只固定座和八个回转盒等组成，回转盒的中间及两端留有空位，中间空位供链条推进器推进包件时通过，两端空位留给卸料杆作卸料通道。两定位销用于包件进入回转盒的定位，使包件的长侧面露出回转盒的外边，以便折叠、热封。

转盘装在间歇转动的轴上，作间歇转动。当转盘处于停顿状态时，链条推进器推动包件及包件前方贴靠的包装膜（包装膜在接触包件时被切下）进入处于水平状态的回转盒中，两端面的一侧边被同时折叠，此时包装膜便覆盖包件的五个面，仅留出待封合的长侧面。同时卸料机构将卸料杆从下方伸出，再上升，从处于水平状态的另一回转盒中将已封合好长侧面的包件拉出，再由排料推进器向前推进。而处于铅垂状态上端的回转盒中的包件正由两折叠爪对其长侧面进行折叠和加热定型。处于 135°状态的回转盒中的包件则正在进行加热封合。

　　转盘的结构和包件材质决定了整个裹包机的包装速度。由于是间歇运动，转动中加速度很大，离心力大，若包件受到的离心力大于回转盒对包装物件的摩擦力，包件便会被甩出去。不同质量的包件所受到的离心力、摩擦力是不一样的，对于香烟这类包件，重量轻，有弹性，回转盒对它的摩擦力就较大，它所受到的离心力也较小，其包装速度可以提高一些。而对于磁带一类包件，本身较重，外壳硬，弹性较小，它所受到的摩擦力就较小，离心力就会大一些，因此，其包装速度就比包装香烟的要低得多，速度稍高就会被甩出去，就可能出现卡包，损坏包件及某些零部件。

　　当包件的外形尺寸变化较大时，应更换回转盘上的回转盒。

11.2.2.5　包装材料供送装置

　　如图 11-10 所示，包装材料供送装置由包装薄膜卷轴、拆封带卷轴及热粘合机构等组成。两卷轴均装有制动器，以保证包装材料拉动时具有一定的张力，而不至于漂移、错位，包装薄膜卷轴由于包装薄膜质量较大、惯性大，拉膜过程中必须松开制动器，以免张力过大。在不拉膜时必须制动，否则由于惯性大会继续转动，放出很长一段膜，再次拉动时就会出现薄膜漂移、错位。该机构通过杠杆、弹簧来控制，制动力的大小通过调节制动块下部的弹簧来控制。拉膜时薄膜张紧滚筒受拉膜张力的作用向上抬起，支杆 2 绕 O_3 作逆时针转动，其左臂推动制动杠杆绕 O_4 顺时针转动，使制动块离开薄膜卷轴的制动轮，解除制动。拉薄停止时，由于没有了拉薄张力，制动块在拉簧 1 的作用下复位制动。

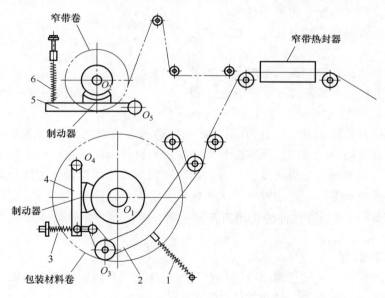

图 11-10　折叠式裹包机包装材料输送装置
1—拉簧　2—支杆　3—压簧　4—制动杠杆Ⅰ　5—制动杠杆Ⅱ　6—拉簧

　　拆封带卷轴由于拆封带很窄，总的质量较小，因而所需制动力就较小，拉带时不需松开制动器，制动器始终是处于制动状态，其制动力通过改变弹簧的拉力来调节。

　　拆封带通过热粘合机构加热而与包装薄膜粘合。工作时加热块压合加热，当没有包装物进给时，电器控制系统会自动停止拉膜，此时为防止烤焦拆封带及包装膜，设有自动张开机构，使加热块自动张开。

11.2.2.6　长侧面的折叠与加热封装装置

如图 11-11 所示是裹包机的一个重要组成部分，要求定位精度高，结构紧凑，动作协调。当包装物件由链条推进器进入回转盒后，转盘在间歇机构的控制下周期性地转动 45°，间歇机构为槽轮机构，停歇时间较转动时间长，能充分满足折叠封口的时间要求。当回转盒转到铅垂位置停顿时，右折叠爪控制凸轮降程开始，在弹簧（图中未画出）作用下滚子紧贴于凸轮，支杆 2 绕支点 O_2 顺时针转动，推动连杆 5 向上运动，使支杆 7 也顺时针转动，通过连杆 10 拉动右折叠爪绕 O_6 作顺时针转动，将长侧面右边的包裹膜折向左边，同时位于 135° 位置上的另一回转盒的热风控制凸轮由高点迅速降至低点，在弹簧作用下，支杆 3 绕 O_2 作逆时针方向转动，通过连杆 6 拉动平行四边形机构 $O_3O_4O_5O_6$ 使热封器向下作平移运动，紧贴于包件，对长侧面薄膜的搭接处进行热封，使其粘合。热风器贴于包件的松紧程度是可以调节的，配合温度的调整使粘合达到最佳状态。

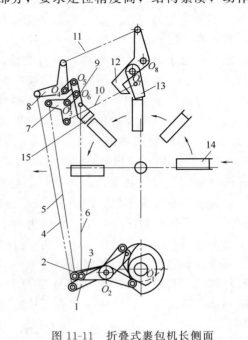

图 11-11　折叠式裹包机长侧面
的折叠与热封装置
1，2，3，7，8，9—支杆　4，5，6，10，11—连杆
12—左折叠爪　13—右折叠爪　14—包件
15—热封器

当右折叠控制凸轮降到最低点时，左折叠控制凸轮开始升程，凸轮推动滚子使支杆 1 绕 O_2 逆时针转动，通过连杆 4 使支杆 8 绕 O_4 逆时针转动，再通过连杆 11 拉动左折叠爪作逆时针转动，将长侧面左边薄膜折向右边。当左折叠爪逆时针转动一定角度后，右折叠爪才开始后退，以保证左边折叠的包装膜盖住右边已折叠好的包装薄膜。左折叠爪上装有加热装置，折叠后对两折叠边进行加热定型，使两折边的膜在折叠爪退出后不会弹起，从而保证下一步封合能顺利进行。左折叠爪的转动角度可通过调整其上的连杆连接点位置来调节，向上调，转动角度变小，向下调，转动角度增大。

11.2.2.7　卸料装置

卸料装置用以将已完成长侧面搭接热粘合的包件从转盘的回转盒中卸出，并送到侧面折叠封口装置进行折叠热封，结构如图 11-12 所示。

工作时曲柄 4、凸轮 6 固定在同一轴上，曲柄 4 通过连杆 3 带动摆杆 2 左右摆动，摆杆上端通过 1 带动支架左右移动，同时凸轮推动凸轮杆摆动，使支架产生一小弧度的转动，卸料杆的勾爪便可上下运动，以满足卸料要求，实现卸料杆勾爪向下、伸出、向上勾住包件、往回拉的一系列动作。

卸料杆的行程可以通过改变曲柄的长短来调节，曲柄旁置有一行程刻度标尺 5，使调节准确迅速，而卸料杆的勾爪位置则是通过调整摆杆上的连接板的位置来调节。两卸料杆

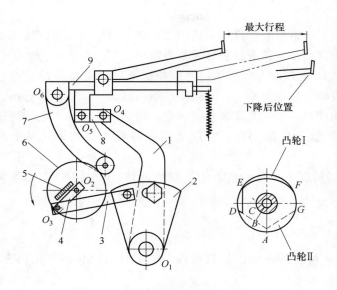

图 11-12　折叠式裹包机卸料装置

1—连杆　2—摆杆　3—连杆　4—曲柄　5—标尺
6—凸轮　7—从动杆　8—连杆　9—支架

的间距则用一螺纹机构来调节，其调节螺杆两端螺纹反向，两卸料杆分别置于两端螺纹上，顺时针方向旋动螺纹手柄时，两卸料杆张开，逆时针旋动时两卸料杆便合拢。

11.2.2.8　安全保护装置

裹包机械一般在一个或多个主要部位装有安全保护装置，用于机器过载或运动件受阻（如卡包）等情况时自动停机，以防止损坏零部件。驱动链轮空套在从动轴上，离合器通过键固定在从动轴上。正常工作时，离合器上的活动爪嵌于链轮的槽中，链轮通过离合器带动从动轴转动。当从动轴上的负荷过载时，就会使离合器的活动爪克服弹簧压力而

从链轮的槽中滑出，从动轴就停止转动。同时，离合器端部的圆盘在活动爪的推动下移动，触动微动开关，通过电气控制，切断主电源并自锁，机器便立刻停车。在故障排除之前，即使按下启动按钮，电机也不会转动。故障排除后复位开机。

11.2.3　设备的使用和维护

11.2.3.1　选用原则

折叠式裹包机的应用对象主要是长方体物品，多用于个体包装，可实现内外包装，普遍用于食品、药品、轻工产品及音像制品等多个领域。折叠式裹包机的选用原则有：

① 首先应根据包装物品的大小及所需包装材料来选择包装规格，满足要求的机型。

② 选用包装工艺（即折叠、封口等）与所需要求一致或相近的机型。

③ 选用进出包装物与上下工序能基本配套相接的机型。

④ 选用包装速度能满足要求，并有一定裕量的机型。折叠式裹包机的最佳包装速度一般为理论最高速度的 80% 左右。

⑤ 在满足使用要求的前提下，选用结构简单，维修方便的机型。

⑥ 选用名牌厂家或正规厂家生产的产品，其质量、信誉和后期维修保养均有保障。

11.2.3.2　使用与维护

机器的及时维护、保养是保证机器正常工作、防止零部件过早磨损的可靠措施。因此，机器的操作人员必须按期对机器进行维护保养，主管部门应定期检查，发现问题及早解决。

首先应熟悉使用说明书，了解机器的结构性能、操作维护要求及注意事项，力求对机

器有一个全面的认识。

每天开机之前，必须对机器进行清洁检查，发现不清洁之处应加以清理。特别注意那些滑动的表面，观察是否清洁或出现磨损，检查拉膜装置是否顺畅，切刀是否变钝。

在清洁机器之后，应在需润滑的地方加上润滑油，然后按标准启动机器进行实物包装，检查折叠位置及封口质量，发现问题及时解决，若是零件磨损或失效，应及时更换。

生产过程中按需要调整包装速度时，不应片面追求高速度，因为速度太高，包装薄膜会明显地褶皱、飘动，造成包装质量不良的问题，实际效率也并没有提高，还易引起事故。

一般在最高速度的 80%～90% 情况下工作，机器运转较稳定且故障也少，实际效率最佳。

11.2.3.3　常见的故障分析

（1）折叠不规整

① 主要是由于通道间隙较大，包装材料难以紧贴包件，包装材料比包件超出料多，出现不规整。

② 用于折叠的零部件安装不好，出现偏向或不到位，致使包装材料不能按预定的要求折叠到位，出现向某一边偏斜。

③ 包装材料制动力太小，拉膜时出现松弛。包装材料因飘动而跑偏，出现折叠不规整。

④ 包装速度太高，使包件在传递过程中产生偏移。

（2）封口质量不好

① 封口温度太低，难以使包装材料粘合。

② 折叠不规整，引起封口不均匀，使有的地方没有封牢。

③ 封口零部件安装不正确，与被封面不平行，影响封口质量。

（3）出现卡包

① 速度太快，出现包件严重偏移，使包件超前运动，碰着运动的零部件，出现卡包。

② 包件通道太窄，压得太紧，包件运动滞后，碰着正常运动的零部件，出现卡包。

③ 送料装置或排料装置不协调、不同步，极易出现卡包。

11.3　扭结式裹包机

11.3.1　工作原理和形式

扭结式裹包是用一定长度的包装材料裹包产品成筒状，然后将开口端部分按规定方向扭转成扭结，其搭接接缝不需粘结或热封。为防止回弹松开和扭断，要求包装材料有一定的撕裂强度和可塑性。

如图 11-13 为扭结裹包的工作原理图。这种裹包动作简单，易于拆开。另一方面，对于包装物件的外形无特殊要求，球形、圆柱形、方形、椭球形等形状都可以。可手工操作或是机械操作，但手工操作时劳动强度大，且不易满足食品卫生要求。目前大部分扭结式裹包食品如糖果、雪糕等都已实现机械化作业。

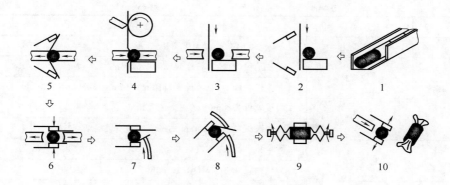

图 11-13　扭结式裹包工作示意图

1—上料　2—钳手张开，送膜　3—夹料　4—切膜　5—膜、料进入钳手
6—接、送料杆离开　7—下折膜　8—上折膜　9—扭结　10—击打落料

扭结包装材料可采用单层或多层结构，若采用多层复合结构，其内层和外层所用包装材料通常不一样。扭结式裹包形式有单扭结、双扭结和折方等多种，一般多采用两端扭结方式。手工操作时，两端扭结的方向相反；利用机械化作业时，其方向通常是相同的。单端扭结用得较少，主要用于高级糖果、棒糖、水果和酒类等，如图 11-14 所示。双端扭结式如图 11-15 所示，普通糖果包装较多采用。

双端扭结式裹包应用比较广泛，其工艺分为间歇式和连续式两种。

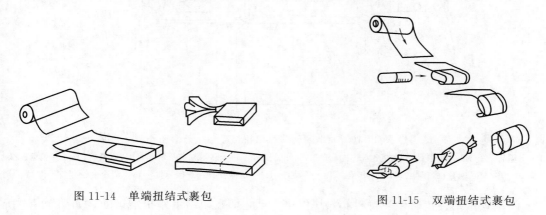

图 11-14　单端扭结式裹包

图 11-15　双端扭结式裹包

11.3.2　间歇扭结式裹包机

所使用的间歇扭结式裹包机中，以扭结式糖果包装机最典型。本节以 BZ 350-Ⅰ型扭结式糖果包装机为例，介绍间歇扭结式裹包机的工作过程、主要组成及使用维护等相关知识。

11.3.2.1　技术参数与工艺过程

表 11-1 列出 BZ 350-Ⅰ型扭结式糖果包装机的主要技术参数。

如图 11-16 所示为一种间歇回转扭结式糖果裹包机的外形结构图，其组成主要有机架、主传动系统、供理料部分、供膜部分和裹包部分。

表 11-1   **主要技术参数**

序号	技术类别	技术参数
1	生产能力	200～300 粒/min(无级调速)
2	糖块规格	圆柱形糖(直径×长度)φ13mm×32mm
		长方形糖(厚×宽×长度)11mm×16mm×27mm
3	包装纸规格	衬纸宽度为 30mm 的糯米纸或蜡纸
		外包装纸宽度为 90mm 的蜡纸或透明玻璃纸
4	电机功率	主电机 0.75kW,1410r/min
		理糖电机 0.37kW,1350r/min
5	外形尺寸	(长×宽×高) 1530mm×970mm×1570mm
6	重量	约 700kg

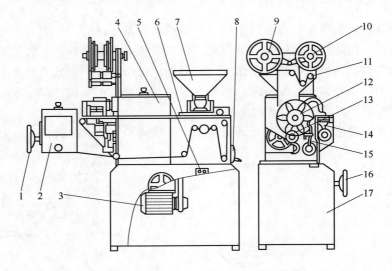

图 11-16   间歇回转式糖果扭结裹包机外形图

1—手动轮 2—扭结部件 3—电机 4—主体箱 5—开关按钮 6—理料器 7—料斗 8—张紧机构 9—包糖外纸
10—内衬纸 11—张紧辊 12—工序盘 13—落糖杆 14—送糖杆 15—接糖杆 16—调速手轮 17—机架

间歇式扭结裹包时包装材料和料块停留不动,两端扭结手作扭结运动,如图 11-17 所示,工作中,由包装材料供送系统(1、2、3)、物品供送系统(11、10、9)分别将包装材料和料块送至进料工位 I 时,主轴头正处于停歇状态,主轴头上位于 I 处的钳手处于全开位置。此时下模扳 4 和上模板 5 相对运动将料块和包装材料夹住,然后一同向上运动送入钳手 7。料块和包装材料进入钳手时,受钳手约束,包装材料对料块实现三面裹包,接着钳手由开到闭,上模板 5 退回起始位置,内侧折叠器 8 向左水平运动,将底部右侧伸出料块外面的包装材料折向左边,此后,钳手 7 钳住物品随着主轴头 12 间歇转动,由加压板将左侧包材折向右边,裹成筒状的糖块在弧形加压板 6 内侧滑动,至第 IV 工位,由一对夹爪 13 靠拢夹住薄膜两端同向扭转,然后松爪退回,在第 V 工位,钳手张开,落糖杆 14 将完成裹包的糖块拨入滑道 15,经传送带 16 输出。间歇扭结式裹包的操作方法简单,生产控制较易实现,但生产速度较低。

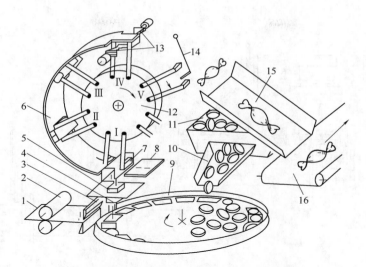

图 11-17　间歇式两端扭结裹包工艺过程示意图

1—包装材料　2—送进辊　3—切斜刀　4—下模板　5—上模板　6—弧形加压板　7—钳手　8—内侧折叠器
9—料盘　10—滑槽　11—料斗　12—主轴头　13—夹爪　14—落糖杆　15—滑道　16—传送带

11.3.2.2　主要组成结构

（1）主传动系统　包装机的主传动系统如图 11-18 所示，不包括供料传动。此机的包装速度是手动皮带无级调速。图中调整手轮 12 使电机移动，可改变两皮带中心距，从而改变皮带在分离锥轮上的接触半径，以达到改变传动比，实现无级变速的目的。作为设计选择，可采用机械式无级变速器取代带轮变速机构，从而使传动机构更为紧凑。

电机经无级变速机构驱动轴 I 旋转，轴 I 经齿轮 Z_{25}，Z_{80} 传动到分配轴 II，轴 II 上各个偏心轮和齿轮分别带动各部分构件，实现前后冲送糖、送纸、抄纸、钳糖手开合，转盘间歇转位、扭结以及卸糖等动作。各部分机构传动如下：

① 前冲送糖。前冲头送糖机构由轴 II 上的偏心轮 a 驱动，如图 11-18（a）所示。偏心轮 a 回转，通过连杆使扇形齿轮 17 摆动，从而带动装有前冲头 15 的齿条 16 往复直线移动，以完成冲送糖动作。

② 后冲接糖。后冲头接糖机构由轴 II 上的偏心轮 d 驱动，如图 11-18（b）所示。偏心轮 d 通过杠杆机构带动后冲头 19 往复移动，完成后冲接糖动作。

③ 落糖。同样由轴 II 上的偏心轮 d 控制，通过杠杆机构使落糖杆 18 往复摆动，将裹包好的糖果从钳糖手里打落。

④ 钳糖手开合。钳糖手开合动作由轴 II 上的偏心轮 b 控制，如图 11-18（c）所示。偏心轮 b 旋转时，通过连杆机构带动凸轮 21 往复摆动，而凸轮 21 通过滚子、杠杆带动一对扇形齿轮啮合运动，从而控制钳糖手 20 的张开或夹紧。

⑤ 抄纸。抄纸板的动作由轴 II 上的偏心轮 c 控制，如图 11-18（a）所示，偏心轮 c 通过杠杆机构使抄纸板 14 上下摆动，实现糖块下折边和退出。

⑥ 扭结。轴 II 经过渡齿轮 Z_{52} 带动轴 V，再通过齿轮 Z_{60}，Z_{24} 带动扭结手套轴 5 旋转，从而使与套轴固联的扭结手 4 也一起旋转。轴 V 上的圆柱凸轮 6 通过摆杆 A 使扭结手 4 作轴向进退运动，圆柱凸轮 6 通过摆杆 B 使齿条轴向移动，从而控制扭结手爪的开合

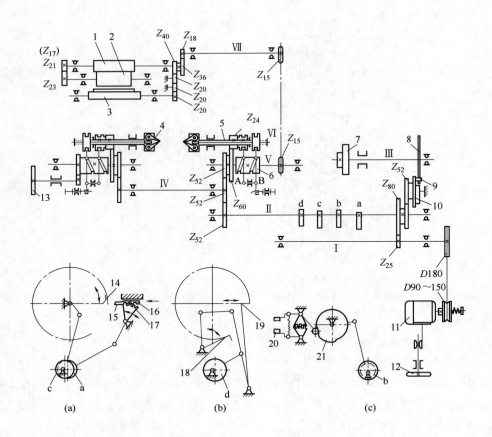

图 11-18　主传动系统图

1—卷纸轴　2—胶辊　3—滚刀轴　4—扭手　5—扭手轴套　6—扭手凸轮　7—转盘　8，9，10—槽轮机构
11—电机　12—调速手轮　13—手动轮　14—抄纸板　15—前冲头　16—齿条　17—扇形齿轮　18—落糖杆
19—后冲头　20—钳糖手　21—凸轮　a，b，c，d—偏心轮

（详细介绍见后面章节）。

⑦ 转盘间歇转位。转盘的轮转通过槽轮机构控制，轴Ⅱ经一对齿轮 Z_{52} 带动拨盘 10 转动，拨盘上的拨销 9 拨动槽轮 8，使转盘 7 作间歇转动。安装在转盘上的钳糖手 20 依次在各个工位轮转。机器还有手动调整，可通过手轮 13 实现。

⑧ 送纸与切纸。轴Ⅴ经链传动 Z_{15} 带动轴Ⅶ，通过齿轮 Z_{18}，Z_{36} 带动卷纸轴 1 旋转，卷纸轴 1 通过齿轮 Z_{21}（或 Z_{17}）、Z_{23} 带动橡胶辊 2 旋转，完成牵引送纸。卷纸轴 1 通过齿轮 Z_{40} 和过渡齿轮 Z_{20} 带动滚刀 3 旋转，实现切纸动作。

（2）理糖传动系统　理糖传动是独立驱动，理糖装置的作用是使待包糖块通过整理排列，依次整齐地传入输送带，并被传送到裹包工位。理糖部分传动装置如图 11-19 所示。

工作时电机通过皮带驱动轴Ⅰ旋转，再经齿轮 Z_{17}/Z_{46} 带动轴Ⅱ。轴Ⅱ上装有带轮，带轮回转时牵动输送带 6 运行，从而把转盘送来的糖块运送至裹包工位。

轴Ⅰ通过蜗杆蜗轮 Z_4/Z_{32} 带动轴Ⅳ，轴Ⅳ驱动转盘 3 旋转。转盘为凸底形，周边装有固定不动的螺旋导向板 5。当转盘旋转时，由料斗 2 落下的糖块受离心力作用滑向周边，并在导向板的作用下沿环槽列队排列，依次落入输送带 6。

另外，轴Ⅱ通过链轮 Z_{13}/Z_{20} 带动轴Ⅲ，再经螺旋齿轮 Z_{11}/Z_{28}、Z_{15}/Z_{15}，带动轴Ⅵ驱动毛刷4旋转，其作用是扫除重叠糖块，保证糖果一粒粒列队通过。

（3）转盘机构　如图11-20所示是转盘机构简图，转盘装有六副钳糖手，随转盘作间歇式回转。转盘10与转盘轴9之间以圆锥销固联，使转盘轴能带动转盘作间歇转动。转盘轴9上滑装有铜套8，通过偏心轮及连杆机构可使铜套在转盘轴上来回转动。因为下凸轮12以键7固定在铜套8上，而上凸轮11以螺钉与下凸轮12固联，因此凸轮11、12会随铜套一起摆动。

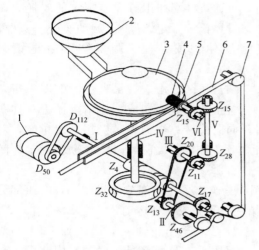

图11-19　理糖部分传动系统
1—电机　2—料斗　3—转盘　4—毛刷
5—螺旋导向板　6—输送带　7—带轮

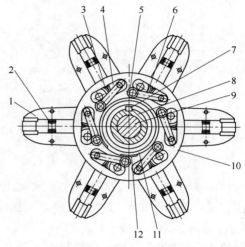

图11-20　转盘机构简图
1—糖钳　2—弹簧　3，4—扇形齿轮　5—滚子
6—滚子臂　7—键　8—钢套　9—转盘轴
10—转盘　11—上凸轮　12—下凸轮

工作时糖盘顺时针转动，当钳糖手转位到出糖位置时，滚子5与凸轮12的上升曲线接触，使滚子臂6顺时针摇动，带动扇形齿轮3和4相对摆动，再通过扇形齿轮回转轴使钳糖手张开，同时落糖杆将包装好的糖块打落。

转盘继续回转，当钳糖手转至进糖位置时，仍然处于张开状态，此时前后冲头动作，把糖块与包装纸一起顶入钳糖手。待前后冲头即将离开时，凸轮随铜套逆时针摆动。使滚子5落到凸轮下降曲线，从而带动钳糖手闭合，靠弹簧力夹紧糖块。

安装时，可通过调整上下轮11和12的交错位置可改变它们上升曲线的长度，从而改变钳糖手张开的持续时间。为确保钳糖手在出糖和进糖工位能迅速准确地张开和闭合，必须要使凸轮11、12配合动作，及时摆动，这有赖于偏心轮和连杆机构的控制。

（4）裹包机构　主要包括有前冲送糖机构、后冲接糖机构、下抄纸板抄纸机构和上挡纸板裹纸装置等。

由传动系统示意图可见，前后冲头、抄纸板等动作通过偏心轮及连杆机构实现。图11-21是偏心轮连杆机构的结构简图，轴9上安装有4个偏心轮，分别控制前冲送糖、后冲接糖、抄纸、钳糖手开合的动作。通过调整偏心轮在轴上的相对位置，可使裹包顺序中各个动作相互协调、准确配合。

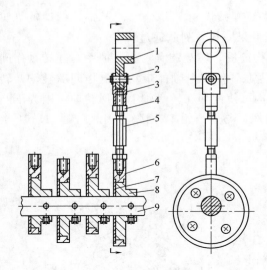

图 11-21　偏心轮连杆机构简图

1—连杆　2—销轴　3—连接叉　4—螺母　5—双头
螺杆　6—套环　7—定位板　8—偏心盘　9—轴

偏心轮由偏心盘 8 和套环 6 组成。偏心盘 8 随轴 9 一起旋转，而套环 6 在偏心盘 8 上周向滑动，向连杆机构输出一个周期性往复运动，从而控制各个裹包动作。

安装调整时，首先用紧定螺钉固定偏心轮在轴上的位置，经过试机，确认各动作无误后，再装上圆锥销。而各部分需要微调时，可通过两端加工有左右螺纹的螺杆 5 调整，只要松开紧定螺母 4、旋动螺杆 5，就可使连杆伸长或缩短，调整结束后再锁紧螺母。

（5）扭结机构　糖果裹包后的双头扭结由一对扭结机械手完成。扭结机械手对称布置，同向旋转。当糖果送到扭结工位时，对机械手同时夹紧两纸端，完成扭结封闭动作。

如图 11-22 所示是扭结机械手的结构图，图中只画出了左边部分的机械手，右边部分对称布置，结构相同。根据工艺要求，扭结机械手必须完成三种运动：

① 回转运动。如图 11-22 所示，动力经齿轮 21 传动至凸轮轴 15，凸轮轴 15 上的双联齿轮 16 通过扭手齿轮 6 带动扭手套筒 2 旋转，而扭手 1 与套筒是固联的，因此会一起旋转，把夹紧的纸端扭折成结，扭折角度约为一圈半左右。

② 扭结手爪的开合运动。图 11-22 中圆柱凸轮 14 转动时，带动摆杆 18 来回摆动，再通过摆杆上的滚轮 23 推动拨轮 9，从而使扭手轴 3 在套筒 2 内来回移动，而扭手轴端部的齿条带动手爪齿轮转动，使手爪张开或闭合，以完成对包装纸端的放松或夹紧。为保证手爪闭合能夹紧包装纸，必须调整拨轮 9 与扭手轴 3 的轴间间隙，一般可取 0.5～1mm，这一距离可通过调整拨轮槽中滚轮 23 的偏心轴 22 来实现。

③ 机械手的轴向进退运动。包糖纸在扭结时，长度会缩短，因此要求机械手在实现扭结的同时必须作进给运动，以补偿包装纸的缩短。图示中当圆柱凸轮 14 转动时，带动摆杆 17 来回摆动，再通过滚轮推动拨轮 7，使扭手套筒 2 作进给和后退动作。

扭结机械手开合和进退的协调由圆柱凸轮的曲线保证。左右机械手的开合一定要同步，这可以通过综合调整凸轮 14 和偏心轴 22 来获得。为了使左右扭结手开合动作与槽轮机构的间歇回转得到最佳协调，应该确保拨盘的拨销离开槽轮长槽 15°时，左右扭结手同时夹紧。

扭结机械手的装配定位要求比较高，需要反复调整。首先按顺时针方向转动盘车手轮，当拨盘的拨销离开槽轮长槽 15°时，通过单独转动齿轮 21 使两对扭结手调整在同一水平面内，调好后配作定位销 20。随后，在以上位置保持不变的情况下，调整两只凸轮 14 和偏心轴 22 使两对扭结手同时夹紧，调好后配作定位销 13。

左右扭结手到待扭结糖果的距离要一致，可通过调节扭手套筒 2 的外伸长度而获得。如图 11-22 所示，摆杆下支点螺栓 32 与滑座 29 固联，滑座由 4 个螺栓 30 固定于箱体 31

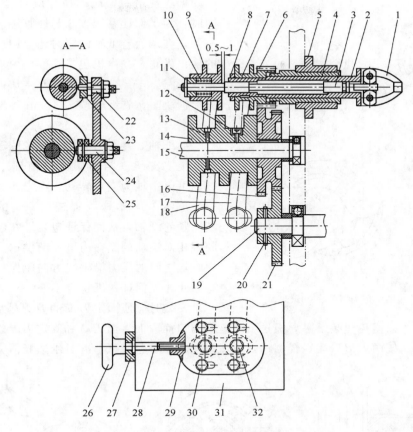

图 11-22   扭结机械手结构图

1—扭手 2—扭手套筒 3—扭手轴 4—滑套 5—安装座 6—扭手齿轮 7—拨轮 8—锁母 9—拨轮
10—弹簧 11—挡圈 12—螺钉 13—定位销 14—圆柱凸轮 15—凸轮轴 16—双联齿轮 17—摆杆
18—摆杆 19—轴 20—定位销 21—齿轮 22—偏心轴 23—滚轮 24—心轴 25—滚轮 26—手轮
27—定位圈 28—螺杆 29—滑座 30—螺栓 31—箱体 32—螺栓

上，箱体开有长槽，允许滑座在槽内滑动。调节时，首先松开螺栓 30，然后转动手轮 26，通过螺杆 28 使滑座沿箱体长槽滑动，而与滑座固定的摆杆下支点也一起移动。由于圆柱凸轮 14 位置保持不变，当摆杆下支点位置改变时，将令其上部的扭手轴和扭手套筒作相同的辅向移动，从而起到调整扭结手和糖果距离的作用。当调整结束后，应把螺栓 30 重新拧紧。

(6) 供纸和切纸装置   如图 11-23 所示，纸架和导辊的结构与软包装机的膜卷架相似。包装机采用两卷包装纸同时供送，分别有内层衬纸和外层商标纸。纸卷受切纸装置 4 中的卷纸轴和橡胶滚筒的牵引作用，由纸架 1 和 2 松卷，经导辊进入切刀架装置。

如图 11-24 所示是切纸装置的结构。图 11-24 (b) 是橡胶辊 8 拨开后的情形。包装纸卷经导辊后受到卷纸轴 3 和橡胶辊 8 的牵引输送，通过导板 6 后被滚刀 7 切断成单张包装纸。滚刀轴的转动与传动轴 Ⅱ 及 Ⅴ 的转动要同步，每切断一张纸就必须进行一颗糖块的裹包与扭结。

滚刀 7 的转速是卷纸轴 3 转速的两倍，即切下的纸长近似于卷纸轴周长的一半。每当

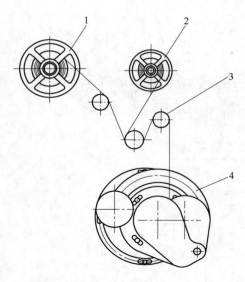

图 11-23　供纸装置

1,2—纸架　3—导辊　4—切纸装置

变动糖块规格时，应调换相应直径的卷纸轴。同时，为了保证卷纸轴 3 与橡胶辊 8 的线速度一致，在调换卷纸轴的同时还应调换卷纸轴上的输出齿轮。在本机包装圆柱形糖块时，卷纸轴直径是 35mm，齿轮齿数 $Z=17$；而包装长方形糖块时，卷纸轴改为 43mm，齿轮齿数取 $Z=21$。

卷纸轴 3 装在刀架 4 上，橡胶辊 8 装在支架 9 上。支架 9 与刀架 4 以销轴 14 和 12 铰接，可以销轴为支点转动。在支架 9 上还配有一个重锤 11，给橡胶辊施加一定的压力，使其压紧卷纸轴，从而保证包装纸在卷纸轴和橡胶辊相对滚动的摩擦力下连续供送。卷纸轴和橡胶辊之间的压力沿轴线方向应保持均匀，只有如此才能保证送纸稳定不偏。

安装时应使固定刀 5 的刀刃稍后于导板 6 的前侧平面，以避免包装纸沿导板送下时碰着刀口而卷曲。滚刀 7 和固定刀 5 之间的位置应仔细调节，使两刀刃口能轻轻擦过，以保证顺利切下包装纸，并且纸边光滑完整。

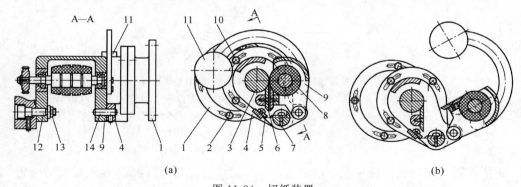

(a)　　　　　　　　　　　　(b)

图 11-24　切纸装置

1—法兰盘　2—螺栓　3—卷纸轴　4—刀架　5—固定刀　6—导板　7—滚刀　8—橡胶辊

9—支架　10—螺栓　11—重锤　12—销轴　13—螺母　14—销轴

此外，为了适应前后冲糖杆的顶接糖位置，必须调整包装纸切断时的高低位置，即调整固定刀刃口到台板的距离。如图 11-24 所示，调整时，首先旋松法兰盘 1 的三个螺栓 2，则可使整个刀架 4 绕法兰盘 1 的中心上下摆动。当位置调整恰当后，再旋紧螺栓 2。当高低位置调整后，导板 6 的平面将不处于垂直位置，此时应放松刀架 4 上的三个螺栓 10，再转动刀架 4 使导板恢复到垂直位置。由于经过这一系列调整，使刀刃的高低位置发生变化，将导致切纸时间有可能产生超前或滞后的现象，因此应改变滚刀的切纸时间，方法是将滚刀轴右端的齿轮相对于滚刀轴向前或向后转过一个轮齿，从而补偿超前或滞后的时间。

（7）缺糖停车装置　设有无料停机装置，可避免缺糖时包装纸继续送入裹包扭结装置而产生故障和废料。如图 11-25 所示，糖块在输送带上一粒紧接一粒依次输送时，糖块将摇杆 1 顶起，摇杆上部与接近开关 2 接近，实现主电机继电器通电，主电机保持运转。当缺糖时，摇杆受重块 4 的作用绕铰支 3 向下摆动，使其上部偏离接近开关，开关断开，使主电机断电停车。当恢复供应糖块时，主电机通电，机器重新运转。

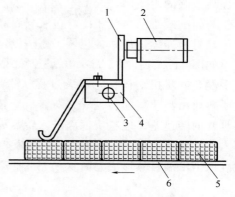

图 11-25　缺糖停车装置
1—摇杆　2—接近开关　3—铰支
4—重块　5—糖块　6—输送带

11.3.2.3　扭结裹包机的各动作同步图

扭结裹包工艺流程包括有输送、切纸、前后冲送糖、抄纸、钳糖手开闭以及扭结手开闭及旋转进给、打落糖等动作，所有的动作必须要协调同步，才能保证包装工作的顺利进行。

图 11-26 所示是扭结裹包工作动作同步图，也称工作循环图。

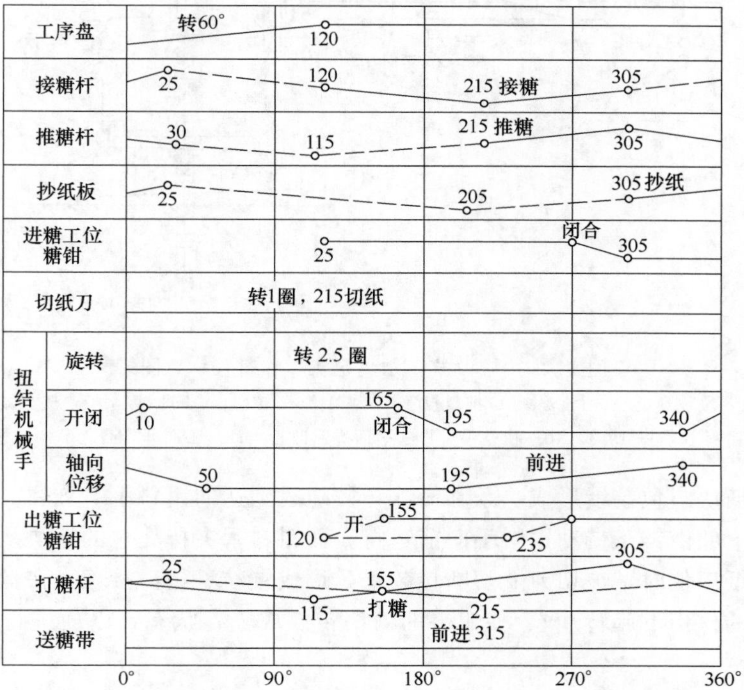

图 11-26　扭结式裹包机的工作动作同步图

11.3.3　连续扭结式裹包机

11.3.3.1　工作过程

连续式扭结裹包机设计原理与间歇回转型机的区别在于取消了包装机的主传动间歇运动机构，使各种包装动作在运动中完成，从而使包装机运转中的空程时间减至最少，进一步提高包装的生产率。

　　与间歇式扭结裹包相比，包装材料和料块进入包装机后，持续运动，其速度更快，通常包装材料连续供进，各包装工序按设定程序自动完成，包装速度在 $600\sim1500$ 件/min。

　　如图 11-27 所示为 YB-400 型连续式扭结裹包工作过程示意图。该机采用了链传动钳料手配合同步扭结机构，包装过程从送纸、落料、裹纸、钳料、切纸以及扭结连续化完成。料块由料斗落入转盘 5 并随转盘旋转，在离心力作用下甩到转盘周边，利用转盘 5 与料盘 6 的转速差，使料块依次进入转盘周边等分槽坑内。当转盘转到出料口时，料块依次落入链式输送带中，被刮刀 4、推料板 3 推送，与包装纸同步进入成型器 7。经过成型器，包装纸由平展自然形成卷筒状，完成糖果的裹包动作。

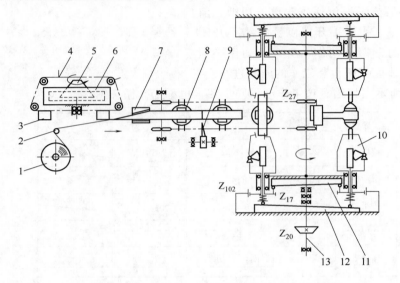

图 11-27　连续式扭结裹包机工作过程示意图
1—包装卷纸　2—导辊　3—推料板　4—刮刀　5—转盘　6—理料盘　7—成型器
8—钳料手　9—切刀　10—扭结手　11—平面进退凸轮　12—平面开合凸轮　13—主轴

　　裹包后的糖块与包装纸形成一条圆筒状，被随后到达的钳料手 8 夹住。钳料手通过销轴安装在链条上并由链条带动钳料手向前运行，而钳料手夹持裹包的糖块从成型器连续地拉出，经过切纸工位时，被切刀 9 切断包装纸，形成颗粒裹包。接着，在运行过程中，钳料手在导向板的作用下旋转 90°，使钳夹的糖块转换成竖直状态，以便进行下一步的扭结工序。

11.3.3.2　主要组成结构

　　（1）转位钳糖手结构　如图 11-28 所示是 YB-400 连续式糖果包装机上采用的转位钳糖手。钳糖手可绕其轴心线旋转。它通过定位盘 4 上直径为 $\phi3.5mm$ 的销子孔，用销轴固装在两条传动链条之间，随链条一起运动，如图 11-28（b）。

　　钳糖手在运行过程中需要完成两个动作，其一是夹放糖动作，在固定凸轮块作用下，推动开合顶杆 2，使钳爪 6 按需要张开或闭合，以完成夹糖和放糖动作，同时可把夹持的糖果向前输送；其二是转位动作，当钳糖手随链条运行时，转向轴套 3 与装于机架上的导向板 13 相遇，由于转向轴套 3 与支座 5 是装成一体的，因此，整个钳糖手在导向板作用

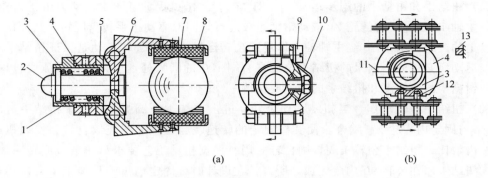

图 11-28　转位钳糖手

1—弹簧　2—开合顶杆　3—转向轴套　4—定位盘　5—支座　6—钳爪　7—钳手胶垫　8—钳手箍

9—螺栓　10—垫片　11—挡块　12—销轴　13—导向板

下发生 90°转位，使糖果由水平转成竖直状，以便进行扭结工序。定位盘 4 上的挡块 11 对钳糖手的旋转起限位作用。

（2）扭结机械手结构　如图 11-29 所示是 YB-400 糖果包装机扭结装置中的扭结手机构。此机械手的一只钳爪是固定的，另一只活动钳爪由齿条齿轮传动实现开合。

图 11-29 中，齿轮轴套 4 与固定钳爪 7 采用螺纹联接，并装有定位螺钉 2 以防止螺纹松动，保证扭结手在工作时始终处于所要求的正确位置。压盖 1 作用是防止螺钉 2 松动。齿轮轴套 4 与轴承采用较松的动配合，以便钳糖手作轴向进给运动。工作时，推杆 3 在固定周向凸轮 A 上连续滑动，推

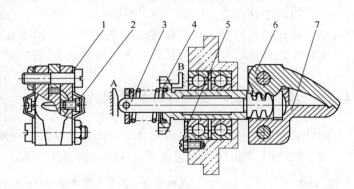

图 11-29　扭结机械手结构

1—压盖　2—定位螺钉　3—推杆　4—齿轮轴套　5—轴承盖　6—活动钳爪　7—固定钳爪　A—开合凸轮　B—进退凸轮

动钳爪张合。同时，固定周向凸轮 B 则推动齿轮轴套 4 使扭结手作进退运动。其自转运动通过固定内齿轮与齿轮 4 的啮合运动而实现。

扭结手在工作时进行频繁的扭结和张合动作，受力情况比较复杂，因此要求较高的强度和刚度。

11. 3. 3. 3　关键动作安装调试

实现连续糖果的扭结，需要配合完成三个动作。其一为扭爪的张合运动，以实现夹持和放松糖纸；其二为扭结手的自转运动，以实现扭结动作；其三为扭结手的进退运动，以补偿因扭结面引起包糖纸的缩短。在连续式扭结裹包机中，由于扭结动作是在扭结手和糖块的同步运动中完成的，因此，扭结手除了上述必须的三个动作外，还应有一个与糖块同步运动的动作。

连续式扭结手共有四个配合动作，安装调试应按下述要求。

（1）扭结手和钳糖手的同步运动　在图 11-27 工作过程示意图中，动力由锥齿轮 Z_{20} 传入，主轴 13 通过驱动链轮 Z_{27} 带动钳糖手 8 运行，同时驱动扭手转盘同转，从而使安装在转盘上的三组扭结手 10 绕主轴轴心作连续公转运动，这个公转运动是保证扭结手和糖块同步运动所必须的。糖果的扭结工位处在右端 180°的圆弧处，也只有在圆弧段行程中，才能使钳糖手的线速度和扭结手的线速度保持一致。

（2）扭结手自转动作　当扭结手作公转，进入右端 180°圆弧处，由于扭结手上的小齿轮 Z_{17} 与固定内齿轮 Z_{102} 啮合，使其按规定的转速绕自己轴心线连续自转。实现扭纸动作。按齿数比，扭结手公转 1 周，则自转 6 周。根据扭结工艺要求，扭纸应回转一周半，因此，扭结工序在公转 90°内就完成。所以，在设计时，固定内齿轮只加工了右端小半圈的齿，使扭结手只有运行至这小半圈范围内才能产生自转。

（3）扭结手爪的开合动作　扭结手公转时，在固定开合凸轮 12 的控制下，通过其顶杆使手爪在准确的工位实现闭合和张开动作。在扭结手公转进入右端 180°圆弧段起始点时，开始闭合夹持糖纸。当糖块转过 180°圆弧之前，包装工序全部完成之后，在固定开合凸轮 12 的作用下，推动扭结手齿条使其手爪张开，同时，钳糖手也松开钳糖爪使糖块落下。

（4）扭结手轴向进退运动　扭结手公转时，在固定的进退凸轮 11 的控制下，通过套筒推动手爪作轴向移动。在扭结手轴向进退时，扭结手正夹住糖纸作自转并同时公转运动。由扭结始到扭结终，上下扭结手各自向糖块方向进给约 7mm 距离。

11.3.4　扭结裹包机故障分析及维护

间歇式和连续式扭结裹包机的基本工作原理相似，使用中常见的故障产生原因大致相同，表 11-2 列出了扭结式裹包机常见故障原因及排除方法。

表 11-2　　　　　　　　　扭结式裹包机常见故障原因及排除方法

序号	故障现象	产　生　原　因	排除方法
1	包装材料供送异常	卷筒包装材料的制动力调节不当	调整合适
		导辊不平行或调整不当	调整合适
		包装材料切刀相对位置和切断时间调节不当	调整合适
		材料供送通道间隙调节不当，或有异物堵塞卡滞	调整合适、清除异物
		包装材料商标定位系统调节不当	调整合适
		包装材料静电消除不良，相互吸附	检查消除
2	待包物品不能正确到位	待包物品供应不足	增加供应量
		整理供送机构工作不正常	检查调整
		供送通道粘附异物导致阻塞	清除异物
		推料机构装配不良导致动作不协调	重新装配调整
		带物料分切刀的裹包机，分切刀调整不当，工作不协调	调整合适
3	裹包不良	活动折边器的工作位置和工作行程调整不当，或动作不协调	调整合适
		活动折边器或固定折边器附着异物，不洁净	清除异物

续表

序号	故障现象	产 生 原 因	排除方法
3	裹包不良	转位钳夹于装配不良,定位不准或夹持动作不协调	重新装配调整
		转位钳夹手附着异物,不洁净	清除异物
		包装材料供送偏移,定位不正确	调整
		包装材料规格与被包物品大小不配	重选
4	扭结不良 太松或扭破	扭结机械手的补偿进给运动调整不当	调整合适
		扭转角度太大或太小,即夹爪夹紧时间过长或太短	调整合适
		扭结机械手夹爪夹紧部位不当或动作不协调	调整
		扭结机械手的中心线和被包物品的中心线不在一条直线上	调整一致

思 考 题

1. 什么是裹包技术？分析该类包装工艺使用哪些材料？
2. 对比说明几种裹包技术的原理及特点，分别适用于哪些产品包装？
3. 结合实例说明裹包的工艺特点和方法。
4. 裹包设备有哪些类型？
5. 叙述折叠包装的工艺过程。
6. 简述扭结包装机的安装和使用步骤。
7. 简述折叠式裹包机的常见故障和排除方法。

12 打包设备的安装与维护

【认知目标】

∞ 了解打包设备的类型、特点

∞ 理解常用打包、捆扎设备原理与工艺过程

∞ 掌握常用打包、捆扎机的组成结构

∞ 会根据相关技术图纸分析其组成结构

∞ 能对各类打包机进行正确装配与调试

∞ 能对打包机进行正确操作与运行管理

∞ 能对打包机常见故障做出正确判断与处理

∞ 会根据所学的打包知识，根据产品不同进行设备改造

∞ 通过装打包机装配实践，养成严谨认真的工作作风，培养团结协作精神

∞ 通过打包机操作运行实践，培养细致耐心的良好习惯

【内容导入】

本单元作为一个独立的项目，介绍打包设备的功用、类型，选取常用几种打包机为实例，按照打包机认知→组成结构分析→安装与调试→操作运行与维护→常见故障分析与排除为主线组织内容，由简单到复杂，由单一到综合。

通过学习打包机的工作原理、工艺过程、组成结构等知识，培养掌握打包设备有关技术，通过相应的实践，具备对此类设备的制造安装、调试、故障判断、维修等岗位技术能力。

12.1 打包设备应用及分类

打包是指产品按一定要求装入容器（通常指箱子或大袋子），或按规律叠放在一起的集合品封口及加固。小件物品经封口便行，大件物品或松散物品一定要经过打包处理，打包可以加固包件，减少体积，便于装卸保管，确保运输安全。利用机器打包替代传统的手工，可大大降低工作劳动强度，提高工效，是实现包装机械化、自动化必不可少的设备。

打包设备类型由于物品形状、性能各异有多种分类方式，目前生产线中基本实现全自动化，较常用的类型有：

（1）封箱、袋口类　钉箱机、粘箱机、缝口机、胶带封箱机。

（2）捆扎类　通常捆扎是指将物品装入箱中，对箱子进行打包，根据箱子材料的不同有纸箱和木箱捆扎机；根据捆扎带的不同有纸带、塑料带、复合带和钢带。

（3）捆结类　通常捆结是指将扁平、松散物品单件或多件用线绳捆结一起，捆结的线绳有铁丝、棉麻、纸绳和塑料绳，根据捆结时对物品施加的压力大小有压力型和压紧型，压力型适合于对松散物类的压缩捆结打包。

下面主要介绍常用的胶带封箱机、塑料复合带自动捆扎机及线绳自动捆结机。

12.2　胶带封箱机

胶带封箱机是采用 PVC、BOPP 等压敏性胶带作为封箱材料的自动封箱机，可用于定型和外形基本规则的纸箱及其他包装用箱封合，具有经济快速，容易调整的特点，可一次完成上、下封箱动作，是自动化包装不可缺少的工序。

胶带封箱机的具体型式有自动封箱机、气动封箱机、折盖封箱机、边角及侧面封箱机。

胶带封箱机的主要结构和工作原理如图12-1所示，包括机架、升降立柱、上输带装置、宽度及高度调节装置、胶带支架和切断装置、控制部分等。工作时根据箱子的大小和封带位置，调节好宽度和高度，被包装物品在外力作用下进入封箱机，当到达侧动力装置时，侧动力皮带驱动箱子向前移动，胶带的压杆将胶带头部压粘到箱子上，箱子移动时连续粘封，达到规定要求时切断刀片自动切断胶带，完成封箱工艺。

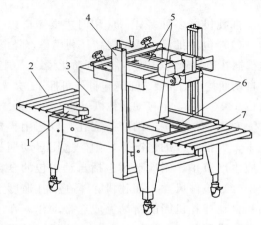

图 12-1　胶带封箱机结构图
1—侧面动力装置　2—进箱辊筒　3—上下封箱作业中的纸箱　4—升降装置　5—上下封胶带及切断装置　6—上下送箱传动装置　7—出箱辊筒

12.3　捆扎机

12.3.1　捆扎机的应用和分类

捆扎机是利用带状或绳状捆扎材料将一个或多个包件紧扎在一起的机器，属于外包装设备。利用机械捆扎替代传统的手工捆扎，降低捆扎劳动强度，提高工效，加固包件，减少体积，便于装卸保管，确保运输安全。

按捆扎材料、自动化程度、传动形式、包件性质、接头接合方式和接合位置的不同，捆扎机械可演变成种类繁多的各式各样不同的设备。

按捆扎材料，可分为钢带、塑料带、聚酯带、纸带捆扎机和塑料绳捆扎机；按自动化程度，可分为全自动、自动、半自动捆扎机和手提式捆扎工具；按包件类型，可分为普通式、压力式、水产式、建材用、环状物捆扎机；按接头接合形式，可分为热熔搭接式、高频振荡式、超声波式、热钉式、打结式和摩擦焊接式捆扎机；按接合位置，可分为底封式、侧封式、顶封式、轨道开闭式和水平轨道式捆扎机。如图 12-2 所示为几种常用捆扎机。

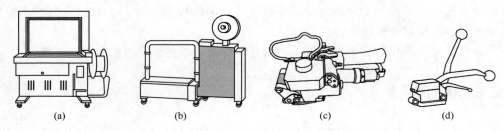

图 12-2 几种常用捆扎机
(a) 全自动高台捆扎机 (b) 全自动低台侧封捆扎机 (c) 气动式打包机 (d) 手动钢带打包机

捆扎机械多种多样，应用时主要考虑以下因素：

（1）包件批量 为了提高其利用率，降低使用成本，首先应根据包件数量和所需捆扎的包件捆扎道数确定选用机器的自动化程度。国产自动捆扎机的捆扎速度一般为 12～30 次/min，半自动捆扎机则需要人工送包件，可捆 12 次/min；国外自动捆扎机可捆 24～34 次/min，最快可达 62 次/min，半自动捆扎机可捆 14～33 次/min。

对于小批量生产的产品捆扎，以选用半自动捆扎机为宜，既充分利用机器，又可降低成本，大批生产的情况下，则应选用自动捆扎机，当包件是以流水线形式生产时，为能够适应生产节拍，则应选用包括自动送包的全自动捆扎机。

（2）包件尺寸 捆扎机除了在捆扎速度上存在差异外，在结构式区别也比较大。全自动和自动捆扎机因能自动完成送带动作，在工作台上设计有框形送带轨道，包件只有进入送带轨道下部，才能捆扎包件，这样，包件的大小就要受到轨道尺寸限制，根据包件尺寸的大小来选用捆扎机的规格。标准型全自动和自动捆扎机，最小捆扎尺寸为 50mm×80mm，最大捆扎尺寸可达 800mm×800mm，适用于流水线作业的低台自动捆扎机，最大捆扎尺寸已达 1800mm×1000mm。半自动捆扎机利用手工穿带进行捆扎，在机器结构上不存在送带轨道，最大捆扎尺寸不受限制。

（3）维修能力 设备在工作过程中必然存在维修、保养和更换易损件等问题，由于全自动捆扎机和自动捆扎机在控制系统和结构都比较复杂，要求使用者有一定的维修能力，确保机器在正常状况下工作。而半自动捆扎机的结构较简单，操作方便，对使用者要求相应较低。

（4）捆扎材料 我国生产的各种捆扎机均属于小型包件捆扎用机，品种比较单一，基本都选用宽度为 10～13.5mm 的聚丙烯塑料带（PP 带）作为捆扎用带。对于体积大，重量较轻的包件，选用宽度为 30mm 的中空聚乙烯塑料筒绳作为捆扎用带的塑料绳捆扎机。对于沉重大件的捆扎，选用钢带捆扎，但目前钢带自动捆扎机以手提式比较常见。

目前，使用较多的捆扎机基本上采用塑料带作为捆扎材料，利用热熔搭接的方法使紧贴包件表面的塑料带两端加压粘合，达到捆紧包件的目的。分为机械传动和液压传动两大类，带端粘合位置一般为底封式或侧封式，分别有全自动、自动、半自动捆扎机。

在此，仅介绍塑料复合带作为捆扎材料的捆扎机。

12.3.2　自动捆扎机

自动捆扎机采用机械传动和电气控制相结合，无须手工穿带，可连续或单次自动完成捆扎包件，适用于纸箱、木箱、塑料箱、铁箱及包裹、书刊等多种包件的捆扎。

12.3.2.1　工作原理

自动捆扎工作过程由被捆物料到位、送带、拉紧、切烫、粘接四个环节组成，工作原理图如图 12-3 所示。

（1）送带　如图 12-3（a）所示，送带轮 3 逆时针转动，利用轮与捆扎带的摩擦力使捆扎带 4 沿轨道 1 运动，直至带端碰上止带器 2 的微动开关（或者用控制送带时间的方法），使捆扎带处于待捆位置。

（2）拉紧　如图 12-3（b）所示，右爪 6 上升压住带端，送带轮 3 顺时针转动，利用摩擦力使捆扎带沿轨道 1 退出，此时轨道中的叶片在捆扎带的退带拉力作用下松开，使捆扎带继续退出直至紧贴在包件表面，而张紧臂 7 随之向下摆动，将带子完全拉紧。

（3）切烫　如图 12-3（c）所示，左爪 8 上升将两层捆扎带压住，隔离器 5 退出烫头紧随跟进，开始将捆扎带两端加热，压力块 9 上升切断捆扎带。

（4）粘接　如图 12-3（d）所示，烫头退出至起始位置，压力块 9 继续上升，将两层已加热的捆扎带两端压粘在一起，完成捆扎周期动作。

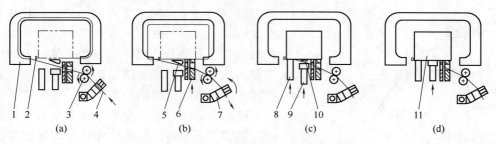

图 12-3　自动捆扎机工作过程示意图

1—轨道　2—止带器　3—送带轮　4—捆扎带　5—隔离器　6—右爪
7—张紧臂　8—左爪　9—压力块　10—加热板　11—包装件

12.3.2.2　主要结构

自动捆扎机主要由送退带机构、张紧机构、封缄机构、传动机构、轨道机构等组成，如图 12-4 所示。

（1）送退带机构　如图 12-5 所示，送退带机构主要完成捆扎带的送入和退出，由齿轮、滚轮、压轮、小轨道等零件组成。机器进入工作准备状态时，压轮 3 通过弹簧的作用将捆扎带压在送带滚轮 2 上，当送带离合器闭合时，通过齿轮副驱动送带滚轮 2 作逆时针转动，靠摩擦力使捆扎带从储带箱 5 中拉出送入轨道，当退带离合器闭合时，动送带滚轮 2 作顺时针转动，将带子从轨道中拉出退入储带箱 5 中。

（2）张紧机构　主要作用是把退带后紧贴包件的捆扎带再一次拉紧，以达到所需要的紧束度，并通过调整器将捆扎力调节到不同包件所需要的程度，由张紧臂、夹爪、导辊、

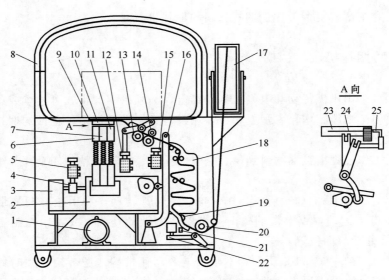

图 12-4   塑料带自动捆扎机结构

1—电动机 2—凸轮分配轴箱 3—减速器 4—离合器 5—电磁铁 6—第三压头 7—第二压头
8—导轨 9，21—微动开关 10—切断刀 11—第一压头 12—送带压轮电磁铁 13—送带轮
14—收带轮 15—收带压轮电磁铁 16—二次收带 17—带盘 18—贮带箱 19—输带道
20—预送轮 22—预送压轮电磁铁 23—面板 24—舌板 25—电热板（烫头）

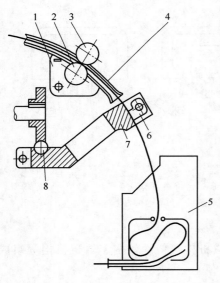

图 12-5   送退带机构

1—送带轮支架 2—送带滚轮 3—压轮
4—小轨道 5—储带箱 6—夹爪
7—张紧臂 8—张紧凸轮

调整臂、反冲块、调节螺杆等构件组成。

图 12-5 中，当完成退带动作后，压轮 3 与送带滚轮 2 脱开，凸轮轴上的张紧凸轮 8 转动，使张紧臂 7 向下摆动，此时，张紧调整器上的反冲击将夹爪 6 关闭，夹住带子随张紧臂下摆，达到拉紧作用。凸轮转动第一高点时，张紧臂 7 下摆的角度最大，捆扎带就拉的最紧。左爪上升将已经拉紧的带子压住，依靠凸轮作用，张紧臂稍上摆，使捆扎带在松弛状态下被切断。凸轮继续转动到第二高点时，张紧臂 7 又摆到最低点，使弹簧撞块叩击反冲块的螺钉，使夹爪 6 打开，最后，由于弹簧的作用，张紧臂回到起始位置。当转动调节螺杆时，可改变反冲块的位置，即可改变夹爪的开闭时间，以改变拉紧捆扎带的长度，达到调节捆紧力的目的。

（3）传动机构   通过 V 带、链轮、减速器、电磁离合器等零件，将由电动机传出的动力分别按一定的速比传送至凸轮轴、送退带机构及预送带机构等工作部件。

（4）封缄机构   如图 12-6 所示，封缄机构是实现捆扎带切断，熔融、粘接的主要机构，它由凸轮组、左爪、右爪、压力块、烫头、隔离器、热合台臂、加热器臂、刀片及拢

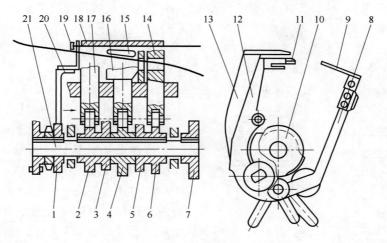

图 12-6　封缄机构

1—拢带凸轮　2—左爪凸轮　3—隔离器凸轮　4—压力凸轮　5—加热凸轮　6—右爪凸轮　7—张紧凸轮
8—加热器臂　9—烫头　10—隔离器凸轮　11—隔离器　12—隔离器臂　13—热合台臂　14—右爪
15—隔离器　16—压力块　17—左爪　18—热合台臂　19—止带器　20—拢带架　21—凸轮

带架等零件组成，其中凸轮组是完成全部动作的关键部件，每转动一周，完成一次捆扎。

各执行动作工作循环如图 12-7 所示，部分重要零件的主要动作如下：

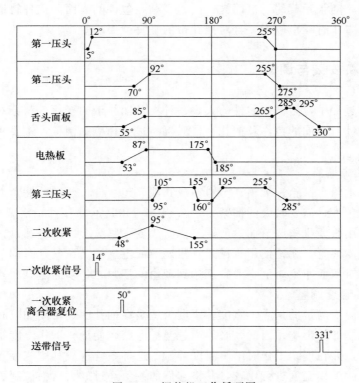

图 12-7　捆扎机工作循环图

① 拢带凸轮 1。捆扎拢带架 20 开合，使上下捆扎带对齐。

② 左爪凸轮 2。推动左爪 17 做上下移动，压紧或松开捆扎带的接头端。

③ 隔离器凸轮 3。控制隔离臂 12 插入或退出。

④ 加热凸轮 5。控制加热器臂 8 和烫头 9 的摆动，插入和退出。

⑤ 右爪凸轮 6。能使右爪 14 做上下移动，完成压带动作。

⑥ 张紧凸轮 7。控制张紧臂的摆动，实现捆扎带的强拉紧。

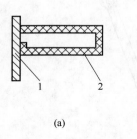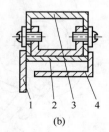

图 12-8　轨道结构
(a) 整体式　(b) 叶片式
1—挡板　2—轨道体　3—支架　4—叶片

（5）轨道机构　引导捆扎带绕轨道自动移动一周，做好捆扎准备，其结构有整体式和叶片式，截面形状如图 12-8 所示。

① 整体式轨道如图 12-8（a）所示，由挡板 1 和轨道体 2 组成。送带时捆扎带在两者形成的内腔穿行，至带端碰到止带器，触动微动开关发出信号，送带器停止；退带时，轨道体 2 由电磁铁或顶推机构推开，使捆扎带从轨道体 2 中脱出而被拉紧后，紧贴在包件表面。其优点是送带流畅、可靠，装配、维修较方便，但加工时须制作专用模具，且要求较高。

② 叶片式轨道如图 12-8（b）所示，由挡板 1、轨道体 2、支架 3、叶片 4 等组成。送带时捆扎带沿挡板 1、轨道体 2 和叶片 4 所形成的空间穿行；退带时，捆扎带克服叶片 4 上的扭簧的弹力，随张紧臂的下摆而被拉出，紧贴在包件的表面。该种轨道制作方便，目前使用较多，但工作时噪声较大，且对捆扎带的平直度要求较高。

12.3.3　捆扎机安装与调试

捆扎机工作过程中，因被捆包件的大小、种类及捆扎带的变化，都会对捆扎效果带来影响，为此，须针对不同的包件及捆扎带，对机器进行相应的调整，主要从以下几个方面进行。

12.3.3.1　捆扎力调整

被捆包件有木箱、铁箱、纸箱、塑料箱或其他软包装件，所需的捆紧力不同。对于木箱、铁箱之类硬包件，需要较大的捆紧力，对于纸箱和其他软包件，需要较小的捆紧力。在捆扎机上，利用张紧机构调节捆紧力，工作时改变张紧盘上的调整螺母，通过螺杆改变捆紧力大小。但需注意，无论使用机械式张紧调节或电气控制拉紧延时调节，刻度盘上的指示值只能是相对值而非绝对值，要真正达到理想的捆紧力，须通过试捆才能达到。

12.3.3.2　烫头温度调整

理想的烫头温度与带的材质、宽度、厚度及烫头在捆扎两端中间加温时间有关，亦受电源电压、气温高低的影响，因此，必须通过温控电路，使烫头工作温度始终与所需的工作温度保持平衡，并在连续工作时给予温度补偿。这种系统一般利用测温元件，将测量得到的温度与要求的工作温度进行比较，并将它们的差值经过放大后去控制烫头电热元件的电流，使之达到要求的工作温度，通常为 250～370℃。

烫头温度变化直接影响到接头的粘合质量，温度过高，会使捆扎带两端熔化过度出现炭化现象，影响接头强度，有时还会出现凝固缓慢的现象，使搭接后两段容易被包件挣开；温度过低，带子两端未达到熔融状态而无法粘接，或粘接后产生崩带现象，影响捆扎。

12.3.3.3 隔离器与烫头距离调整

隔离器是将上下两端捆扎带分隔，使烫头能够顺利插入两带之间加热。当烫头插入时隔离器开始后退，两者之间的距离以 4～6mm 为宜。若距离太小，在使用一定时间后因机件磨损而造成烫头与隔离器间距越来越小直至顶撞，给正常粘接带来困难。若距离太大，则会使烫头未插入带之间而隔离器已经退出，带子两端会碰在一起使烫头无法插入，即无法加热粘接，两者之间的距离以 1/3 捆扎带宽为宜。正确的安装位置，如图 12-9 所示。

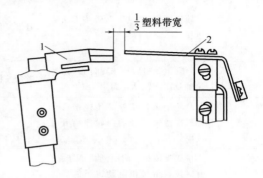

图 12-9　隔离器与烫头位置
1—隔离器　2—烫头

12.3.3.4 储带量调整

适量的储带量才能保证捆扎机正常连续地工作，储带量过少不能保证每道捆扎所需的带子长度，过多则因储带箱空间有限，过多的带子滞留在箱内造成捆扎带弯曲变形，影响带子在轨道内通行。通过储带箱下部预送带机构的拉簧调节，带子过多时可把拉簧调松，带子不足时则把拉簧调紧，适量的储带量应是比实际需要稍长一些，使每次送带后仍有少量的带子留在储带箱内。

12.3.4　维护保养与故障排除

使用捆扎机时，除了按照设备使用说明书进行日常的维护保养外，还应注意以下几点。

（1）每天工作结束后，及时退出轨道和储带箱内的捆扎带，避免因带子长期滞留在机箱内造成弯曲，使下次捆扎时送带不畅。

（2）捆扎过程中，塑料带因与机件摩擦而产生很多的带屑，如长期积留在切刀、张紧器、烫头和送带轨道表面上，会影响正常的捆扎粘接，必须及时清除。

（3）除参照设备说明书规定的需润滑的部件和机件外，严禁在送带轮和塑料带上加油，以免造成打滑，影响捆扎。

常见故障及排除方法见表 12-1。

表 12-1　　　　　　　　　　自动捆扎机常见故障及排除方法

序号	故障现象	产生原因	排除方法
1	捆扎带不能粘合	工作温度太低	转动调温旋钮,升高温度
		烫头不能发热	更换烫头
		烫头工作位置不对	调整烫头位置
		压力弹簧断裂	更换弹簧

续表

序号	故障现象	产生原因	排除方法
2	捆扎时"拉大圈"或强拉紧动作缓慢	退带结束发信开关位置有误	用手抬起送带压轮长轴,送带辊支架与开关螺钉发信开关,一抬手,开关即断开,以此为开关最佳位置
3	轨道内带子"逃带",带头无法压住	退带发信开关位置有误	调整退带发信开关,先将塑料带通过轨道插入右压爪上,转动凸轮轴,使右爪升起顶住塑料带,用手拉不出为佳
4	启动电动机后或未退好带,凸轮轴就连续转动一周	送带按钮接触不良	修理或更换按钮
5	凸轮轴未复位就开始送带或第二次送带刚开始凸轮便离开复原位置	凸轮轴复位发信开关位置有误	调整复位发信开关位置以拢带钳张口最大而左右爪及压力块位置最低为最佳位置
6	按送带按钮有时电动机不转;有时按退带按钮电动机虽能启动但一放开按钮,电动机就停止转动	停机按钮接触不良	修理或更换按钮

12.4　捆结机

　　捆扎机利用线绳打包物品,常用的自动捆结机采用塑料薄膜筒绳作为捆结材料,模拟手工扣结的方法,利用机械手将塑料绳打成活结。通过塑料绳缠绕包件、捆紧、结扣、断绳等动作,达到捆紧包件的目的。这种结扣的方法不同于热熔搭接,当需要拆包时只要拉动扣结的活动端,就能自动松开包件,十分方便。

　　本机主要用于机电、轻工、印刷、出版、邮电、食品、商业等行业各类包件的捆扎,根据包件大小和捆扎需要,在机器上可以进行一道、二道、三道或十字捆结,由于接头采用了结扣形式,拆包虽然方便,但出于包装安全的考虑,本机一般作为内包装捆扎用,或者作为商业零售货物的捆扎用。

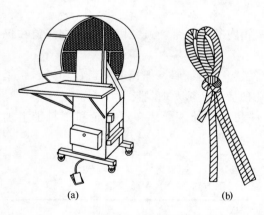

图 12-10　塑料绳自动捆结机外形和结扣样式
(a) 捆结机外形　(b) 结扣样式

12.4.1　组成结构和传动系统

　　如图 12-10 所示为常见塑料绳自动捆结机外形和结扣样式。本机主要由机架、传动系统、绕绳机构和打结机构组成。

　　(1) 传动系统　如图 12-11 所示,电动机通过一对皮带轮传动带动齿轮 1、2、3 及链轮,使送绳臂绕包件转动,同时通过齿轮 1、2 带动凸轮体上的扇形齿条 14 和齿轮 13 及一对锥齿轮 12 传动,使打结器嘴做转动以完成结扣。在整个过程中,送绳和打结器嘴都只做间歇运转，在传动机构中，齿轮 2 和扇形齿条 14 都有独特的设计，其中齿轮 2 有 1/3 的齿在宽度方向被铣平一半，这样使齿轮 2、3 在传动中，齿轮 3 只能做间歇运转，而齿条 14 带动齿轮 13 也做间歇运转，正好与送绳臂相互配合，共同完成捆结。

（2）打结机构　如图 12-12 所示，打结机构主要由打结器嘴 2、3，打结器杆 1，打结器体 7，锥齿轮 5 及小齿轮 8 组成。打结器体 7 的尾部有一滚轮，与打结器凸轮 4 相连，在凸轮的作用下通过滚轮使整体打结器能绕支轴做前后摆动，实现结器嘴 2、3 从绳圈中脱出而拉紧结头。打结器嘴安装在打结器头部，利用滚柱使打结器在转动过程中沿打结器头部的外圆锥面凸轮表面形状的变化而张开或闭合，为使打结器嘴 2、3 闭合有力能夹紧绳端，在闭合处装有打结器杆 1，可借助弹簧片的作用使滚柱紧贴打结器体 7 的头部凸轮，从而使打结器嘴夹紧绳端。

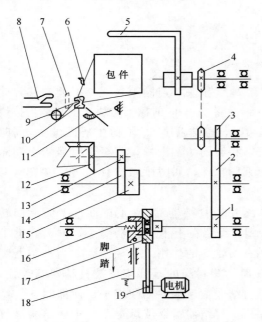

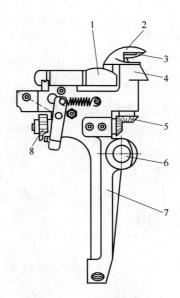

图 12-11　自动捆结机传动系统示意图

1，2，3—齿轮　4—链轮　5—送绳臂　6—卸绳架
7—刀片　8—拉块　9—按钮　10—打结器头　11—倾杆
12—锥齿轮　13—齿轮　14—扇形齿条　15—凸轮体
16—摩擦离合器　17，19—平皮带轮　18—脚踏开关

图 12-12　打结器结构

1—打结器杆　2—打结器上嘴　3—打结器下嘴　4—打结器凸轮　5—锥齿轮
6—支轴　7—打结器体　8—小齿轮

12.4.2　工作过程

如图 12-13 所示为自动捆结机工作示意图，工作时由人工或自动送包件到工作位置，启动脚踏开关，机器自动完成绕绳、捆紧、结扣、断绳等系列动作，达到捆结目的。

（1）绕绳　按照图 12-14 所示穿好塑料绳，并将绳子的始端用按钮 7 压牢，启动机器，送绳臂 8 开始转动，将塑料绳绕在包件的表面。根据捆包需要，可绕包件 1～3 圈，如图 12-13（a）所示。

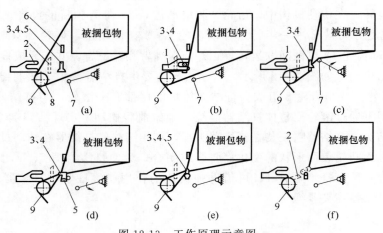

图 12-13　工作原理示意图

1—拉块　2—刀片　3—打结器上嘴　4—打结器下嘴　5—打结器凸轮
6—卸绳架　7—抬绳倾杆　8—压绳按钮　9—塑料绳

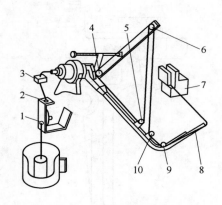

图 12-14　穿绳示意图

1，2—张紧架穿绳孔　3—导向滚　4，5，6，
9，10—导绳滚　7—压绳按钮　8—送绳臂

（2）捆紧　拉块 1 连同塑料绳 9 一起右移，此时上下打结器嘴 3、4 向前插入拉块 1 中间。当拉块 1 开始左移时，打结器嘴 3、4 钩住塑料绳 9，同时抬绳倾杆 7 将绳的始端上提，直至塑料绳始末端靠近，逐渐捆紧包件，如图 12-13（b）、图 12-13（c）所示。

（3）结扣　打结器嘴 3、4 在垂直平面上回转 180°，使塑料绳绕在上下打结器嘴上，同时，上下打结器嘴在凸轮 5 的作用下逐渐张大，当打结器嘴回转 360°时，塑料绳的端部刚好被打结器嘴咬住，继而上下打结器嘴后退并衔住绳子，使绳圈从打结器嘴上脱出，打结器嘴继续后退，终于使结头被打结器嘴衔住结扣，如图 12-13（d）、图 12-13（e）所示。

（4）断绳　刀片 2 向下摆动，将塑料绳切断后复位，完成捆扎打结全部过程，如图 12-13（f）所示。

12.4.3　运行与调试

（1）捆紧力调整　根据不同包件的不同捆扎要求，可以从两个不同部位进行调整，改变其捆紧力。

① 如图 12-15 所示，调节张紧器部件中的调节螺母 2，使弹簧片 1 对塑料绳的压力改变，从而使塑料绳的活动阻力得到调节，塑料绳的拉力也就得到控制。

② 如图 12-16 所示，调节送绳臂上的调节螺母 2，使塑料绳在绕包过程中就可以获得最佳的张力，此时拉杆 3 处于两个箭头之间，以保证足够的捆紧力。

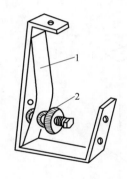

图 12-15　捆紧力调整方法之一
1—弹簧片　2—调节螺母

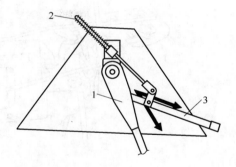

图 12-16　捆紧力调整方法之二
1—送绳臂　2—调节螺母　3—拉杆

（2）卸绳架调节　如图 12-17 所示，卸绳架 4 相对打结器头 3 的上下嘴的位置正确与否，会直接影响到结扣质量，因此，卸绳架和上下嘴之间不允许有间隙。由于磨损或其他原因引起相对位置的偏差，可松开螺母 6，旋转调节螺栓 7，使卸绳架 4 的端面与打结器上下嘴紧贴，正确的位置如图 12-18 所示。

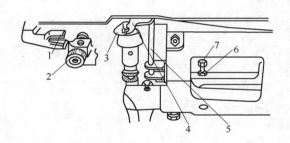

图 12-17　卸绳架调整之一
1—拉块　2—按钮　3—打结器　4—卸绳架
5—起销器　6—螺母　7—调节螺栓

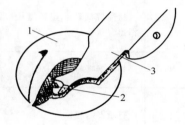

图 12-18　卸绳架调整之二
1—打结器嘴　2—捆绳结　3—卸绳架

12.4.4　维护保养与故障排除

机器在使用过程中应注意以下几点：

（1）正确选用塑料绳，不能用任意规格的塑料绳或其他绳子，否则不仅不能达到捆结要求，并且会损坏机器。

（2）按照机器的使用说明书，正确穿好塑料绳。

（3）工作时，塑料绳的一端是依靠按钮 2 压紧的，如图 12-19 所示，当按钮压力大于送绳拉力时，会将绳子拉断，要适当调整按钮压力。当压力过小，送绳臂旋转时，容易将绳子从按钮中拉出，无法实施捆结，这时就要顺时针旋转按钮螺母增大压力。

（4）要保持按钮压绳端面的清洁，不要粘附绳屑，不能在该部位加润滑油。

捆结机的常见故障及排除方法见表 12-2。

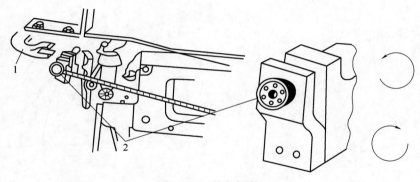

图 12-19　按钮调整
1—拉杆　2—压绳按钮

表 12-2　　　　　　　　　　　　　　　捆结机常见故障及排除方法

序号	故障现象	产生原因	排除方法
1	打结器嘴夹不住拉杆送来的绳	拉块头部磨损	更换拉块
		拉块凸轮磨损	更换凸轮
		拉块弹簧扭曲	校正弹簧
		打结器凸轮磨损	更换凸轮
2	送绳臂旋转时塑料绳从按钮滑出	张紧架弹簧片张力过大	调松弹簧片
		按钮压紧不足	旋紧按钮
		穿绳不正确	按照说明书重新穿绳
3	打结器嘴与拉块卡住	拉块润滑不良	加油润滑
		拉块弹簧力过小	更换弹簧
4	打结器嘴越位	打结器嘴与打结器杆间隙过大	调小间隙
		打结杆磨损	调节打结器杆
		锥齿轮啮合不当	调整安装位置
5	刀片切不断绳子,刀架不动作	刀片安装有误	重新安装
		刀架弹簧太软	更换弹簧
		绳帽螺栓松动	调紧螺栓
		刀架摆动连杆磨损	更换连杆
6	送绳臂旋转不停	离合器磨损	更换离合器
		离合器叉、连杆、脱块磨损	更换磨损零件

思 考 题

1. 常用的打包方法有哪些? 分别用什么材料打包?
2. 对比说明裹包与打包有什么不同? 分别适用于哪些产品的包装?
3. 结合实例叙述捆扎机的工艺过程和特点。
4. 介绍一下生活中常用到的捆结包装产品。
5. 简述捆扎机的常见故障和排除方法。

13　包装生产线输送设备应用

【认知目标】

  ❧ 了解自动生产线输送装置的类型、特点
  ❧ 理解输送链和链轮国家标准规定的术语和技术要求
  ❧ 掌握瓶装包装线输送链结构组成及特点
  ❧ 能根据输送链国家标准正确选择生产线输送链
  ❧ 能对输送链零部件进行安装、更换与维护
  ❧ 通过输送链标准化学习，促进工作规范化的素质养成
  ❧ 通过对输送链装配实践，培养踏实工作、团结合作精神
  ❧ 通过选择输送链，训练判断决策意识和严谨认真的工作作风

【内容导入】

  从链式输送机、顶板输送链引入，阐述包装生产线输送装置的结构、组成、分类，重点在于玻璃瓶装饮料包装线滚子输送链结构组成及特点、产品标准化，由一般到具体。

13.1　链式输送机

  自动生产线上各台设备之间要有序工作，必须由运输贮存装置和控制系统把它们联系起来，生产线输送装置就是运输贮存装置的重要组成部分。
  链式输送机种类很多，它是以各种结构的链条为输送元件搬运机械的，了解其结构、用途与类型，对正确选择输送链很重要。

13.1.1　装载式链式输送机

  装载式链式输送机是链条以导轨为依托，将物料以承托的方式进行输送的各类输送机的总称，应用比较广泛。其使用元件最多的是滚子链，根据它所用输送链条的结构以及链条与物料之间的相对位置，一般分为以下四种型式。

13.1.1.1　直接承托式链条输送机

  图 13-1 所示是直接承托式链条输送机，也称滑轨式链条输送机。这类输送机一般是

两条链条平行使用，被输送物料直接与链条接触。

根据结构的不同，有下列三种型式：

（1）链条不带附件 这是最简单的链条输送机。如图 13-1 （a）所示为原木输送机，被输送的物料（原木）直接放置在没有附件的链条上。

（2）链条带有附件 如图 13-1 （b）所示为带钢卷输送机，被输送的物料（带钢）放置在链条的附件上，其附件根据被输送物料的特性选择使用，必要时自行设计。

（3）倍速链输送机 如图 13-1 （c）所示为倍速链输送机，被输送的物料通过移动的工装板放置在倍速链的大滚轮上，实际上移动的工装板是被输送物料的一部分，因此，它属于直接承托式链条输送机，所使用的链条是自成系列的倍速链。

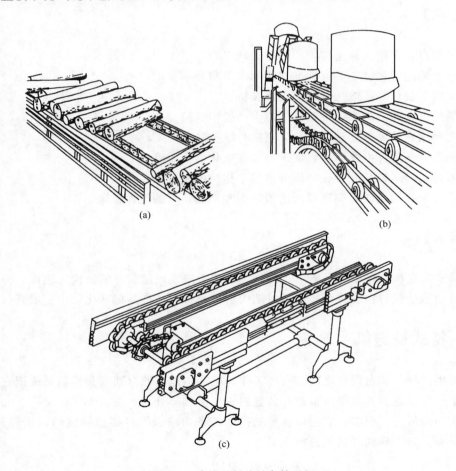

图 13-1 直接承托式链条输送机

（a）被输送的物料（原木）直接放置在链条上 （b）被运送的物料（带钢）放置在链条附件上

（c）被运送物料（工装板）置于大链轮上

13.1.1.2 板条输送机

如图 13-2 所示为板条输送机，这类输送机是将钢板条或其他板条联接在两条输送用链条的附件上，构成履带形输送载体，被输送的物料放置在板条上，不直接与链条接触。类似汽车、摩托车等装配线一般选用此类输送机。

13.1.1.3　裙板输送机

如图 13-3 为裙板输送机，又称鳞板输送机。用来输送散装不规则形状的块状物料，如煤、焦炭、砂石、工业轻型产品、食品等。它是在两条或三条链条之间以搭接的形式连续安装槽形裙板，构成履带式槽形输送带。重载情况下，链条采用套筒链并在槽形裙板外侧安装滚轮的结构。

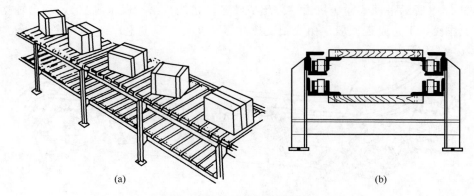

(a) (b)

图 13-2　箱子的板条输送机

（a）板条输送机　（b）板条输送机截面图

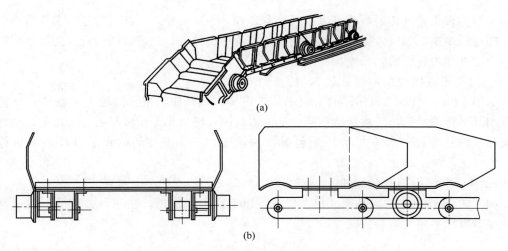

(a)

(b)

图 13-3　裙板输送机

（a）裙板输送机　（b）装有槽形裙板的链条结构

13.1.1.4　刮板输送机

刮板输送机用来输送颗粒小的散装物料，如谷物、石灰、炉灰等。在两条链条之间一定间隔内装有刮板，链条工作段在下方，返回段在上方。刮板输送链也用在包装生产线上的产品提升装置中，特别是立体生产线。

13.1.2　平顶式输送机

平顶式输送机以承托的方式输送物料，所使用的链条是具有平面顶板的链条。工作时，其平面顶板沿支撑导轨滑动，为了减少链板磨损并降低摩擦阻力，须在顶板与导轨之间安装衬垫。

此类输送机广泛用于啤酒、饮料、化妆品、医药等包装生产线以及其他包裹的输送线。

13.1.2.1　有返回段的平顶式输送机

如图 13-4 所示平顶式输送机由三段组成整条输送线（第三段未画出），每台输送机的上边是工作段，下边是返回段，由支架支撑并保持在同一高度上。

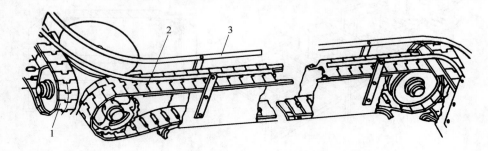

图 13-4　有返回段平顶式输送机
1—第一段输送机　2—第二段输送机　3—导向栏杆

只要各台机速度相同，就可以通过转向装置（一般为导向栏杆或转盘）实现沿整个输送线的连续输送；如果使用的是具有侧弯性能的平板链条，就可以用一台输送机在同一个平面内实现预定轨迹的物品输送。

13.1.2.2　无返回段的平顶式输送机

如图 13-5 所示，无返回段的平顶式输送机又称环行输送机。链轮齿圈与链条顶板布置在相互平行的平面内，输送链在同一平面内封闭，链条无工作段与返回段之分，这样大大提高了输送容量。如常见的机场包裹物的输送，餐馆中移动的食品（日本寿司售卖线）等。

13.1.2.3　空间平顶式输送机

如图 13-6 所示为空间平顶式输送机，可以实现空间输送，在一台输送机上输送物料的轨迹既有水平段又有平行段。

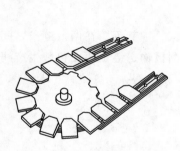

图 13-5　无返回段平顶式输送机

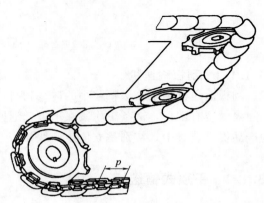

图 13-6　空间平顶式输送机

13.1.3　悬挂输送机

悬挂输送机又称架空链式输送机，用于车间内部或各车间之间工件的输送，在连续输送过程中，能对工件进行顺序工艺作业。悬挂输送机是将众多的载货小车按等间距间隔悬挂在导轨上，用链条把载货小车连接起来，而导轨固定在室内顶棚或支柱上，载货小车上挂有吊具用来悬挂被输送的货物。

悬挂输送机按照所用的链条和导轨的结构有三种型式：重型悬挂输送机、轻型悬挂输送机、牵引式悬挂输送机，如图 13-7 所示。

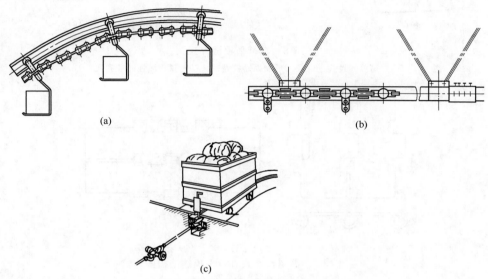

图 13-7　悬挂及牵引式输送机
（a）重型悬挂输送机　（b）轻型悬挂输送机　（c）牵引式悬挂输送机

13.1.4　链式提升机

链式提升机以垂直方向输送货物为目的，按照输送物料的性质分为三类：链斗式提升机、承托式链条提升机、托板式链条提升机。

13.2　顶板输送链

顶板输送链也称平顶（板）输送链，是食品厂常用的一种传输装置，专门用来输送玻璃瓶、金属易拉罐、塑料容器、包裹以及自助餐等。

13.2.1　输送用平顶链

平顶链具有结构简单、重量轻、制造维护方便的优点，输送用平顶链有直行平顶链和侧弯平顶链两种结构形式。按照材料不同又分为金属链和塑料链。

13.2.1.1   直行平顶链

直行平顶链也叫铰卷式平顶链，其外观图和结构图如图13-8、图13-9所示。

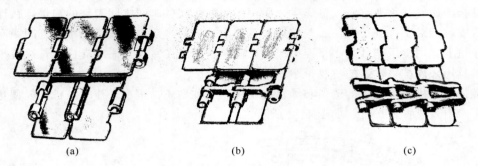

图 13-8   直行平顶链外观图

（a）简单铰卷式   （b）叉形加强筋铰卷式   （c）双弯加强筋铰卷式

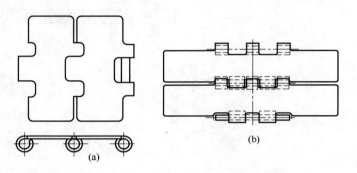

图 13-9   简单铰卷式直行平顶链结构图

（a）单铰式   （b）双铰式

直行平顶链由一块两侧带铰圈的链板与一根销轴组成。两侧铰圈的一侧与销轴固定联接，称为固定铰圈；另一侧处在内档的铰圈与销轴活动联接，称为活动铰圈。活动铰圈与销轴构成了平顶链的铰链。

平顶链链板材料大多数用不锈钢制作，其铰圈卷制而成，随着工程塑料的广泛使用，链板材料用工程塑料制作越来越多，工程塑料链板是浇注成型的，其结构可以按照要求制成复杂的形状。

平顶链的顶板为输送物料提供了一定宽度的水平承载面，顶板宽度按照输送物料的要求有多种宽度规格选用。使用平顶链时正确安装十分重要，如图13-10所示是其正确安装状态。

平顶链的顶板须有导轨支撑，工作时链板沿导轨滑动，为了保护链条和降低链条移动时与导轨间的摩擦，须按照如图13-11所示在工作区间的导轨上铺上衬垫。衬垫材料一般选择非金属工程材料，如聚乙烯、超高分子聚乙烯、石墨充填酰胺纤维等。

衬垫工作面高度与链轮齿的相对位置很重要，图13-12给出了衬垫与链轮相对位置推荐值。图中 $B=38.1mm$，$C=4mm$，则 $A=R+C$，其中 B 为链条节距，R 为链轮的分度圆半径，A 为衬垫顶面距链轮中心的高度。

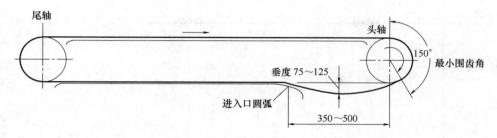

图 13-10　输送机上平顶链正确安装状态

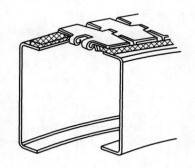

图 13-11　平顶链导轨及衬垫

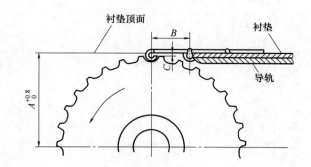

图 13-12　正确的衬垫与链轮位置

平顶链的应用十分广泛，国际标准化组织（ISO）于 1978 年首次发布了输送用平顶链国际标准。此后又作了修订，于 1983 年发布了《输送用平顶链和链轮》国际标准 ISO 4348—1983。

我国《输送用平顶链和链轮》国家标准 GB/T 4140—1993 等效采用了 ISO 4348，并规定了简单铰卷式直行平顶链和链轮的术语、代号、结构型式、尺寸参数和技术要求等，现用的是修订后的《输送用平顶链和链轮》国家标准 GB/T 4140—2003，其结构和参数如图 13-13 及表 13-1 所示。

表 13-1　　　　　　　对应图 13-13 输送用平顶链参数表（GB/T 4140—2003）

项目 型式	1 链号	2 节距 p	3 铰卷外径 d_1	4 销轴直径 d_2	5 活动铰卷孔径 d_3	6 链板厚度 t	7 活动铰卷宽度 b_1	8 固定铰卷内宽 b_2	9 固定铰卷外宽 b_3	10 链板凹槽总宽 b_4,b_{12}	11 销轴长度 b_5,b_{13}	12 链板宽度 b_6,b_{14}
			最大	最小	最大		最大	最小	最大	最小	最大	最大
						mm						
单铰链	C12S											77.20
	C13S											83.60
	C14S											89.90
	C16S	38.10	13.13	6.38	6.40	3.35	20.00	20.10	42.05	42.10	42.60	102.60
	C18S											115.30
	C24S											153.40
	C30S											191.50
铰链	C30D	38.10	13.13	6.38	6.40	3.35	—	—	—	80.60	81.00	191.50

续表

项目	13	14	15	16	17	18	19	20	21	22	23	24
	链板宽度	中央固定铰卷宽度	活动铰卷间宽	活动铰卷跨宽	外侧固定铰卷间宽	外侧固定铰卷跨宽	链板长度	铰卷轴心线与链板外缘间距	铰链间隙		测量载荷	极限拉伸载荷
	b_6, b_{14}	b_7	b_8	b_9	b_{10}	b_{11}	(l)	c	e	f		Q
型式	公称尺寸	最大	最小	最大	最小	最大			最小			最小
	mm											N
单铰链	76.20 82.60 88.90 101.60 114.30 152.40 190.50	—	—	—	—	—	37.28	0.41	0.41	5.90	碳钢 200 | 10000 一级耐蚀钢 160 | 8000 二级耐蚀钢 120 | 6250	
双铰链	190.50	13.50	13.70	53.50	53.60	80.50	37.28	0.41	0.14	5.90	碳钢 400 | 20000 一级耐蚀钢 320 | 16000 二级耐蚀钢 250 | 12500	

注：① 平顶链链号 C 后面的数字是表示链板宽度的代号，它乘以 25.4/4mm 等于链板宽度的公称尺寸，字母 S 表示单铰链，D 表示双铰链。

② 节距 p 是一个理论尺寸，不适用于检验链节的尺寸。

③ 链板长（l）为参考值。

④ 优先选用 C13S 和 C30S。

⑤ 一级耐蚀钢和二级耐蚀钢是按材料抗拉强度大致划分，与耐腐蚀性能无关。

注意表 13-1 中的最小 e、f 值是按照链板厚度 t 和铰卷外径 d_1 的最大值计算的，计算时，相临链板的任何部位都不得进入图 13-14 所示的回转半径 k 之内，$k=6.70$mm。

GB/T 4140—2003 对输送用平顶链规定了三项技术要求，分别为：

（1）抗拉载荷　抗拉载荷值见表 13-1。

（2）链长精度　在施加表 13-1 规定的测量载荷条件下测得的链长，其实际偏差不应超过 $-0.1\%\sim+0.3\%$。

（3）连接　销轴在活动铰卷内应灵活转动，在固定铰卷内孔不得转动和轴向窜动。

此外，在标准的附录里还规定了链板反向弯曲半径，如图 13-15 所示，在铰卷轴心线与链板外缘间距 c 最小、链板厚度 t 最大的情况下，链条的使用反向弯曲半径 r 不得小于 310mm。

铰卷式平顶链使用时要考虑链板的方向性，正确的方向应使移动的链板固定铰卷在前，活动铰卷在后。

叉形加强筋铰卷式直行平顶链与双弯加强筋铰卷式直行平顶链还没有专门的标准。选用时可参考《输送用平顶链和链轮》GB/T 4140—2003 设计。

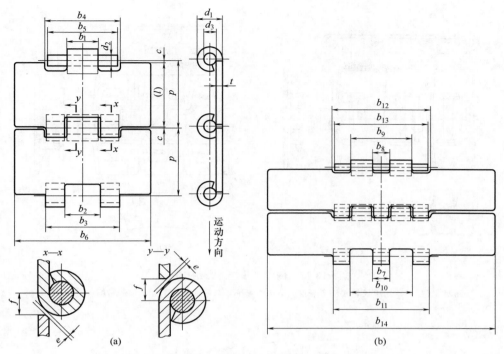

图 13-13　直行平顶链结构尺寸示意图

（a）单铰式　（b）双铰式

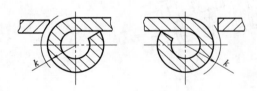

图 13-14　铰链回转时不干涉的回转半径

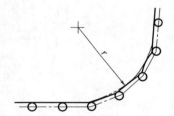

图 13-15　链板反向弯曲半径

13.2.1.2　侧弯平顶链

图 13-16 及图 13-17 所示为侧弯平顶链外观图及结构图，它是在直行平顶链的基础上派生出来的，侧弯量用侧弯半径来表示。

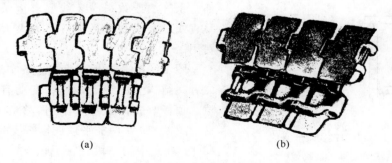

图 13-16　侧弯平顶链外观图

（a）简单铰卷式　（b）双弯加强筋铰卷式

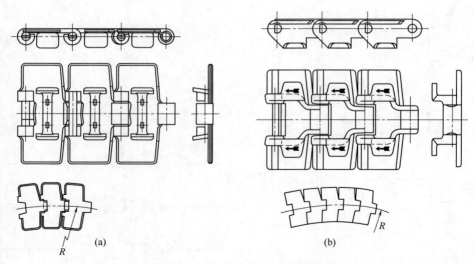

图 13-17　侧弯平顶链外形结构图

（a）简单铰卷式侧弯平顶链结构图　（b）双弯加强筋侧弯平顶链结构

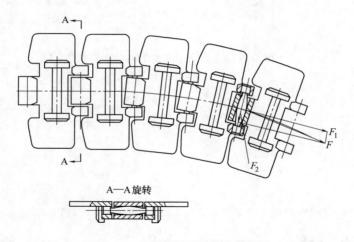

图 13-18　侧弯平顶链侧弯原理图

侧弯平顶链具有侧弯能力，采用侧弯平顶链的输送机可以在平面内连续平稳的转弯，如一条啤酒或饮料灌装线要求链条的运行不是呈直线，采用侧弯平顶链可以大大地节省设备费用。

图 13-18 体现出为了使链条实现侧向弯曲，二者在结构上的变动，这些变动有增加铰链间隙、顶板改成斜侧边、增加防移板。

图 13-19 是两类平顶链输送线的比较，在图 13-19（a）中用三段直行平顶链，图 13-19（b）中用侧弯平顶链，显然，两种方法都可以实现输送的要求，但是采取图 13-19（b）中的方法

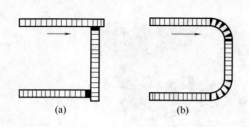

图 13-19　平顶链实现非直线
运输两类输送链比较

（a）由三段直行平顶链组成的输送线

（b）侧弯平顶链组成的输送线

具有下列优点：

  ① 省去输送机换向时的转盘及定板。

  ② 输送过程被输送物品出现翻倒、跳跃现象减少，噪声较低。

  ③ 减少了电动机、减速器、链轮等零件。

  ④ 在拐弯处消除了被输送物体的滑动。

13.2.2　输送用顶板滚子链

13.2.2.1　直行顶板滚子链

  如图 13-20 所示，顶板滚子链是在基本的滚子链上装上顶板的输送链，因为这种链条由上部的顶板与下部的滚子链两部分组成，又叫"上下两件链条"。

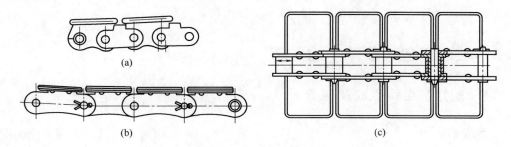

图 13-20　顶板滚子链结构图

（a）短节距滚子链钢顶板　（b）双节距滚子链钢顶板　（c）链条与顶板焊接位置

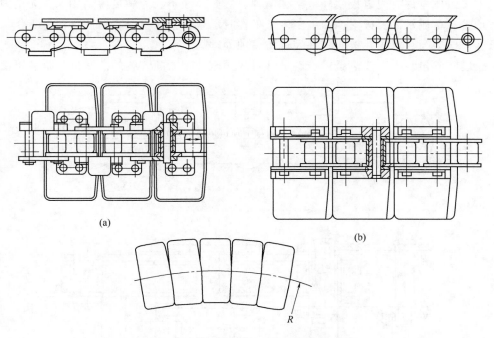

图 13-21　侧弯顶板滚子链结构图

（a）顶板与滚子链条铆焊联接　（b）顶板与滚子链条机械结合联接

　　顶板滚子链由链条本身提供连续输送物料的承托平面，但由于它的基本链条是滚子链，和同节距的输送用平顶链相比较具有承受拉力大、运行阻力小、运转平稳、使用寿命长等优点，因此，顶板滚子链适用在输送物料重量大、输送速度高、输送距离长等工况的输送机上使用。

13.2.2.2　侧弯顶板滚子链

　　如图 13-21 所示，侧弯顶板滚子链是在基本的侧弯滚子链上装上顶板的输送链，顶板与基本滚子链可以采用铆接或机械结合两种方式实现联接。顶板装在内链板上，外链板被覆盖在顶板的下方，顶板的结构与直行顶板滚子链基本相同，为了保证链条侧弯时相邻顶板间不发生干涉，顶板顶面的几何形状要按照使其不发生干涉为前提来进行设计，且设计时要添加防移动功能。

　　侧弯顶板滚子链兼有侧弯输送用平顶链和直行顶板滚子链的特点，因此，它适用的场合既要求实现平面非直线运动轨迹，又需承受较大的工作载荷。

13.3　玻璃瓶包装线滚子输送链

13.3.1　输送链结构组成及特点

　　玻璃瓶装啤酒、汽水包装生产线比较常见，这类生产线输送系统以前面所介绍的平顶输送链居多，另外，还用到滚子输送链。

　　如图 13-22 所示是瓶装啤酒灌装线输送链结构简图。采用直边大滚子的直板滚子链结构，主要组成零件有内链板、外链板、销轴、套筒及滚子。为满足使用要求，无论内、外链节均带有单侧水平翼板附件，由于链条工作时承载较大，且要在腐蚀条件下工作，因此要求链节框架配合牢固，链条零件经过防腐蚀处理。

　　瓶装啤酒包装生产线滚子输送链是针对我国瓶装啤酒灌装线的洗瓶机和杀菌机使用设

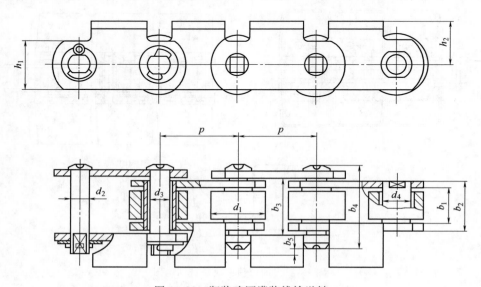

图 13-22　瓶装啤酒灌装线输送链

计的，专用在洗瓶机和杀菌机上，使用时链条与所配装的附件应选用同一个生产企业。

13.3.2　瓶装啤酒灌装线输送链产品标准化

我国瓶装啤酒灌装线输送链长期以来固定配备 1～2 种滚子输送链，遵照原机械工业部制订的行业标准《瓶装啤酒灌装线输送链》(JB/T 7054—1993)，标准规定了该输送链的结构型式、基本参数与技术要求。

图 13-22 与表 13-2 给出了标准规定的基本参数与尺寸。

表 13-2　　　　　　　　　　瓶装啤酒灌装线输送链的互换性尺寸与基本参数

链号	节距 p	滚子外径 d_1 max	销轴直径 d_2 max	套筒内径 d_3 max	套筒外径 d_4 max	内链节内宽 b_1 max	内链节外宽 b_2 max	外链节内宽 b_3 max	铆固销轴长 b_4 max	止锁部加长 b_5 max	链板高度 h_1	平台高度 h_2	抗拉载荷 Q min	每米重（钢）$q\approx$
						mm							kN	kg/m
JS.1	100	80	18	18.1	28	34	50.5	50.6	78	5.5	55	44	160	27
JS.2	70	50	18	18.1	25	30	44.5	44.6	67	5.5	48	37	120	16.5
JC.1	160	80	18	18.1	28	34	50.5	50.6	78	5.5	50	30	160	18
JC.2	160	75	18	18.1	28	36	53.1	53.2	80	5.5	45	35.5	160	16.5

JB/T 7054—1993 规定了以下 7 项技术要求：

(1) 抗拉载荷　对不少于 3 个链节的有效受拉段缓慢施加拉伸载荷时，要求达到表 13-2 规定的抗拉载荷和数值。

(2) 链长精度　要求按表 13-2 规定的测量链节数与测量载荷的条件下，测得的链长相对偏差符合表中规定的数值 0～0.25%。

(3) 铰链灵活性　链条各铰链应转动灵活无卡阻，滚子可在 360°范围内双向转动任意角度。

(4) 外观　链条各元件应无氧化皮、裂纹、毛刺和锈蚀等缺陷，同种元件色泽应均匀统一。

(5) 防蚀　链条应有无碍饮料的防腐处理，如发蓝处理等。

(6) 链接框架牢固度　要确保框架牢固，推荐销轴与外链板采用异形孔配合，铆固应采用四点铆或球形铆。

(7) 检验载荷　对链条进行加载检验，检验载荷值是表中最小抗拉载荷的 1/3。

JB/T7054-1993 规定了瓶装啤酒灌装线输送链的链号，"JS" 表示杀菌机专用，"JC" 表示洗瓶机专用，后缀 "1" 表示用于国产线。

其标记方法为：

　　　链号 ── 链条节距 ── 链节数 ── 标准号

例如标记为 JS.1—100—500 JB/T 7054—1993 的链条，表示节距为 100mm，链长为 500 节的国产瓶装啤酒灌装线杀菌机专用的滚子链。

实际生产中，购买和使用输送链必须严格按照链条生产企业的有关产品说明书来进行。特别是输送线附件，要选择相对应的附件，如图 13-23 所示是常用的输送链附件，大多已行业标准化了，选用时可参考生产厂家样本进行。

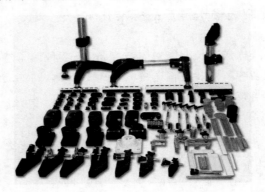

图 13-23　常用的输送链附件

13.4　链条的正确使用

输送链条的正确使用对保证链条使用寿命与工作可靠性至关重要，链条与链轮配合使用，因此，链轮的质量、安装、润滑与及时更换使用过度的链条十分重要。

13.4.1　链轮及其正确安装

13.4.1.1　平顶链轮参数（与 GB 4140—2003 平顶链条配）

配用链条的参数 p——节距；d_1——铰卷外径。

链轮齿数分为有效齿数 Z 和实际齿数 Z_1。

实际齿数 Z_1 一般选用 12～41 个齿，优先选用 17、19、21、25、27、29、31、35。

链轮可加工成单切齿和双切齿，单切齿 $Z=Z_1$，双切齿 $Z=Z_1/2$。

在 $Z\leqslant9$ 时尽量采用双切齿。

13.4.1.2　平顶链轮主要尺寸

平顶链轮主要尺寸应符合图 13-24 和表 13-3 的规定。

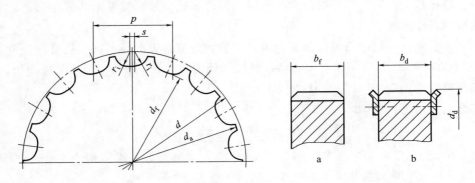

图 13-24　链轮齿槽形状

表 13-3		平顶链轮主要尺寸计算		单位：mm
名称	代号	计　算　方　法		备注
分度圆直径	d	$d = \dfrac{p}{\sin\dfrac{180°}{Z}}$		数值见表 13-5
齿顶圆最大直径	d_{max}	$d_{max} = d \times \cos\dfrac{180°}{Z} + 6.35$		
齿根圆直径	d_1	$d_f = d - d_1$		

注：表中 d_{max} 的计算式，在链轮有效齿数 $Z > 9.5$ 且用成形片铣刀切齿时不适用，此时采用表 13-5 的数值。

13.4.1.3　平顶链轮齿形

平顶链轮齿形应符合图 13-24 和表 13-4 的规定，齿槽底部是一条与齿沟圆弧相切的直线。链轮轴向齿廓应符合图 13-24（a）、图 13-24（b）及表 13-4 的规定，当需要装配导向环时必须符合图 13-24（b）和表 13-4 的规定。

表 13-4		链轮主要尺寸		单位：mm
名　　称		代　号	数　　值	备　注
齿沟圆弧半径		r_i	6.63	
齿槽中心分离量		s	2.00	
齿宽	单铰链式	b_f	42.50	
	双铰链式		81.30	
导向环间宽	单铰链式	b_d	$b_d \geqslant b_3$ 或 b_5	取最大值
	双铰链式		$b_d \geqslant b_{11}$ 或 b_{13}	
导向环外径		d_d	$d_d \leqslant d_a$	

注：导向环间宽一般等于 b_f，也可以大于 b_f。

链轮在安装前必须进行盘啮检查，合格的链轮须与轴正确安装，以保证输送机平稳、可靠地工作，也才能保证输送机和链条的使用寿命较长。

一般采取下列步骤正确安装：

① 要求轴安装水平。应用水平仪检查轴的水平度。

② 要求轴平行排列。检验两传动轴的平行度。

③ 保证链轮安装精度。

表 13-5		平顶链轮直径尺寸摘录		单位：mm
有效齿数	分度圆直径	齿顶圆最大直径		齿根圆直径
Z	d	单切齿	双切齿	d_f
6	76.20	72.34	73.75	63.07
6.5	81.98	78.94	80.30	68.85
7	87.81	85.47	86.75	74.68
7.5	93.67	91.92	93.15	80.45
8	99.56	98.33	99.49	86.43
8.5	105.47	104.70	105.80	92.34
9	111.40	111.03	112.08	98.27

续表

有效齿数	分度圆直径	齿顶圆最大直径	齿根圆直径
9.5	117.34	117.34	104.21
10	123.29	123.29	110.16
10.5	129.26	129.26	116.13
11	135.23	135.23	122.10
11.5	141.22	141.22	128.09
12	147.21	147.21	134.08
12.5	153.20	153.20	140.07
13	159.20	159.20	146.07
13.5	165.21	165.21	152.08
14	171.22	171.22	158.09
14.5	177.23	177.23	164.10
15	183.25	183.25	170.12
15.5	189.27	189.27	176.14
16	195.29	195.29	182.16
16.5	201.32	201.32	188.19
17	207.35	207.35	194.22
17.5	213.38	213.38	200.25
18	219.41	219.41	206.28
18.5	225.44	225.44	212.31
19	231.48	231.48	218.35
19.5	237.51	237.51	224.38
20	243.55	243.55	230.42
20.5	249.59	249.59	236.46

13.4.2　润滑

输送机链条要求适当的润滑以减少其磨损和节约动力。

要润滑的部位有：滚子表面、销轴和套筒组成的铰链内部和滚子与套筒之间。

13.4.3　链条和链轮的更换

随着输送机的运转，链条的每个零件会出现磨损，严重影响使用寿命，推荐按照下述方法周期性地检查零件的磨损。

13.4.3.1　链条滚子磨损极限

对大滚子或带边滚子输送链，如果滚子磨损到使得链板开始同轨道接触，应该更换链条。对小滚子输送链，如果链条磨损到使得滚子穿孔或出现裂纹时，必须立即更换链条。

13.4.3.2　链板磨损极限

在没有正确安装链轮的情况下链条进行工作，容易使得内外链板间以及滚子端部同内链板间相互接触发生摩擦，造成内外链板磨损。如果磨损量超过链板原始厚度的 1/3，链板的强度将急剧下降，链条应立即给予更换。

13.4.3.3　链条节距伸长极限

当链条与链轮啮合或在弯道上运行时，组成链条的各个链节相互间要转动，从而在铰链的销轴与套筒间会产生磨损，使链条外链节节距伸长，这样导致整个链条就会伸长。尽管设计链条输送机时从动轴设计成可以张紧调节，使得链条保持一定的张紧度，但节距增大的链节与链轮盘啮时会出现爬齿，如图 13-25 所示，使得链条与链轮不能正常啮合。

一般地，平均链条伸长的极限限定在链条节距的 3% 以内，超过此伸长量，就要更换链条。

13.4.3.4　链轮轮齿磨损极限

如果链轮齿廓过度磨损，会导致链条与链轮不正常啮合，轮齿出现磨损的部位如图 13-26 所示。链轮齿侧的磨损主要原因是链轮安装不对中，属于非正常磨损。当链轮齿的磨损量达到 3～6mm 时，链轮就需要维修（补焊）或更换。

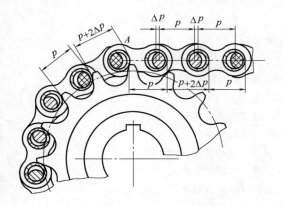

图 13-25　磨损后的链条与
链轮啮合时爬齿现象

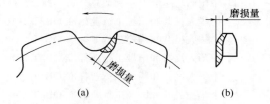

图 13-26　链轮轮齿磨损部位图
（a）齿根磨损　（b）齿面磨损

思　考　题

1. 按照被输送的物料与链条之间的关系将输送链分为哪几种？
2. 回答输送用平顶链的结构特点及主要应用场合。
3. 输送用平顶链安装时应注意哪些问题？
4. 总结瓶装啤酒灌装线滚子输送链的结构特点。
5. 选择和正确使用输送链条时应该注意哪些问题？
6. 思考在输送链装配或使用过程中会遇到哪些问题？应怎么解决？

参 考 文 献

[1] 周文玲 刘安静 主编. 灌装线设备安装与维护 [M]. 北京：机械工业出版社，2011.

[2] 刘安静 主编. 包装工艺与设备 [M]. 北京：中国轻工业出版社，2017.

[3] 方祖成等 主编. 食品工厂机械装备 [M]. 北京：中国质检出版社，2017.

[4] 赵淮 主编. 包装机械选用手册（上册）[M]. 北京：化学工业出版社，2000.

[5] 苏州特种链条厂 等编. 输送链与特种链工程应用手册 [M]. 北京：机械工业出版社，2000.

[6] 张聪 主编. 自动化食品包装机 [M]. 广州：广东科技出版社，2003.

[7] 无锡轻工业学院 天津轻工业学院 合编. 食品工厂机械与设备 [M]. 北京：中国轻工业出版社，1995.

[8] 王文莆 编著. 啤酒生产工艺 [M]. 北京：中国轻工业出版社，1998.

[9] 高德 主编. 包装机械设计 [M]. 北京：化学工业出版社，2005.

[10] 广东轻工业机械集团公司. 啤酒设备产品说明书

[11] 广东轻工机械二厂有限公司. 啤酒设备产品说明书

[12] 广东平航机械有限公司. 贴标机使用说明书

[13] 广州广富包装机械有限公司. 冲瓶机使用说明书

[14] 德国 KHS 机械制造公司. 部分灌装设备资料

[15] 德国 KRONES 机械制造公司. 部分灌装设备资料

[16] 广东科时敏包装机械有限公司. 部分产品说明书

[17] 汕头轻工机械集团公司. 部分产品说明书

[18] 广州万世德包装机械有限公司. 部分产品说明书

[19] 中国廊坊包装设备制造总公司. 部分产品资料

[20] 中华人民共和国轻工行业标准 QB/T 1080—2007《啤酒玻璃瓶灌装生产线》

[21] 中华人民共和国轻工行业标准 QB/T 2634—2018《洗瓶机》

[22] 中华人民共和国轻工行业标准 QB/T 2373—2018《制酒机械 灌装压盖机》

[23] 中华人民共和国轻工行业标准 QB/T 2369—2013《装罐封盖机》

[24] 中华人民共和国轻工行业标准 QB/T 2589—2012《制酒饮料机械 装箱机》

[25] 中华人民共和国轻工行业标准 QB/T 2570—2016《贴标机》

[26] 中华人民共和国轻工行业标准 QB/T 2635—2018《杀菌机》

[27] 周文玲. 灌装封盖机传动系统设计方案的比较研究《包装工程》，2007（3）

[28] 周文玲. 洗瓶机出瓶机构的设计分析 [J]. 食品与机械，2007（3）

[29] 刘安静. 洗瓶机进瓶机构的设计分析 [J]. 轻工机械，2005（1）

[30] 孙金兰. 包装洗瓶机易出现的问题及排除方法 [J]. 啤酒科技，2004（11）

[31] 鲍建军. 啤酒瓶清洗问题探讨 [J]. 啤酒科技. 2003（2）

[32] 刘志伟. 浅析啤酒瓶清洗的影响因素 [J]. 啤酒科技，2006（5）

[33] 李清江. 短管灌装机的常见故障和排除措施 [J]. 啤酒科技，2007（12）